高等学校教材

地图制图学概论

田青文　主编

中国地质大学出版社

内容简介

本书是在内部胶印教材《地图制图概论》的基础上，按照现代地图制图学的结构和体系，经修改编写而成的。主要内容包括绪论、地图的基本知识、地图语言、地图投影、地图的制图综合、普通地图、专题地图与地图集、地图的编印、遥感制图、计算机地图制图等。

本书是地质矿产部测量学课程研究会推荐的专业基础课教材。可作为测绘类非地图学专业的本、专科生的地图制图学概论课程的教材，以及测绘类专业的研究生、教师和测绘工作者的参考书。

图书在版编目(CIP)数据

地图制图学概论/田青文主编．—武汉：中国地质大学出版社，1995.9(2009.1重印)
ISBN 978-7-5625-1012-3

Ⅰ．地…
Ⅱ．田…
Ⅲ．地图制图学—高等学校—教材
Ⅳ．P282

中国版本图书馆CIP数据核字(2008)第209441号

地图制图学概论　田青文　主编

责任编辑：方　菊　责任校对：徐润英

出版发行：中国地质大学出版社(武汉市洪山区鲁磨路388号)　邮政编码：430074
电　话：(027)67883511　传真：67883580　E-mail：cbb@cug.edu.cn
经　销：全国新华书店　http://www.cugp.cn

开本：787毫米×1092毫米 1/16　字数：310千字　印张：12.25
版次：1995年9月第1版　印次：2009年1月第3次印刷
印刷：荆州市鸿盛印务有限公司　印数：2601—3600册

ISBN 978-7-5625-1012-3　定价：17.00元

序

地图制图学是研究地图及其编制和应用的一门科学。向测绘类非地图学专业学生介绍地图制图学的基本内容，是《地图制图学概论》的主要任务。

由田青文主编的《地图制图学概论》作为高等学校教材，在较少的篇幅内全面、系统地介绍了地图制图学的理论、技术方法与工艺过程。全书包括十章。在绪论中阐述了地图制图学的定义、体系、与其他学科的联系以及地图制图学的发展历史，并且概要地阐述了现代地图制图学的体系和地图制图学的基本内容。第二章完整地介绍了地图的基本知识，这对认识地图的功能和基本内容是十分必要和有益的。编者将第三章的标题定为地图语言，这颇具新意，突出了地图作为特殊语言这一属性。第四章介绍了地图投影的基本知识，使读者能充分理解地图的数学特性和数学制图的理论和方法。地图制图综合是第五章的主题。编者不仅阐述了传统的制图综合理论，还扼要地介绍了近几十年陆续出现的数学分析方法，给读者以探索性的启发。普通地图各要素的概述及其制图综合，其内容丰富，历来占篇幅较大，经编者统一编排浓缩于第六章中，使其内容简练、重点突出，很有特色。第七章通过对品种最多、发展很快的专题地图和地图集的概述，使读者对专题地图和地图集的特点和制图方法以及代表性的制图作品有一个梗概性的了解。编者按生产流程将与地图编印有关的内容集中安排在第八章中，为读者全面了解这方面的内容提供了方便。现代高科技的发展，使得地图制图有了更丰富的信息源和现代化的制图方法，这就是遥感图像的获取和计算机地图制图技术。本教材第九章的遥感制图和第十章的计算机地图制图简要地介绍了这方面的基本知识，使得读者对地图制图的现代发展能有较全面的了解。

该教材按照现代地图制图学结构和体系安排教材内容，既对传统地图制图学的内容进行了全面阐述，又尽量融进现代地图制图学的理论和方法，在体系和内容上均有许多有别于其他同类教材的特色之处。

综上所述，作为非地图学专业的用书，本书较全面而又概要地介绍了地图制图学的内容，是符合少而精兼有启发性的优秀教材。

胡毓钜

前　言

地图制图学概论是为测绘类非地图制图专业的本、专科学生开设的专业基础课。通过对本课程的学习将使学生获得地图制图学的基本知识、基本理论和基本方法等方面的知识，能对地图制图学的发展历史、现状以及发展趋势有一个较全面的了解。

本教材的雏形是包友林副教授编写并在院内使用的《地图制图》讲义油印本。在此基础上，由包友林、田青文、叶云溪、马智民等老师参加，经过增删修改又形成了《地图制图概论》胶印本，作为院内教材长期使用，并经地质矿产部测量学课程研究会评审通过，推荐公开出版。为了适应地图制图学理论不断更新和制图的技术方法飞速发展的现实，根据专家们的建议，在原胶印本的基础上，由田青文副教授按照现代地图制图学的结构，对原教材的体系进行了全面的调整，对内容进行了全面的修改或重写，最后形成了该《地图制图学概论》。

本教材由田青文副教授担任主编，并执笔编写了前六章及第八章，马智民讲师和田青文副教授共同编写了第七章，刘晓晔讲师编写了第九章，胡鹏教授和田青文副教授共同编写了第十章，最后由田青文副教授完成本教材的统稿工作。参加本教材编写工作的还有吴金华讲师、罗广祥讲师。全书的插图由刘丽萍、高庆华两同志精心绘制，编者对她们表示衷心的感谢。

武汉测绘科技大学的胡鹏教授担任本书的初审。他认真地审阅了全部书稿，并执笔写出了第十章的初稿，并将其多年来的研究成果，很多还是尚未公开发表的成果，都融会到书稿之中，使本教材的内容更加充实和新颖。在此，编者对胡鹏教授致以诚挚的谢意。

在本教材付梓之际，编者还要特别感谢国际地图制图协会副主席、武汉测绘科技大学教授胡毓钜先生，他在百忙中担任了本教材的终审工作。他认真地审阅了全部书稿，提出了一些建设性的修改意见，并欣然挥毫为本书作序。

本教材计划学时为50—65学时，可以作为测绘类非地图制图专业的本、专科学生的地图制图学概论课程的教材，以及测绘类专业的研究生、教师和测绘工作者的参考书。

鉴于编者的学识和水平所限，再加上本教材尽量融进现代地图制图学理论和方法，在体系和内容上有些还具有尝试性，错误和不当之处肯定存在。编者诚恳地希望有缘接触本教材的各位学生、老师、专家和其他测绘界同仁不吝指正。

编者

1995年4月于西安

目　　录

第一章 绪 论

§1.1 地图制图学的定义

地图制图学，亦称制图学或地图学。它是研究地图及其编制和应用的一门科学。它研究用地图图形符号反映自然界和人类社会各种现象的空间分布、相互联系及其动态变化，具有区域性学科和技术性学科的两重性。

地图制图学的产生和发展经历了漫长的历史岁月。从地图制图学脱离了地理学和测量学范畴而形成独立科学体系以来，对地图制图学的定义就有过许多不同的见解。

20世纪60年代，在国外的地图制图学著作中，尽管措词不同，基本上都是把地图制图学定义为研究地图及其制作理论、工艺技术和应用的科学。这种定义只是对地图的研究和使用及其制作过程作了表面上的概括，没有全面地反映地图制图学的内在联系，而且是从生产和技术观点来研究地图的。70年代，许多著名的地图学家先后对地图制图学的研究内容提出了一些新的看法，前苏联地图学家萨里谢夫（К. А. Салищев）认为：地图制图学是借助于特殊的形象符号模型（地图图形）来表示和研究自然与社会现象的空间分布、组合和相互联系及其随时间变化的科学。这一定义将天体图、星图、地球仪、立体图和用地图符号表示的其他空间模型都包涵于地图制图学的研究领域之内，提出了地图制图学研究的基本任务是用图形来反映现象的空间分布和时间的变化，进而预测它们的发展，同时研究客观现象的相互联系和区域特征。

近几年来，由于计算机制图和遥感制图的迅速发展和各学科的渗透，特别是由于信息论、传输论、模式论、感受论、符号学以及数学方法的引进，将地图制图学的理论研究推向了一个新的高潮。国际地图制图协会前主席、美国地图学家莫里逊（J. L. Morrison）认为：地图制图学是空间信息图形传递的科学。这就把信息论引进到地图制图学中来了。前苏联地图学家希里亚耶夫（E. E. Ширяев）认为：地图制图学是研究地球和其他天体上的物体和现象的结构、空间关系、性质和它们的信息表达、存贮与传输方法，以及图形数学模型按一定的比例缩小加以表示，并且能为一定的实际利用目的进行解释的科学。他的这一定义反映了现代地图制图学发展的一些新的方向和概念。在国际地图制图协会出版的《多种语言制图技术术语》里，对地图制图学给出了这样一个定义，即：地图制图学是根据有关科学所获得的资料(野外测量、航空摄影测量、卫星图像、统计资料等)，在进行有关地图和图像生产时所进行的科学、技术和艺术全部工作的总称。

有的地图学家认为对地图制图学的任务应作广义的理解，即地图制图学的研究除了具有信息的功能（信息的表示、存贮和传输）外，还要有对信息作出科学解释的功能（科学地判译信息）。从某种意义上说，地图制图学本身综合了数学、控制论、地理学、地质学、地球物理学、天文学和社会科学等一些基础科学的成就。

我国地图学家认为地图制图学已跨越了几个学科领域，具有综合科学的性质，其定义应是：地图制图学是以地图信息传递为中心，探讨地图的理论实质、制作技术和使用方法的综合性科学。这个定义总结了现代地图制图学的研究内容和发展方向。

从上述对地图制图学的定义以及研究内容的种种论述可以看出，由于空间科学、信息论、电子技术引进制图领域后，产生了对地图制图学的一些新的认识，使地图制图学的研究在深度和广度上都有很大的变化，同时促进了对地图制图学的基本理论、体系和分支学科的探讨。

§1.2 地图制图学的体系与理论地图制图学

1.2.1 地图制图学的体系

地图制图学的体系随着科学技术的发展和地图制图学研究内容的深入而经历了不同的发展阶段，可概括地将其分为传统的地图制图学体系和现代地图制图学体系。

一、传统的地图制图学体系

传统的地图制图学由地图概论、地图投影、地图编制、地图整饰、地图制印和地图应用等学科所组成。

地图概论　又称地图总论。它包括地图的一般知识、地图资料和地图学史等内容。在地图的一般知识中，主要研究地图的定义、性质、功能、分类、地图内容及其表示方法等；地图资料主要研究全球性和区域性地图成图概况、重要地图作品以及地图资料的整理、分析、评价和利用等；地图学史则主要研究地图制图学的发生和发展规律、预测未来地图制图学的发展方向和道路。

地图投影　研究如何用数学方法将地球椭球体面上的经纬网描绘在地图平面上。主要内容包括：地图投影的一般理论，地图投影的各种方法，地图投影的变换，地图投影的判别以及为新编地图选择设计合适的投影。

地图编制　它是研究根据制图资料制作地图的理论和技术的一门学科。地图编制的范围涵盖着从编图人员接受制图任务开始到完成编绘原图这一整个过程，它包括地图编辑设计、编图的技术方法、制图综合理论和技术等三个主要部分。随着地图选题范围的扩大和品种的增多，地图编制又形成两个主要分支，即普通地图编制和专题地图编制。

地图整饰　主要研究地图的表现形式，包括两部分内容：其一是研究地图符号的设计、色彩的设计、图名与图边的艺术设计和地貌的立体表示等；其二是研究清绘或刻绘出适合制印要求的出版原图的理论和技术，包括：绘图和刻图的技术手段和方法，仪器与工具的选择、使用和维修，地图的符号与注记的意义、分类和使用规则，出版原图的清绘或刻绘的工艺过程以及制作供制印中分色用的分色参考图等工作。

地图制印　研究地图复制的理论、技术方法和程序的一门学科。它包括地图的复照、翻版、分涂、制版、打样、印刷、装帧等。

地图应用　主要研究地图分析、地图评价、地图阅读、地图量测等理论与技术，以便充分发挥地图的作用，提高地图的使用效益。地图应用的研究将促进地图的制作与使用更紧密的联系起来。

二、现代地图制图学体系

近20年来，国内外的地图学家提出了地图制图学研究的许多新概念和新领域，特别是理论地图制图学的研究有很大的发展，它涉及到地图制图学的研究对象和方法等基本概念，并对地图制图学的理论基础做了进一步的探索，提出了地图信息、地图信息传递、地图感受、地图图形符号和地图模型等方面的新理论。

我国地图学家分析了国外关于地图制图学体系的各种观点，根据当代地图制图学发展的特点和趋势，也提出了现代的地图制图学体系。该体系是由理论地图制图学（地图制图学理论基础）、地图制作学（地图编印方法与技术）和应用地图学（地图制图学应用原理与方法）等三个主要分支学科所构成。每个分支学科又包括若干个小的研究分支。将内在的相互联系的三大部分和次一级内容一起组成了地图制图学的完整体系。图 1-1 列出的地图制图学体系是廖克于 1982 年提出的，笔者对个别地方进行了修改。

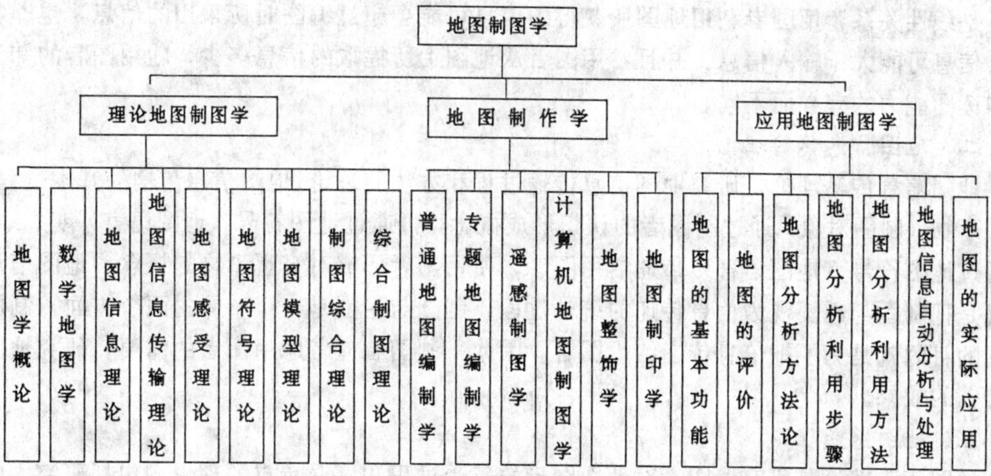

图 1-1　地图制图学体系

1.2.2　理论地图制图学

理论地图制图学是现代地图制图学的重要组成部分。它着重研究地图制图学中的一些理论性问题，即用地图来研究地理环境信息的表示和变换的理论性问题。

从目前发展来看，理论地图制图学应包括地图学概论、数学地图学、地图信息理论、地图信息传输理论、地图感受理论、地图符号理论、地图模型理论、制图综合理论、综合制图理论等。现对其中某些理论的含义和基本内容分述如下。

一、地图信息理论

地图信息理论是研究地理环境信息的变换、表达和利用的理论。它着重研究地图图形的显示、转换、传递、存贮、处理和利用等方面的技术与理论问题。地图是空间信息图形表达的一种形式，是空间信息的载体，是存贮、传递空间信息以及进行科学分析的重要手段。其优点是便于对空间信息的感受和易于对空间信息的相互联系进行分析。

地图信息可以分为直接信息和间接信息两种。直接信息是用图者由读图而直接获得的，间接信息是用图者通过对地图的分析而获得的。后者包括通过分析所获得的有关要素的分布结构规律、区域差异等信息和通过量算所获得的数据信息。例如，阅读等高线时，除了可以获得地面高程和地势变化的趋向之外，经过地图量算分析还可获得地面坡度和地面切割程度的信息，甚至可以得到地貌成因方面的一些信息。

地图信息可以从数量差异和质量特征两个方面来进行分析和评价。每个最小单元的信息

都可以用 x、y 坐标值表示其位置，以 z 表示其特征。所有地图上的点、线、面图形都可以用数字信息的形式表示出来。计算机地图制图就是把地图上的点、线和符号，以信息转换的方式变成点的坐标（x，y）及其特征码（z）而输入计算机，再经过加工处理，然后输出所需的信息。计算机地图制图的过程就是利用计算机对数字形式的地图信息进行输入、处理和输出的过程。因此，地图信息理论是计算机地图制图的理论基础，而计算机地图制图又为大量、快速处理地图信息提供了手段。

地图信息理论不同于数学信息理论。数学信息理论是从数学方面来研究信息的存贮、处理和传递的过程，其目的在于阐述信息的编码、译码、传递的速度和可靠性。数学信息理论认为输出信息等于或小于输入的信息。相反，具有时空信息特征的地图信息的输入与输出之间不是线性关系，用图者利用地图所获得的信息可能会超过编图时所采用的信息，也即它的输出信息可能大于输入信息。并且，用图者从地图上所提取的信息多少，随用图者的知识水平和读图能力的差异而不同。

二、地图信息传输理论

地图信息传输理论是研究地图信息传输过程和方法的理论。地图信息传输的基本过程是：客观事物（制图对象）通过制图者的认识形成概念，再通过地图符号（地图语言）变成地图，又通过地图符号（地图语言）传递给用图者，使用图者形成对客观事物的概念。地图信息传输就是把制图与用图视为信息传递的统一过程，制图与用图是一个整体的两个方面，制图者制图的目的就是为了把信息传递给用图者。因此，制图者应考虑用图者的需要，研究地图信息传输的效果。

三、地图感受理论

地图感受理论是研究读图者对地图图形的感受过程和感受特点的理论，包括研究人的视觉功能、心理因素对视觉的影响，以及地图的视觉效果等。读图者的视觉反映经过三个过程：①读图者首先利用感觉器官观察符号，然后通过符号的形状和颜色的差别分辨出符号的性质，从而达到理解符号的含义，此为读出过程，属于物理刺激过程；②大脑接受关于符号的大小、线划粗细与间隔等可量测的数据，并根据地图的比例尺恢复各要素的空间关系，想象出制图对象的本来面貌，此为译出过程，属于生理变化过程；③读图者利用自己脑海中所存贮的信息（有关的基本知识）来分析从地图上所获得的信息，使知识领域获得扩大。此为分析过程，属于心理活动过程。

符号对人们的视觉感受效果将随符号及其组合的不同而不同，并且随着读图者的经验、知识水平的不同，其视感感受过程和特点也不相同。通过对地图图形符号和地图色彩的感受特点的研究，可为地图整饰提供理论依据，以便改变目前地图整饰设计主要依靠制图者经验和样图试验方法来进行的状况，进一步提高地图的表现力。

四、地图符号理论

地图符号理论是研究作为地图语言的地图符号系统及其特征与使用的理论。它是用一般的符号学原理来研究地图符号的。目前地图符号理论的研究主要包括：地图符号关系学、地图符号语义学和地图符号的效用。地图符号之间既要有联系又要有差异，以形成一个完整的地图符号系统。地图符号关系学就是研究地图符号之间的关系，研究地图符号的结构及其形成系统的规律和特性的理论；地图符号语义学是研究地图符号和制图要素之间的关系，即符号与被表示对象之间关系的理论。例如，根据符号的位置、形状、大小和组成，或根据符号的密度和结构来确定符号的含义。地图符号系统应能反映地图所要表示和识别的地理环境信息内容，消除影响符号系统表达的干扰；地图符号的效用是研究符号与使用者之间关系的理论。地图符号系统应能快速感受、易于记忆，能为广大读图者所接受。同时，为增加地图符号的效用，还应研究由地图符号所构成的地图的感受效果，并注意对用图者进行地图语言方面的训练。

地图符号理论的三个研究内容可概括为：地图符号学的句法、语义和应用，其实质就是研究符号与符号之间的关系，符号与被表示对象之间的关系，符号与使用者之间的关系。在研究和设计地图符号时，必须注意处理好这三者之间的关系。

五、地图模型理论

地图模型理论是把地图作为一种模型来看待，研究地图模型的存贮、建立、解释的理论。虽然，地图一般是以二维形式出现的，但它却是客观实际形象的符号模型之再现。为了实现地图模型的自动化处理，以达到自动化制图的目的，必须将制图过程和分析应用数学模式化，并最终形成地图的数字模型。地图数字模型就是把地图上或准备表示到地图上的所有要素，转换成点的坐标 x、y 和特征码 z，并形成以数字形式进行存贮、传递的空间结构模型，即数字地图。地图数学模型是用来描述地图要素、制图过程和地图图形的数学表达式，它包括：①空间点位向平面转换的数学模式；②地图图形的数学模式；③地图要素分布特征的数学模式；④制图综合的数学模式；⑤地图分析与利用的数学模式等。地图模型理论就是研究地图数字模型和数学模型的理论，它是制图自动化的基本理论。

六、制图综合理论

制图综合理论是地图制作的基本理论，它研究的是地图编制过程中的地图内容取舍和概括的原理和方法，是运用区域地理分析和数理统计的方法，按照制图的目的和地图的用途来反映制图区域的地理真实性和地理规律。

七、综合制图理论

综合制图理论是研究制作综合性地图的理论与方法。所谓综合性地图就是反映自然环境或人类社会各种要素和现象及其相互关系的地图。综合制图是借助于地图的手段，多方面完整地来反映客观环境的一种方法。它是以自然综合体与地带规律、自然环境中物质循环与能量交换规律、生态系统与人地关系等理论为依据，以综合分析、系统分析的方法为基础，编制国家或区域性的综合系列地图或综合地图集。综合性地图在内容上要反映各种现象的空间结构和时间序列的变化。综合制图必须研究运用一系列方法对各综合要素和图种进行处理，以保证其内容的完整性、互补性和内容与形式的统一协调性。

应该指出，上述各制图理论虽然有其独立的研究内容，但它们又是相互联系的。地图是地理环境空间信息的载体。地图信息理论就是要解决地理环境空间信息的获取、加工处理和新地图信息的形成。地图载负的地图信息必然要提供给用图者，在制图者与用图者之间形成信息传递。地图信息传输理论就是研究如何将地图信息传递给用图者。地图信息的传递必须通过视觉来进行。为了充分利用地图信息，提高信息传递的效率，还需研究用图者的生理和心理因素对视觉感受的影响规律，这就是地图感受论所研究的内容。地图信息是运用图形符号语言，经过制图综合的科学思维和抽象，显示客观世界的规律，反映人们认识的。因此，必须探求图形符号的构图规律，研究地图内容的取舍和概括的原理与方法，即对地图符号理论和制图综合理论进行研究。为了实现地图信息的获取、传递、存贮和利用的自动化，必须将地图模型化，将地图信息数字化，将地图要素、地图图形、制图过程数学模式化。地图的各种信息是相互联系和相互制约的。为了反映自然环境、人类社会多种现象和要素的相互联系和制约规律，还必须运用综合制图理论制作单幅综合性地图、综合系列地图和综合地图集。

由此可见，上述各种制图理论的相互联系、互相补充，从而构成了完整的现代制图理论。

§1.3 地图制图学与其他学科的联系

各学科的相互渗透和互相补充，是各学科发展和变革的必由之路。地图制图学与其他学科早已建立了密切的联系。并且，在整个科学技术进步的过程中，这种联系还正在迅速地增长和加强。

地图制图学同许多学科都有联系，特别是与测量学、地理学、数学、美学和色彩学等的联系更为密切。

与测量学的联系　大地测量为地图制图提供了关于地球形状和大小的精确数据以及大地控制点的坐标，进而构成了地图的数学基础。地形测量和航空、航天摄影测量为地图提供了精确而详尽的实测地形图资料、像片资料和地理说明资料等。所有这些都构成了编制地图的基础，对于地图编制的质量有着决定性的作用。可以直接用于测图的卫星像片的出现、航测全数字化测图和野外数字化测图的实现，必然会对地图制图的发展产生更加积极的影响。

与地理学的联系　地理学是研究地理景观的发生、发展、空间分布、相互联系和相互作用规律的一门学科，而地图制图学的任务就是用地图将这些自然和社会经济规律表示出来。所以，地理学为地图制图学提供了认识和反映地理环境及其空间分布规律的基础。不懂得地理学就很难正确地用图形显示地理现象的分布规律，表达地理研究成果，另一方面，地图是地理工作者不可缺少的工具和手段，地图的合理应用将有助于地理学向更高的阶段发展。

与数学的联系　从地图制图学诞生那时起，数学就是它的基础。随着地图制图学的发展，它与数学的联系愈来愈密切。地图制图学的地图投影就是以数学为工具来阐明建立地图数学基础的原理和方法的。概率论与数理统计在地图内容选取指标确定中的运用，用定量方法分析制图资料和研究制图区域以及地图模型的数字化和制图过程的数学模式化，均标志着数学与现代地图制图学的联系愈益密切。这将逐渐改变传统的地图制图学以定性描述为主的特点，明显地提高了地图的科学性，对于提高地图质量和成图速度、促进地图的标准化等都有很大的现实意义。由现代地图制图学的内容和发展可以看出，数学分析、概率论与数理统计、线性代数、图论、模糊数学、拓朴学等数学分支在地图制图学中的应用，将是引导地图制图学走向现代化的必不可少的条件。

与色彩学和美学的联系　地图符号的设计和描绘必然要涉及到色彩学和美学。利用艺术手段改进地图质量和增加地图品种是当代地图制图学的发展方向之一。地图符号色彩和图形的艺术效果的改进，不仅可以加强地图的易读性，增加美观性，提高地图对读者的感受能力，而且对于丰富地图内容和提高地图载负量也会起到积极作用。由此可见，色彩学和美学的知识对于地图制图工作者具有特殊的重要性。

此外，地图制图学还同遥感技术、计算机科学、物理学、化学、心理学等学科发生着联系。并且，随着现代地图制图学的发展，其间的联系将会愈益密切。尤其是由遥感技术和计算机科学向制图学科的渗透而产生的遥感制图学和计算机地图制图学，目前已成为现代地图制图学中相当活跃和颇具生命力的两个分支学科，并且引起相关学科向地图制图学的进一步渗透。

§1.4 地图制图学的发展历史

地图的起源很早，地图制图学是一门古老的科学。据考古发现，原始社会时期，人类因从事渔猎、采集活动的需要，常将某些事物用简单的形象化的符号刻划在泥板、石板或兽皮上，作为生产或旅行的指南，成为地图的原始雏形。地图和地图制图学发展的历史，是与人类社会活动的需要和科学技术的进展密切相关的。

1.4.1 外国地图制图学的发展历史

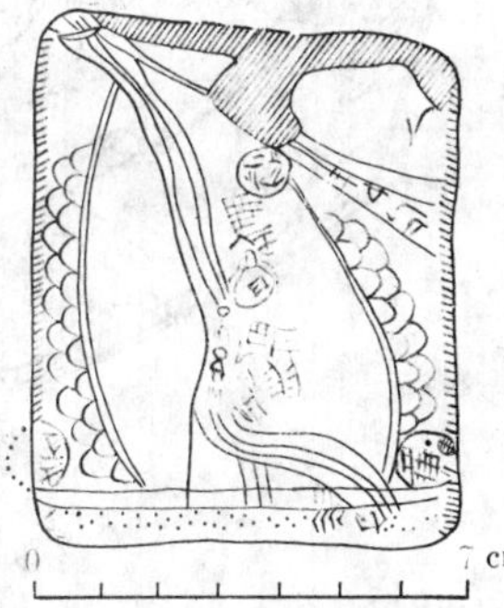

图 1-2 古巴比伦地图

地图起源于上古，几乎与世界最早的文化同样悠久。古代的巴比伦地图(图 1-2)是当今世界上所能见到的最早的地图。它是考古学家从巴比伦城以北 320km 的加苏尔古城发掘出来的。据考证它是公元前 2500 年前的作品。在这块手掌大小的陶片“世界地图”上，刻划着巴比伦时代所认识的“世界”。在该图上绘有山脉、河流、城市等。其中底格里斯河和幼发拉底河发源于北方的山地，流过南方的沼泽，中央是古老的巴比伦城。古埃及人用芦苇草当纸绘制的地图是保留至今的另一种古地图。其中一幅是公元前 1330—1317 年期间绘制的埃及东部沙漠地区的金矿山图。

在公元前 6 世纪至公元前 4 世纪的古希腊，由于频繁的战争和航海事业的发展以及商业活动范围的扩大，使得人们对地理学和地图制图学知识的需要急剧增长，涌现出了一批卓越的学者，作出了许多名垂后世的业绩。公元前 6 世纪，毕达哥拉斯(Pythagoras，约公元前 580—前 500 年）最早提出“地”是球形的概念。两世纪后，亚里士多德（Aristoteles，约公元前 384—前 322 年）对此进一步论证，形成了地圆说。又一世纪，埃拉托色尼（Eratosthenes，约公元前 275—前 194 年）首次用观测的方法推算出了地球的大小，估算出了地球子午线的周长，并首次应用经纬网绘制了地图。在此应特别提出的是著名的数学家、天文学家和制图学家托勒密（Ptolemaeus，约公元 90—168 年）对地图制图学所作出的巨大贡献。他所著的《地理学指南》是古代地图制图学的一部巨著。该书一共八卷。第一卷论述地图投影；第二卷至第七卷对当时已知的地球各部分作了比较详细的叙述，列出了各国的居民地、河流和 8 000 个点的经纬度；第八卷是世界及其各部分的地图 27 幅，其中一幅是世界地图，其余 26 幅是世界的分区地图，这是世界上最早的地图集的雏形。他在该书中还提出了编制地图的方法，创立了球面投影和普通圆锥投影。他用普通圆锥投影编制的世界地图（图 1-3）在西方古代世界地图制图学历史上具有划时代的意义，并一直被使用到 16 世纪。

中世纪是地图制图学史上的一个大倒退时期。由于宗教占支配地位，地球球形的概念遭到排斥，地图不再是反映地球的地理知识的表现形式，而成为神学著作中的插图。这个时期的地图几乎千篇一律地将世界画成一个圆盘，既无经纬网又无比例尺，被称为 T-O 地图（图 1-4)。图形的上方为东方。居住的世界用一个环绕着海洋的圆来表示。在陆地的中间安排了一个“T”形的水体，T 形的柄代表地中海，T 形顶端之一代表爱琴海和黑海，另一端代表尼罗河和红海。被 T 形水体分隔的三部分，分别代表欧洲、亚洲和非洲。耶路撒冷被安排位于 T 形中心的上方，即世界的中心。在人居住的世界边缘的东方画有天堂。

15 世纪以后，欧洲各国封建社会内部资本主义开始萌芽，历史进入文艺复兴、工业革命

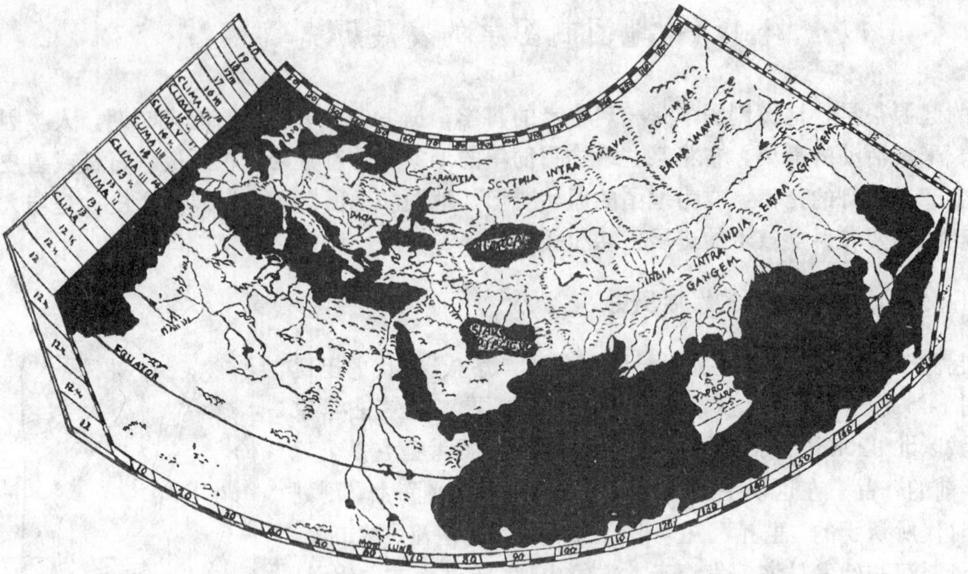

图 1-3　托勒密的世界地图

和地理大发现时期。航海家哥伦布(Colombo，约公元 1451—1506 年) 进行了三次航海探险，发现了通往亚洲和南美洲大陆的新航线和许多岛屿。葡萄牙航海者麦哲伦 (F. Magalhães，约公元 1480—1521 年) 第一次率队完成环球航行。所有这些航海和探险活动都使人们对世界各大陆和海洋有了新的认识，为新的世界地图的诞生奠定了基础。

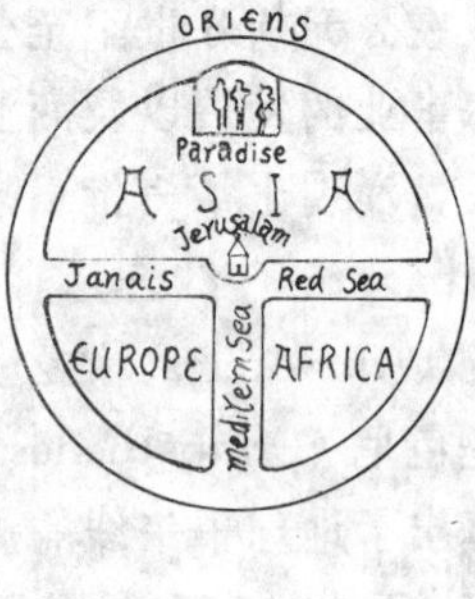

图 1-4　T-O 地图

在 16 世纪，荷兰制图学家墨卡托(G. Mercator，公元 1512—1594 年)创立了等角正轴圆柱投影(后被命名为墨卡托投影)，并于 1568 年用该投影编制了世界地图，代替了托勒密的普通圆锥投影的世界地图。在该地图上，首次将等角航线表示成直线，这对航海十分有用。因此，迄今世界各国仍采用墨卡托投影编制海图。墨卡托的杰出贡献对西方地图制图学的发展产生了巨大而深远的影响。

17 世纪以来，随着资本主义的迅速发展，航海、贸易、军事及工程建设越来越需要精确而详细的大比例尺地图。随着平板仪和其他测量仪器的发明，以及三角测量的广泛运用，使得测绘精度大大提高，为实测大比例尺地形图奠定了基础。测绘地形图以西欧为最早。其中以法国卡西尼父子 (G. D. & J. Cassini) 测绘的法国地形图最负盛誉。实测地形图的出现，使得地图内容更加丰富，表示地面物体的方法由原来的透视写景符号改为平面图形，地貌由原来用透视写景表示改为晕滃法，进而改为等高线法。编绘地图的方法得到了改进，地图印刷由原来的铜版雕刻改为平版印刷。到了 18 世纪，很多国家开始系统测制以军事为目的的大比例尺地形图。

从 19 世纪开始，由于自然科学的进步与深化，普通地图已不能满足需要，于是产生了地质、气候、水文、地貌、土壤、植被等各种专题地图。其中德国的伯尔和斯 (H. Berghaus) 编制出版的自然地图、英国的巴康 (Bacon) 和海尔巴海森 (Helbatson) 编制出版的巴特罗姆气候地图集、俄国的道库恰耶夫（В. В. Докучаев）编制的北半球土壤图与俄国欧洲部分土壤图都对当时专题地图的发展起了一定的推动作用。

19 世纪末，随着国际交往的频繁，因而产生了编制统一规格的世界详图的要求。1891 年在瑞士伯尔尼召开的第五届国际地理会议上彭克（A. Penck）教授提出编制百万分之一世界地图的建议，会议讨论并通过了这个建议；1909 年在伦敦召开了专门的国际百万分之一地图会议，通过了编制国际百万分之一地图的基本章程；1913 年在巴黎召开的第二次国际百万分之一地图会议上，制定了编制国际百万分之一地图的方法和规格。这就使得世界上有了按统一方法和规格编制的国际性图种，为国际上的科技交流和政治活动提供了精确的地理基础资料。

19 世纪 50 年代，法国的洛斯达（A. Laussedat）首创摄影测量方法。随后相继出现立体坐标量测仪、地面立体量测仪等。到 20 世纪初，则形成了比较完备的地面立体摄影测量方法。由于航空技术的发展，1915 年出现了自动连续航空摄影机，因而可将航摄像片在立体测图仪上加工成地形图，形成了航空摄影测量方法，从而使实测地图由野外转向室内。这是实测地图制图方法的一次重大变革。

此后，科学技术的日益进步，刻图法、利用计算机自动制图、运用陆地卫星图像编制地图等新技术、新手段相继引入地图生产中，这就简化了成图工序，减轻了手工劳动，加速了成图过程，提高了地图精度，使地图质量显著提高。随着地学和其他自然学科的发展，使得编图的区域和编图的内容都有极大的扩展，各种高质量、高水平的单幅地图、系列地图、地图集不断出现。总之，地图界呈现出一片空前繁荣的景象。

1.4.2 我国地图制图学的发展历史

我国历史上关于地图的传说，最早可以追溯到夏禹时代（公元前 3000 多年）。鼎地图的传说记载于《左传》。传说夏禹曾铸了九个鼎，鼎上镌刻着各州的山川形势、草木禽兽，可供当时去四方旅行的人参考，并被后人称为《九鼎图》。《九鼎图》具有原始地图的性质，可以被看成是我国最早的地图。

周朝立国后十分重视地图。西周初期（公元前约 1020 年），周召公为修造洛邑时绘制的洛邑城址地图，便是我国地图史上第一幅具有实际用途的城市建设地图。由于地图具有证明疆域、田界的作用，所以从周朝开始地图就被统治阶级作为封邦建国、管理土地必不可少的工具。《周官》一书中所说的“地讼，以图正之”就是讲的地图在这方面的应用。也正因为如此，掌握这类图籍的官吏也普遍受到人们的尊敬，连孔子都“式负版者”，即见到背负疆域图版者也要下车行礼，表示敬意。

战国时代的《管子·地图篇》特别指出了地图在用兵中的重要作用，即：“凡兵主者，必先审知地图。轘辕之险，滥车之水，名山、通谷、径川、陵陆、丘阜之所在，苴草、林木、蒲苇之所茂，道里之远近，城廓之大小，名邑、废邑、困殖之地，必尽知之。地形之出入相错者，尽藏之。然后可以行军袭邑，举措知先后，不失地利。此地图之常也。”这段关于地图内容的论述相当精辟。1975 年，在河北省平山县战国中山王的墓中出土的《兆域图》，是一块长 94cm、宽 48cm、厚约 1cm 的铜版地图，它是墓穴建筑规划平面图。该图用金丝银缕搓成线划符号和文字嵌在铜版之中，并对各部分注有比例。据考证，该图距今已有 2200 多年历史，是我国已发现的最早的平面图，另外，苏秦以合纵抗秦向六国游说时曾提及过“臣窃以天下之地图察之，诸侯之地五倍于秦”，这表明当时已有一种标明各国疆域的政区图；著名军事家孙武所著的《孙子兵法》和孙膑所著的《孙膑兵法》中，分别有九卷和四卷附图，这些附图即为当时的军事地图；在脍炙人口的荆轲刺秦王故事中，“督亢地图”被用作接近秦王的媒介。所有这些都表明，在公元前200多年地图已成为我国政治斗争、军事作战和行政管理中的一个颇为重要的工具。

我国史籍中所述及的古地图很多，但宋代以前流传存世的极少。有幸的是，1973年在湖南长沙马王堆三号汉墓中出土了3幅举世罕见的地图珍品，即《地形图》、《驻军图》和《城邑图》，这为我们提供了研究汉代地图的珍贵实物史料。这3幅地图均绘于帛上，是公元前168年以前的作品。《地形图》是一幅边长为98cm的正方形地图，其范围相当于今湖南、广东、广西三省交接地带。地图的主区为西汉初年的长沙南部，今湘江上游第一大支流潇水流域、南岭、九嶷山及其附近地区。地图内容很丰富，包括山脉、河流、聚落、道路等要素。图上绘有80多个居民点，20多条道路，30多条河流。采用闭合曲线表示山体轮廓及其延伸方向，并绘出高低不等的9条柱状符号，以表示九嶷山9座不同高度的主要山峰。《驻军图》是一幅高98cm、宽78cm，用黑、朱红、蓝三色彩绘的军用地图。此图反映汉初长沙诸侯国军队守备作战的兵力部署情况，用朱红色突出地表示了9支驻军的名称、布防位置、防区界线、指挥城堡、军事要塞、烽燧点、防火水池等军事地形要素。图内把驻军的情况表示在第一层平面，而把河流等地理基础用浅色表示在第二层平面，全图主题鲜明、层次清楚。它是我国和世界上至今发现的最早的彩色地图。《城邑图》高约40cm、宽45cm左右，图上绘有城垣范围、城门堡、城墙上的楼阁、城区街道、宫殿建筑等等。长沙马王堆汉墓地图的发现，给中外地图制图学史增添了新的光辉灿烂的一页。它的成图年代之久远、内容之丰富可靠、地图绘制原则和绘制水平及使用价值，都处于世界领先地位。图1-5所示的是马王堆汉墓出土的《地形图》和《驻军图》的复原图。

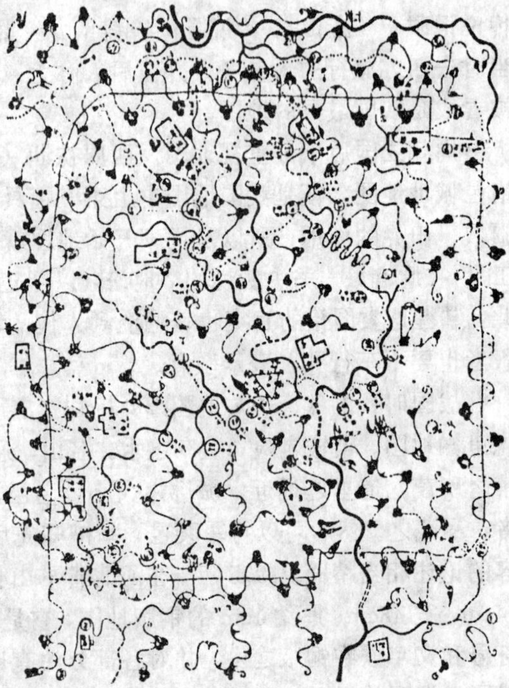

图1-5　马王堆汉墓出土的《地形图》（左）和《驻军图》（右）（已缩小）

从公元2世纪到16世纪，在我国地图制图史上，可谓群星璀璨、成就卓著，居世界之前列。

魏晋时期的裴秀（公元223—271年）是对我国地图制图学有过十分杰出贡献的地图制图学家。他以当时的《禹贡》（最早为《尚书》中的一篇，是记述地理情况的科学著作）为依据，经过核查而编绘了18幅《禹贡地域图》，并著述了《禹贡地域十八篇·序》。该著作在我国地图制图学史上占有十分突出的地位，标志着我国古代地图制图学的辉煌成就，奠定了我国地图制图学的最初基石。在该著作中，裴秀总结了前人和自己的制图经验，创立了称为“计里画方”的制图方法和称为“制图六体”的制图学原理。“计里画方”是一种以地图上的方格网为基础，按比例尺绘制地图内容的一种制图方法。“制图六体”即分率、准望、道里、高下、方邪、迂直。分率表示地图的缩小程度，即地图比例尺；准望即方位，以确定地图各部分之间的相对位置；道里指距离，即两点之间的路程；高下即相对高程；方邪即地面起伏；迂直即实地的高低起伏距离与水平距离的换算。裴秀还反复阐述了“六体”之间的制约和依存关系及其在制图中的重要性。他认为：绘制地图时，若只有图形而无比例尺（分率）就无法进行实地和图上距离的比较和量测；若只有比例尺而未考虑方位（准望），那么地图上的各部分图形间的相关位置就不可能正确；有了方位而没有道路的里程（道里）就不可能知道各地物间的远近而“不能相通”；有了“道里”而没有按“高下”、“方邪”、“迂直”来进行校正，那么道路的里程必然和实际距离有差别，方位也会发生偏差。因此，“制图六体”在绘制地图时是缺一不可的六个方面。

唐王朝统一中国后，国内形势较为安定，社会生产力发展很快，科学文化得到进一步的发展，地图制图方面也取得了一些值得称许的成就。唐代贾耽（公元730--805年）通过对古今地图的对比分析和调查研究，编制了《关中陇右及山南九州等图》一轴，树立了边疆险要地图的旗帜，形成了我国古代地图发展的一个重要分支。他的另一杰作为《海内华夷图》一轴和说明该图的《古今郡国县道四夷述》四十卷。《海内华夷图》是魏晋以来的第一大图。该图轴“广三丈、纵三丈三尺”，绘有一寸见方的网格，采用计里画方的方法、按“一寸折地百里”的比例尺制成。该图轴注意外域和地理沿革考证。图上用墨色标注古地名，用朱色标注今地名。这种历史沿革地图的表示方法对后世产生了很大的影响。但是，十分可惜的是该图轴的原图已经失传。

宋朝统治中国近320年，在此期间地图制作也有很大发展。北宋统一不久便编绘出了第一幅规律巨大的全国总舆图，即《淳化天下图》。该图是根据各地所贡的400余幅地图编制而成。在著名的西安碑林中，保存着一块伪齐阜昌七年（南宋绍兴七年，公元1137年）刻的石碑，在碑的两面分别刻着《华夷图》和《禹迹图》。根据图名、绘法以及图上说明推断，《华夷图》可能是因袭唐代贾耽的《海内华夷图》制成的。《禹迹图》上刻有方格网，是目前看到的最早使用计里画方制图方法的地图作品。图上的图形较为准确，所绘水系，特别是黄河、长江的形状已很接近现代地图。图1-6是《禹迹图》和《华夷图》的局部缩小图。

沈括（公元1031—1095年）是宋代有代表性的地图制图学家。他博学善文，精通天文、历法、数学、物理、医学、地理学等，晚年写成了《梦溪笔谈》。沈括创用二十四方位，发现了地磁偏角的存在。他用11年时间查阅了大量资料，去伪存真，并以亲身经历编制了《天下州县图》。该图实际上是部地图集，共有20幅地图组成。

元、明两朝是中国历史上统一时间最长的封建王朝。在地图测绘方面也有许多长足的进步，出现了朱思本、郑和、罗洪先、陈祖绶等著名的地图制图学家。经过他们的努力，使我

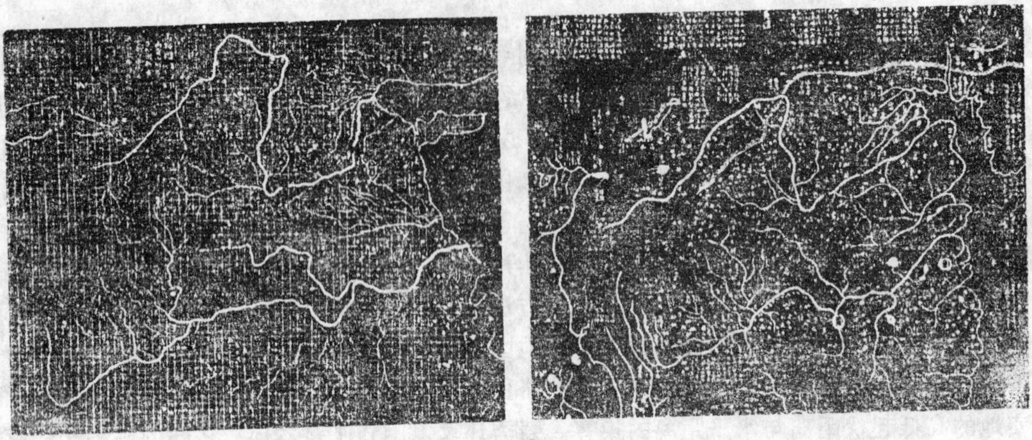

图 1-6 《禹迹图》（左）和《华夷图》（右）的局部（已缩小）

国传统的地图制图学走上了成熟的阶段。

朱思本（公元1273—1333年）是元朝的地理学家和很有声望的道士，他十分重视地理考察。通过考察发现先人的图籍"殊多乖谬"，于是"思构为图正之"。经过10年的努力，编绘成《舆地图》二卷，后被多次摹绘，"刊石于上清之三华院"。可惜摹绘和刻石的《舆地图》今都已不存。

郑和（公元1371—1435年）是明代著名的航海家。郑和对我国地图制图学的发展作出了巨大的贡献，留下了4部重要的地理著作，绘制出我国第一部航海图集，即《郑和航海图》。郑和编成的航海图被明代军事家茅元仪收集在他的《武备志》中。图中包括亚、非两洲的地名500多个。《郑和航海图》不仅是我国著名的古海图，也是15世纪以前最详细的亚洲地图，被英国学者李约瑟誉为中国古代地图史上"真正的航海图"。图1-7是《郑和航海图》中的一幅。

罗洪先（公元1504—1564年）是明代一位杰出的地图制图学家。他通过"考图观史"发现"天下图籍虽极详尽，其疏密失准、远近错误，百篇而一，莫之能易也"。在访求调查过程中，他认为朱思本地图相对最佳。于是，罗洪先决定把朱思本地图作为绘制新图的蓝本，扬朱图之长，避朱图之短。为克服朱图"长广七尺，不便卷舒"的缺点，他按计里画方的格网加以分幅转绘，并增补新收集的地图资料，积十年寒暑而编成新图。由于罗洪先的新图是把朱图"广其数十"幅，故取名为《广舆图》。《广舆图》计有地图45幅，附图68幅，是我国最早的综合性地图集。《广舆图》在明代有较大影响，前后翻刻六次，基本上支配了这一时期地图的发展。

陈祖绶是明末的地理学家，他的主要作品是《皇明职方地图》三卷。该图是继承朱、罗二图之长，避朱、罗二图之短，绘制严整美观，镌刻精细，并且重视军事要素的地图。

朱思本的《舆地图》、罗洪先的《广舆图》、陈祖绶的《皇明职方地图》构成了被称为朱思本地图系统的三大支柱。

清康熙、乾隆年间，由于西方科学知识的输入，实测地图被引起重视，并付诸实施，从而使地形图测绘进入了一个崭新阶段，标志着我国近代地图制图学的兴起。

西方的科学制图方法在我国引起重视，是从清康熙年间测绘《皇舆全览图》开始的。康熙聘请了德国、比利时、法国、意大利、葡萄牙等国一批传教士，利用天文测量和三角测量相结合的方式，进行了全国舆图的测绘和测算了 630 个点的经纬度，历时 35 年。其中《皇舆全览图》的测绘历时 10 年，于 1718 年完成。《皇舆全览图》按省分幅，每省一幅，共 32 幅，另有全国地图 1 幅。该图范围广阔，包括东北各省、蒙古、关内各省、台湾以及哈密以东地区。并且，首次对台湾省进行了实测，正式标出了世界第一高峰的位置，命名为“珠穆朗玛阿林”（“阿林”的满语含义为“山峰”）。《皇舆全览图》绘制成功后，“镌以铜版，藏内府”，当时流传很少。但由于该图是我国首次经过全国性实测而制成的地图，并以实测的 630 个经纬点为基础而采用伪圆柱投影，并在图上绘出了经纬网，因而在地图史上具有重要意义。乾隆继位后，在对西藏和新疆进行了经纬度测量和地形测绘的基础上，在《皇舆全览图》上增补了新疆、西藏的新测绘资料，编制成一部新的地图集，即《乾隆十三排地图》，亦称《乾隆内府地图》，使我国的实测地图得以最终完成。

图 1-7　《郑和航海图》之一（已缩小）

《大清会典舆图》是全国各省地图集的汇编。该图集编制的提出是在同治年间，但开始工作是在光绪十二年（公元 1886 年）在北京建立“会典馆”以后。《大清会典舆图》是在会典馆组织下，由各省分别进行测绘并编制出各省的地图集，然后再由会典馆汇总编纂而成。这次全国各省图集的编制在中国地图发展史上具有极为重要的意义，它是中国传统的古老制图法向现代制图法转变的标志。

我国完全采用经纬网制图法绘制的第一部世界地图集，是清末地理学家魏源（公元 1794—1859 年）编制的《海国图志》。全图集共绘有 74 幅图，其中历史沿革图 8 幅，其余是东西半球图、各大洲图及各大洲所包含的国家分图。该图集采用经纬网作为数学基础，较灵活地选用所需的投影（如圆锥投影、彭纳投影、桑逊投影、墨卡托投影等），篇幅巨大、内容丰富、图文并茂，不愧为中国地图制图学史上一部关于世界图集方面开创性的著作。

清末杨守敬（公元 1839—1915 年）是继贾耽、顾祖禹之后，对历史地图编制作出突出贡献的地图制图学家。他经过 15 年的努力，编制了《历代舆地沿革险要图》70 篇，是我国历史沿革地图史上旷世绝学的一部历史沿革地图集。

我国自鸦片战争（1840 年）以后，由于社会制度的腐败和帝国主义的侵略，阻碍了科学技术的发展，地图事业也大大地落后于西方。在此期间，唯一值得称道的仅有被称为《申报地图》的两个地图集。它们是为纪念申报馆 60 周年而由丁文江、翁文灏、曾世英编绘、申报馆出版的《中华民国新地图》（1934 年）以及据此缩编并同时出版、又经六次再版的《中国分省新地图》。《申报地图》在编制过程中参考了各种地形图近 8000 幅，采用经纬点千余个。它是我国第一部根据实测资料编制、按等高线分层设色表示地貌的现代地图集。当时，它被国内外誉为“中国地图界空前未有的巨著”，“可与世界上最先进地图并列而无愧色”。

中华人民共和国成立后，地图事业随着社会主义建设事业的需要而有了很大发展。先后成立了中国人民解放军总参谋部测绘局、中国国家测绘总局，领导全国的测绘工作，建立了统一的平面坐标系统和高程系统以及国家基本比例尺地形图系统；不断修订和完善各种作业规范、细则、图式；以航空摄影测量为主要手段，完成了覆盖全国面积（除台湾省外）的1∶5万或1∶10万地形图测绘任务，并进行了第二或第三代的更新；同时，测制了发达地区1∶1万地形图约200万km^2；1973年完成了全部新的1∶50万地形图的编印工作；1984年开始编制1∶25万地形图，目前已经完成；利用最新实测地图编制了第三版全国1∶100万地形图，这是我国地图制图事业的一项重大成就。除了国家统一编制的基本比例尺地形图外，各有关部门也在进行各种比例尺测图。

除了地形图之外，我国还编绘出版了各种小比例尺全国普通地图和中小比例尺省区挂图，并且先后编制出版了许多专题地图和地图集。如《华北平原土壤图集》、《中国水文图集》（1964）、《中华人民共和国自然地图集》（1965）、《中华人民共和国地质图集》（1973）、《中华人民共和国地图集》、《中国气候图集》、《中华人民共和国水文地质图集》、《中国恶性肿瘤地图集》（1979）和一些城市、江河湖泊的环境保护地图集。此外，还出版了《中国植被图》、《中国土壤图》、《中国沙漠图》、《中国地质图》、《中国大地构造图》和《亚洲大地构造图》等。这些都标志着我国地图编制出版工作正迅速地向深度和广度发展。

目前，我国地图工作者研究的重点是现代的制图理论、制图方法和地图制图自动化问题，并取得了一些突破性的进展。我国地图制图学今后一段时期的主要任务和目标是：加强地图制图学理论的研究，建立地图制图学的科学体系；加强建立和发展地理信息系统及数据库，并向以遥感图像为基础的空间动态环境信息系统方向发展；加强计算机地图制图软件系统的研究，并及时推广，尽快转化成为生产力；加强遥感技术的研究，扩大应用范围，提高应用水平；进一步加强专题地图制图理论和方法的研究，把综合制图水平再提高一步；大力加强地图印刷理论和技术的研究，尽快提高地图印刷水平和速度。

随着科学技术的突飞猛进和各经济部门愈来愈迫切地要求提供更多的地形图和专题地图，我国地图制图事业必将不断出现新局面，以迎接新技术革命的挑战，为我国经济的全面、高速度发展做好超前服务。

第二章　地图的基本知识

§2.1　地图的特性与定义

追溯到本世纪中叶以前，人们将地图说成是“地球表面在平面上的缩小图形”，或称为“地球在平面上的缩影”。这个定义简单而粗浅，虽易为一般人所理解，但很不确切、全面。因为这一定义也同样适合于一张地面照片和地面的风景画，没有能充分表达地图所具有的特性。因此，要想给地图下一个确切的定义，必须首先认识地图所具有的特性。

2.1.1　地图的特性

一、因利用特殊的数学法则成图而使地图具有可量测性

可量测性是地图的重要特征之一。这就意味着，能从地图上量取方位、距离、坡度、面积、体积、密度等，使地图成为认识和研究客观事物的重要工具。

我们知道，地面像片和风景画都是建立在透视投影基础之上的。随着观测者的位置不同，物体的视觉形状和大小将发生变化，即遵循“近大远小”的透视关系。这种透视关系显然不符合可量测性的要求。地面像片是地面中心投影的影像。随着投影中心的位置的变化，其地面影像将发生变化，这将导致无法利用单张像片来确定地面物体和现象的相应位置。再加上地面起伏和飞行波动的影响，导致像片上各处影像的比例尺不相一致，且无法进行控制。所有这一切将导致无法直接对单张像片进行量测和精确定向。

对于地图来说，其上各点的相关位置应按严密的数学法则来确定，从而使其具有可量测性。从不规则的地球表面到平面地图要经过两个步骤：首先将地球自然表面上的点沿法线投影到地球椭球体面（或球面）上，然后再将投影到椭球体面（或球面）上的点运用数学方法投影到某种可展面（圆柱*面、圆锥*面、平面）上，并按某种比率缩绘制成地图。这种按数学法则将地球椭球面（或球面）上的点转换到平面上的方法，称为地图投影。地图投影的实质就是建立起地球表面上点的经纬度与地图平面上点的直角坐标间的解析关系。地图投影的结果，虽不能保证制图区域内处处比例尺严格一致，但可以清楚地了解并能精确地计算出投影后的误差大小，并可控制其误差的分布。从而使地图具有严格的数学基础，具有可量测性，而且可以严格地对地图进行定向。

二、由于使用地图符号系统来表示地图内容而使地图具有直观性

地图表示各种复杂的自然或社会现象，是通过特殊的地图符号系统（包括符号、色彩、文字等）来实现的，因而使地图具有显殊的直观性。

尽管地面写景画和地面像片（包括航空像片和卫星像片）都是地面景观的再现，也具有

* 地图投影中所说的“圆柱”、“圆锥”，通常还包括“椭圆柱”、“椭圆锥”。

直观性。但是，地面写景画是画家描绘地面景观的艺术作品，地面像片则是地面景观的机械缩影。它们与地图的本质区别就在于它们不具有特定的符号系统。

图 2-1 是同一地区的航空像片和地图。通过对比不难看出，采用地图符号系统表示自然或社会现象具有许多明显的优点，即：

图 2-1　同一地区的航空像片和地图

(1) 地面物体往往具有复杂的轮廓，在地面像片上常因缩小而变得难以辨认。在地图上，运用地物符号描绘地物时，不仅可以使地物内容获得明晰的表示，而且使地图内容主次分明；

(2) 运用地图符号可以使地图显示无法按比例尺缩小描绘但又因为其重要而需要表示的物体，如控制点、烟囱、路标等；

(3) 运用地貌符号（等高线和特殊地貌符号）不仅可以将地貌景观表示在二维地图平面上，并且还可以在地图上量取地面的坡度、地面点的高程；

(4) 地图不仅可以描绘可见的物体，而且可以运用地图符号显示许多无形的自然和社会现象，如行政区划界线、经纬线、等温线、降雨量、人口数、工农业产值、流速和日照量等；

(5) 地图不仅可以描绘显露在地表的物体，而且可以运用地图符号显示被遮蔽的重要物体，如隧道、涵洞、窑洞、地下管道、地下径流、被森林遮盖的地貌等；

(6) 运用地图符号和注记，不仅可以描绘物体的外形轮廓特征，还可以显示无法在像片上成影的质量特征和数量差异，如水质、土质、深度、比高、道路的铺面材料、房屋的坚固程度等。

三、由于对地图内容进行制图综合处理，而使地图具有一览性

一幅地图的图面面积与它所对应的实地面积相比要小得多。其缩小倍率小则几百倍、数千倍，大则几万倍乃至千万倍以上。这就意味着，地图可将地表现象高倍地缩小，以便能一眼看到所要看到的地区，甚至整个地球表面，从而使地图具有一览性。地表现象的高倍缩小，必然导致不可能毫无遗漏地进行显示。若要使地图具有充实的内容且能清晰易读，就必须运用制图综合理论加以处理。所谓制图综合，就是根据一定条件和要求，选取甚至夸大某些重

要内容，舍弃和简化某些次要的内容和碎部，从而保证地图的内容同地图的比例尺、用途和景观特点相适应，使得地图上所反映的现象主次分明，并能确切地反映出各要素间的相互联系和互相制约的关系，使读图者更易于理解现象的本质和规律性。

2.1.2 地图的定义

根据上述的地图特性，可以给地图作出如下的定义，即：

地图是按照一定的数学法则、运用制图综合理论、应用地图符号系统，将地球表面缩绘于平面上，以达到反映各种自然和社会现象的空间分布、组合、联系、变化和发展的图件。

随着科学技术的发展，地图无论在内容或形式方面都有了新的发展，地图的功能和作用也在不断地扩大，人们对地图本质的认识也越来越深刻。

宇航技术的发展，使地图的表示对象从地球扩展到其他星球，现在已经制作有月球地形图、月球地质图、火星一览图等。

印刷和电子技术的发展，使地图的表示形式，不仅可以用线划符号，还可用影像、数字的形式。数字地图便于计算机的识别和存贮，在必要时还可用计算机将其自动转换为线划符号地图。

现在的地图不仅可以印制在纸张、织物、聚酯薄膜或缩微在胶卷上，还能进行屏幕显示。随着地图信息的计算机处理和屏幕显示的发展，有的地图学者提出了“实地图”和“虚地图”的概念。实地图（real map）是指具有直接能看到图形、且有固定形式的实体地图产品。虚地图（virtual map）有三种类型：一种是具有直接能看到的地图影像，但它是一种瞬变的实体，例如屏幕地图；另一种是具有一定的形式但不能直接看到地图影像，只有经过进一步处理方可成为能看见的地图，例如地面模型的全息照相、激光磁盘数据、立体影像；第三种类型，具有前两种类型的特点，且又易于被转换成实的地图，例如存贮在磁带或磁盘上的数字地图、数字地形模型等。

现在的地图不仅可以是静态的，而且可以是动态的；不仅可以是无声的，而且可以是有声的。通过地图在计算机屏幕上移动，还可以实现在整个制图区域内进行“巡视”，使地图成为“动态地图”；如果，在将地图图形放映在屏幕上的同时，用声音跟踪方式将与用图主题有关的内容播放出来，这将能使地图成为“讲话地图”。

随着现代地图所发生的上述变化和新发展，仅从构成地图的特性来定义地图显然已不够全面了。现代地图的定义应能反映出地图的实质和功能。因此，可以这样来定义现代地图，即：地图是按照一定的数学法则和制图综合理论，以影像、符号或数字来表达地球或其他星球上的自然地理和社会经济现象的分布、组合、联系及其在时间中变化的空间结构模型。它是空间信息的载体，又是传递信息的通道。

§2.2 地图的功能

随着现代科学技术的发展，电子计算机与自动化技术的引进，信息论与模型论的应用以及各门学科的相互渗透，促进了地图制图学的飞速进步，地图功能也有了新的发展。目前，我们把地图的基本功能概括为模拟功能、信息载负功能、信息传输功能和认识功能。

一、地图的模拟功能

人们认识客观世界的主要方法有两个：其一是到实地直接考察，但这种方法严重地受到视界的限制；其二是借助资料建立客观世界的空间模型，通过对模型的分析而间接地去认识世界。其中，地图就是一种经过简化和抽象了的空间模型。它以符号和文字注记去描述地理环境的某些特征和内在联系，使之成为一种模拟模型。例如，用等高线表示的地貌形态，就是实际地貌形态的模拟，而等高线并不是地面存在的客观实体。

地图作为空间结构模型，既起到了再现客观世界空间结构关系的作用，又起到了充当模拟工具的作用。地图可供用图者在其上模拟进行长度、面积、体积、方向等的量测，以代替实地的量测和观察，也可以在其上模拟规划各种工程设计。从地图的模拟功能出发，地图模型较之其他同类模型（地表的图表资料、文字描述、像片等）具有更多的优点。例如，地图模型的直观性、一览性、抽象性、合成性、几何相似性、地理对应性和可量测性，都是其他同类模型未能同时具备的。

二、地图的信息载负功能

地图是空间信息的载体，这就明确地表明地图所具有的信息载负功能。地图的信息量由直接信息和间接信息两部分所组成。直接信息是地图上图形符号所直接表示的信息，人们通过读图很容易获得；间接信息是经过分析解译所获得的信息，往往需要利用思维活动和通过分析综合才能获得。

地图能容纳和存贮的信息量是非常大的。现阶段根据不十分成熟的统计方法的统计结果表明：一幅普通的地形图能容纳和存贮1—2亿个信息单元的信息量。这里所说的信息量，当然是指直接信息量。至于间接信息量就更无法估计。因此，由多幅地图汇编而成的地图集常被称为“地图信息库”。

地图作为信息的载体，有不同的载负手段。最常见的形式是载于纸平面（或其它介质平面）上。随着现代科学技术的进步，已发展到地图信息载于纸带、磁带、磁盘、微缩胶卷上等。这种存贮方式的改变，可使人们从直接感受读取地图信息，发展到由计算机读取地图信息。这将使地图作为空间信息载体的功能得到更加充分的发挥。

三、地图的信息传输功能

地图的信息载负功能为地图的信息传输功能准备了充分的条件。近年来，信息论被引入地图制图学，形成了以研究地图图形信息的获取、传递、转换、存贮和分析利用为基本内容的地图信息论。从中可以看出，地图不仅是空间信息的载体，又是空间信息传输的通道。因此，地图的信息传输功能是显而易见的。

信息传输的一般过程是：信息发送者把源信息进行编码，然后转换成信号，并经过信息通道把信号传递给接受者。接受者收到信号后，将信号经过译码而变成目的信息。地图传输信息的过程也大体如此，即编图者（信息发送者）把它对客观世界（制图对象）的认识（源信息）加以综合和符号化等信息加工（编码）而制成地图（信息的载体），并通过地图（信息的通道）把信息传递给用图者（信息接受者）。用图者经过符号判认和解译（译码），并通过对地图内容的分析，形成对客观世界（制图对象）的认识（目的信息）。

如前所述，数学信息论认为，输出的信息量通常等于或小于输入的信息量。但地图传输信息的效率却与此有所不同。在编图过程中，资料的补充和组合将有新信息增加，制图综合不仅有信息的减少和压缩，也有新信息的增加。同样，在用图者读图分析时，某一部分信息可能由于与读图目的无关而未用到或被忽略，将导致信息的损失。但是，用图者通过读图分析所获得的间接信息将使地图信息增加，从而使读图者所获得的信息往往超过地图制图人员在编图时所利用的信息。用图者从地图上获得的信息量，除与地图本身信息量有关外，还随用图者对客观世界的认识水平和读图经验而改变。因此，为了有效地发挥地图信息传输功能，不仅制图者需要深刻地认识制图对象，充分利用原始信息，并顾及用图者的需求，对地图的源信息加工处理，运用制图语言，通过地图这一通道，把信息准确地传递给用图者。而且，用图者也必须熟悉制图者所使用的地图语言，并运用自己的知识和读图经验，深入阅读和分析地图信息，以便形成对制图对象的完整而深刻的认识。

四、地图的认识功能

地图的认识功能是由地图的本质所决定的。地图用图形来表达事物，给人一种特殊的感受效果。这种效果具有直观、准确等多种优点。因而一直被人们当作认识客观世界的有力工具来使用。

地图不仅能直观地表示任何范围内制图对象的质量特征、数量差异和动态变化，而且能反映各现象分布规律及其相互联系。所以，地图不仅是区域性学科调查研究成果的很好的表达形式，而且也是科学研究的重要手段。尤其是对于地学和地理学来说，地图更是不可缺少的研究手段。近年来，运用地图所具有的认识功能，把地图作为科学研究的重要手段，愈来愈被人们所重视。

当前，运用地图的认识功能，可以在许多方面发挥地图的作用。例如，通过对地图各要素或各相关地图的比较分析，可以确定要素之间的相互联系和不同历史时期自然和社会现象的变迁与发展；通过地图上的各种数量指标（坐标、长度、深度、高度、面积、体积、坡度、密度、曲率等）的量算，可以更深入地认识客观世界；利用地图建立的各种剖面图、断面图、断块图等可以获得制图对象的空间立体分布特征，等等。总之，发挥地图的认识功能，可以认请自然和社会现象的分布规律和制约关系，进行综合评价、预测预报和规划设计，为各项建设事业服务。

§2.3 地图的分类

2.3.1 地图分类的原则

随着社会生产的发展，对地图的需求越来越大，应用和编制地图的部门和学科越来越多，地图的品种类型也日益增多。为了便于管理、使用和有针对性地制作地图，必须对地图进行科学分类。

地图分类，就是根据地图的某些共同特征（或标志）将其加以区分。地图分类应遵守下述原则，即：

（1）必须按照由总概念（例如，类）到局部概念（亚类、属和种）的次序，即由较广义的概念向较狭义的概念过渡，以使分类的系统和层次要明确，且合乎逻辑性；

（2）每一分类等级必须采用固定的标志作为分类的基础，不可在同一等级分类时采用不同的分类标志；

（3）类别的划分必须体现完整性，即每一分类方法均能将现有的各种地图进行归类而不致于遗漏，并且要保证每一分类等级的地图应彼此能明显区分，以消除同一地图被划分到不同图组的可能性；

（4）由较广义的概念向较狭义的概念分类时，下类的总和应等于上类，即下类图种的全体应包括上类图种所涵盖的全部图种。

2.3.2 地图的分类方法

地图分类所依据的标志很多，有地图比例尺、制图范围、地图的内容、地图的用途，以及地图的使用方式、外形特征、图幅形式、感受方式等。上述标志中比较重要的是前四种标志，它们决定着地图的内容和性质。其他分类标志则是辅助的，常用于为具体目的而进行的分类。现将地图的具体分类分述如下。

一、地图按其内容分类

地图按其内容可分为普通地图和专题地图两大类。

普通地图是以相对均衡的详细程度表示地球表面各种自然地理现象和社会经济现象的地图，即以居民地、交通网、水系、管线垣栅、地貌、境界、土质与植被等要素作为主要表示对象的地图。它的内容比较完备，能为研究制图区域提供全面的资料。当然，随着比例尺的不同，普通地图所表达的内容详简程度会有很大的差异。其中，相对详细表示自然地理和社会经济要素的普通地图称为地形图；内容比较概略，但主要目标很突出，以反映各要素基本分布规律为主的普通地图称为一览图（或称地理图）；介于两者之间的普通地图称为地形一览图（或称地形地理图）。

专题地图是根据专业方面的需要，突出反映一种或几种主题要素或现象的地图。其中，主题要素表示得很详细，而其他要素则视反映主题的需要而作为地理基础进行选绘。作为主题的专题内容，可以是普通地图上所固有的要素（例如，行政区划图的主题要素是居民地的行政等级和境界，它们都是普通地图上固有的内容），但更多的是普通地图上所没有而属于专业部门特殊需要的内容（例如，地质图上表示的各种地质现象和环境地图上表示的环境污染与保护、自然灾害、疾病与医疗等内容，都不是普通地图的内容）。

二、地图按比例尺分类

地图按比例尺分类是一种习惯上的分类方法。由于比例尺并不能直接体现地图的内容和特点，且比例尺大小又有相对性，故往往将其作为二级分类标志，同地图按内容分类结合使用。

以地图比例尺作为标志，常将普通地图分为：

大比例尺地图：指1∶10万及更大比例尺的地图；

中比例尺地图：指1∶25万—1∶50万比例尺的地图；

小比例尺地图：指1∶100万及更小比例尺的地图。

应该指出，按上述指标将普通地图分为大、中、小三类比例尺地图，是地图制图部门的习惯分法。而在工程勘察部门常将1∶5千及更大比例尺的地图称为大比例尺地图；将1∶1万—1∶5万比例尺地图称为中比例尺地图；将1∶10万及更小比例尺地图称为小比例尺地图。

三、地图按其所包含的区域范围分类

地图按其所包含的制图区域分类的方法又有多种。常有按自然区域或行政区划来分类。

1. 按自然区域分类

全球性的自然区域地图：如全球地图、半球地图、大洋地图、大洲地图等；

地区性的自然区域地图：如东南亚地区图、中东地区图等；

国家级的自然区域地图：如长江流域地图、青藏高原地图、松辽平原地图等。

2. 按行政区划分类

世界地图、全国地图、省（直辖市、自治区）地图、地区（州、盟、省辖市）地图、县

（旗、地辖市）地图等。

四、地图按其用途分类

地图按其用途可以分为通用地图与专用地图。通用地图适用于广大读者，它向读者提供科学参考或一般参考。例如，中华人民共和国挂图、世界挂图即属于此类；专用地图是为各种专门用途而制作的地图。例如，航空图、航海图、宇航图、旅游图、教学挂图等。

地图也可按作为军用或民用而分为军用地图和民用地图。军用地图可细分为：战略图、战役图、战术图等；民用地图也可细分为：陆路交通图、航空图、航海图、旅游图、城市规划图，等等。

五、地图按其他标志分类

地图按其使用方式，可分为桌面地图、挂图、屏幕地图和随身携带地图等。

地图按其外形特征，可分为平面地图、三维立体地图和地球仪等。

地图按其图幅形式，可分为单幅地图、多幅地图、系列地图和地图集等。

地图按其感受方式，可分为单色地图、多色地图、荧光地图、互补色地图、盲文地图，等等。

§2.4 地图的内容

虽然地图的种类繁多，内容和形式各异，但归纳起来，所有地图的内容不外乎由数学要素、地理要素和辅助要素所构成。

一、数学要素

地图的数学要素可理解为根据一定的数学法则所构成的地图要素。它对图廓内各要素的几何精度起着决定性作用。所以，常把它称作地图的数学基础。

数学要素包括：坐标网、控制点、地图比例尺、地图定向要素等。坐标网又有经纬网和直角坐标网之分。由于地图的要求不同，有些地图要同时表示两种坐标网，另外一些地图则只表示其中一种坐标网即可；控制点起着控制地图数学精度与补充坐标网的作用，一般只在1：10万及更大比例尺地图上选注；地图比例尺作为制图时的缩小倍率而成为地图的一个重要参数；地图定向要素包括地图定向用的各种标准方向线，如真子午线、磁子午线、坐标纵轴线以及专门标画的北方向线。

二、地理要素

一般说来，地图的主体要素都是各种地理现象。根据地理现象的性质，又可将其区分为自然要素、社会经济要素及环境要素等。

自然要素包括海洋和陆地水系，以及地质、地球物理、地貌、气象、水文、土质与植被、动物等方面的现象或物体；社会经济要素包括居民地、交通网、境界线，以及政治、行政、人口、城市、历史、文化、经济等方面的现象或物体；环境要素是指人类生活的环境状况。包括自然灾害、自然保护、污染与保护、疾病与医疗等。

三、图外要素

图外要素是指位于内图廓以外、为阅读和使用地图而提供的具有一定参考意义的说明性内容或工具性内容。包括图名、图号、接图表、接合图号、图廓、图廓间的注记、分度带、图例、数字比例尺和图解比例尺、坡度尺、三北方向图、各种附图、资料及成图方法说明等。

§2.5 地图的比例尺

2.5.1 地图比例尺的定义

就地图制图而言，要把地面上的线段描绘到地图平面上，要经过如下主要过程，即：首先将地面线段沿铅垂线投影到大地水准面上，然后归化到椭球体面上，再按某种方法将其投影到平面上，最后按某一比率将它缩小到地图上，这个缩小比率就是地图比例尺。

因此，地图的比例尺可定义为：地图上某线段的长度与实地对应线段的投影长度之比，即

$$\frac{1}{M}=\frac{l}{L} \tag{2-1}$$

式中：M 为地图比例尺分母；l 为地图上某线段的长度；L 为实地相应线段的投影长度。式(2-1)可用于地图上的线段与实地对应线段投影长度之间的换算。

利用式(2-1)还可以诱导出地图上某区域面积与实地对应区域的投影面积之比的关系式，即

$$\frac{1}{M^2}=\frac{f}{F} \tag{2-2}$$

式中：f 为地图上某区域的面积；F 为实地对应区域的投影面积。

2.5.2 地图比例尺的形式

常用的地图比例尺的形式有以下几种。

一、文字比例尺

文字比例尺是直接用文字表示的地图比例尺。例如，“图上 1mm 相当于实地 1km”或“百万分之一”，等。

二、数字比例尺

数字比例尺是用分数或比例形式表示的比例尺。使用数字比例尺时，分子和分母（或前后项）的长度单位应一致，且分子（或前项）应为 1。例如：1/50 000 或 1∶50 000，等。

三、图解比例尺

图解比例尺是由线条组合而成的图形比例尺。利用它可以直接读取与图上线段相对应的实地线段的投影长度，或直接将实地线段的投影长度换算成相应的图上长度，而均不必经过计算。

根据图解比例尺的组合图形之不同，可将其分为直线比例尺、斜线比例尺和投影比例尺。

1. 直线比例尺

它是在一段直线上截取若干相等线段，在各等分分划上注上数字，以表示各分划相应于实地的投影长度。整个直线比例尺分尺头和尺身两部分。尺头在左、尺身在右。尺头的总长对应的实地长度称为比例尺的基本分划值。尺头的总长与尺身上一个分划的长度相等，其上的最小分划值是基本分划值的 1/10 或 1/20。比例尺的“0”注记在尺头与尺身的分界处。尺头注记自“0”向左，尺身注记自“0”向右。图 2-2 为用双线表示的 1∶5 万直线比例尺。

用直线比例尺在地图上量距时，应先将两脚规的两脚卡在图上待量直线的两端，再将两脚规移到直线比例尺上，使两脚规的一脚落在尺身的某一分划线上，再使另一脚落在尺头上，

然后分别读取尺身和尺头读数并取其和。图 2-2 中标示的距离为 2300m。

2. 斜线比例尺

它是根据平行截割原理，以纵、横两种分划复合而成的比例尺，如图 2-3 所示。用它量距，可读出基本单位的 1/100。其量距方法与用直线比例尺量距的方法基本相同，但要注意在斜线比例尺上量距时，应使两脚规的两脚放在同一水平线上。图 2-3 上 pq 的读数为 352m，st 的读数为 484m。

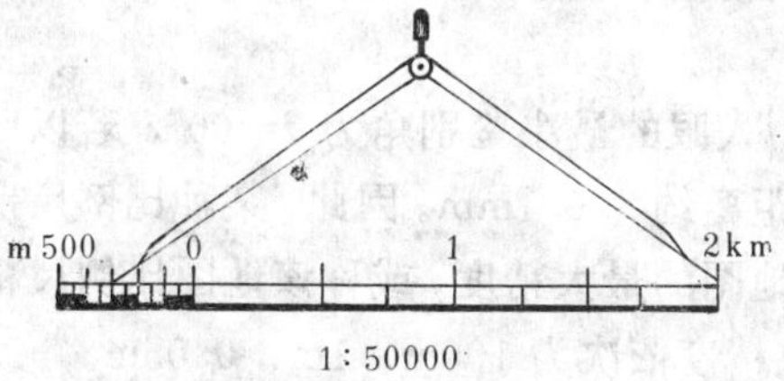

图 2-2　直线比例尺

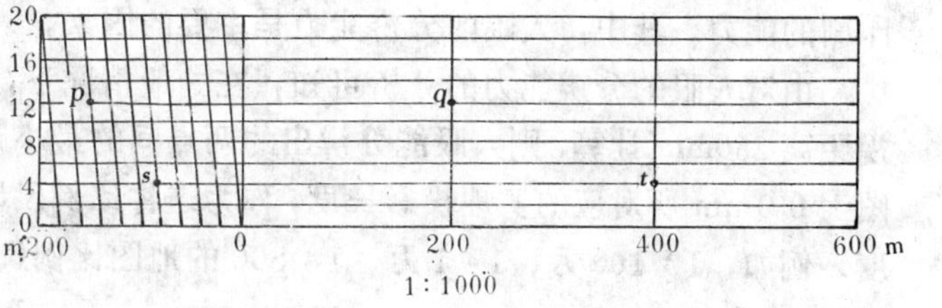

图 2-3　斜线比例尺

3. 投影比例尺

在小比例尺地图上，由于投影变形比较复杂，在不同经线（或纬线）上往往有不同的变形。为了消除投影变形对图上量测的影响，需对每一经线（或纬线）绘一直线比例尺，然后将它们组合在一起，构成复合型比例尺，称为投影比例尺，又称经线（或纬线）比例尺。图 2-4 即为等角正切圆柱投影的纬线比例尺，其标准纬线（0°）的比例尺为 1∶50 万。

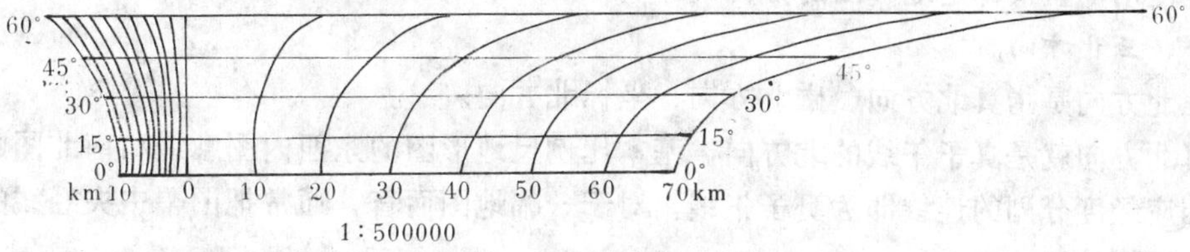

图 2-4　等角正切圆柱投影的纬线比例尺

在地图上通常采用几种形式配合来表示比例尺的概念，最常见的是数字比例尺和图解比例尺的配合表示。

2.5.3　地图比例尺系统

各个国家的地图比例尺系统各不相同，其计量单位多数采用十进制的米制，个别国家采用英制。我国采用的是十进制的米制长度单位。

我国的地图基本比例尺系列包括八种比例尺，即：1∶100 万、1∶50 万、1∶25 万、1∶10 万、1∶5 万、1∶2.5 万、1∶1 万、1∶5 千。

我国的工程用大比例尺地形图系列包括四种比例尺，即：1∶5000、1∶2000、1∶1000、1∶500。

小比例尺地图一般没有固定的比例尺系统。通常是根据地图的用途、制图区域的大小和形状、纸张和印刷机的规格等条件，在设计地图时确定其比例尺。但是，在长期的制图实践中，小比例尺地图也逐渐形成约定的比例尺系列。从已出版的大量地图来看，常见的比例尺有：1∶100万、1∶150万、1∶200万、1∶250万、1∶300万、1∶400万、1∶500万、1∶600万、1∶750万、1∶1000万，等。

2.5.4 地图比例尺精度

地图比例尺的大小，对于图上内容的显示程度有很大关系。因此，必须了解各种比例尺地图所能达到的最大精度。显然，地图所能达到的最大精度取决于人眼的分辨能力和绘图与印刷的能力。其中，人眼的分辨能力是主要的因素。

由对人眼的分辨能力的分析可知，在一般情况下，人眼的最小鉴别角为$\theta=60''$。若以明视距离250mm计算，则人眼能分辨出的两点间的最小距离约为0.1mm。因此，某种比例尺地图上0.1mm所对应的实地投影长度，称为这种比例尺地图的最大精度，或称该地图比例尺精度。例如，1∶100万、1∶1万、1∶500的地图比例尺精度依次为100m、1m、0.05m。

§2.6 地图的定向

确定地图图形的地理方向称为地图的定向。下面分别讨论地形图和小比例尺地图的定向。

2.6.1 地形图的定向

为了满足使用地形图的要求，规定小于1∶1万的各种比例尺地形图上均要绘出三北方向线和三北方向图，这不仅可以以此来确定地图图形在图纸上的方位，同时还可以以此为依据在实地使用罗盘仪标定地形图的方位。

一、三北方向

三北方向是指真北方向、磁北方向、坐标北方向。

真北方向就是真子午线的北方向。基本比例尺地形图的东西内图廓线和南北图廓间分度带上相应经度分划的连线即为真子午线。对于一幅地图而言，通常把图幅中央经线的北方向作为该图幅的真北方向。

坐标北方向是指平行于投影带中央经线（即投影带的平面直角坐标系的纵坐标轴）的坐标纵线北方向。地图上方里网的纵线北方向均为坐标北方向。

磁北方向是实地磁北针静止时所指的方向。实地上每点处的磁北方向一般是不一致的。地图上表示的磁北方向是本图幅范围内实地若干点磁北方向的平均值。基本比例尺地形图南北内图廓线上标注的磁北点与磁南点连线的北方向，即为该图幅的磁北方向。

二、三种偏角

在地形图上，三北方向一般是互不一致的，其间构成三个夹角，即：坐标偏角、磁偏角、磁坐偏角。

坐标偏角通常称为子午线收敛角，以γ表示。在高斯-克吕格投影中，除中央子午线投影成为直线而作为坐标纵轴线之外，其他所有的经线都投影成为向极点收敛、且凹向中央经线的弧线。因此，除中央子午线之外，其他子午线的投影均与坐标纵线构成一个夹角，这个夹角即为子午线收敛角。某图幅的子午线收敛角是指该图幅中央的经线的子午线收敛角。子午线收敛角的正负以真北方向为准来确定。若坐标北方向位于真北方向以东（即图幅位于中央子午线以东）时，称为东偏，角值为正；当坐标北方向位于真北方向以西（即图幅位于中央子午线以西）时，称为西偏，角值为负。

磁偏角是过某点的磁子午线与真子午线间的夹角，通常以 δ 表示。某图幅的磁偏角是指该图幅的磁子午线与图幅中央的经线之间的夹角。磁偏角的正负以真北方向为准来确定。若磁北方向位于真北方向以东时，称为东偏，角值为正；当磁北方向位于真北方向以西时，称为西偏，角值为负。

磁坐偏角是过某点的磁子午线与坐标纵线间的夹角，通常以 δ_m 表示。某图幅的磁坐偏角是指图幅的磁子午线与坐标纵线间的夹角。磁坐偏角的正负以坐标北方向为准来确定。若磁北方向位于坐标北方向以东时，称为东偏，角值为正；当磁北方向位于坐标北方向以西时，称为西偏，角值为负。

磁坐偏角（δ_m）、磁偏角（δ）、子午线收敛角（γ）之间的关系可用下式表示，即

$$\delta_m=\delta-\gamma \tag{2-3}$$

三、三北方向图

三北方向图是三北方向的关系图，如图 2-5 所示。在三北方向图中，真北、磁北、坐标北各方向线的线端依次用“★”、“↑”、“Y”来表示。绘制三北方向图时，真北方向线要垂直南北图廓线，其他方向线按实际关系绘制，但其夹角不按实际偏角值描绘。偏角的实际角值通过注记表明。在三北方向图中，除以六十进制角度制标注图幅的偏角值之外，还在括号内标注与偏角值相应的 6000 密位制的密位数。其中六十进制偏角值标注至“分”，密位制标注至一个密位。

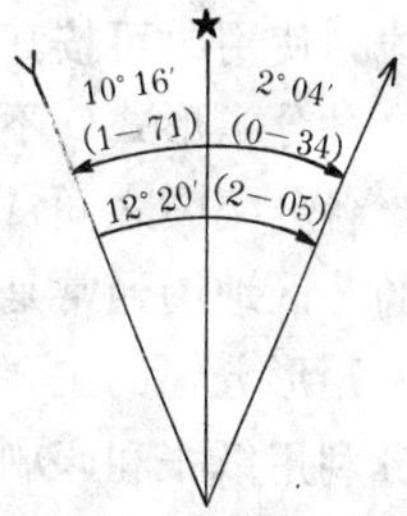

图 2-5　三北方向图

密位是军事上常用的一种角度计量单位。在国际上，密位有两种定义方法：其一是将一个整圆所包含的圆心角的 1/6000 定义为一密位；其二是将一个整圆所包含的圆心角的 1/6400 定义为一个密位。我国采用的是前一种定义。在这种定义下，1 密位＝3.6′，1′＝0.28（密位）。为了方便军事上应用，密位制采用特殊的写法和读法。例如，1246 密位写作 12-46，读作一十二、四十六；155 密位写作 1-55，读作一、五十五；5 密位写作 0-05，读作零、零五。

2.6.2　小比例尺地图的定向

我国的地形图都是以北方定向的。因此，小比例尺地图也应尽可能地采用北方向定向，即：使图幅中央的经线同南北图廓相垂直，且北方向指向正上方，如图 2-6 所示。但是，有时制图区域的情况比较特殊（例如我国的甘肃省），用北方向定向不利于有效地利用标准纸张和印刷机版面，此时也可以考虑采用斜方位定向，如图 2-7 所示。在极个别的情况下（例如用鸟瞰的方法表示位于坡向面北的制图区域时），为了更有利于表示地图的内容，甚至可以考虑采用南方定位。

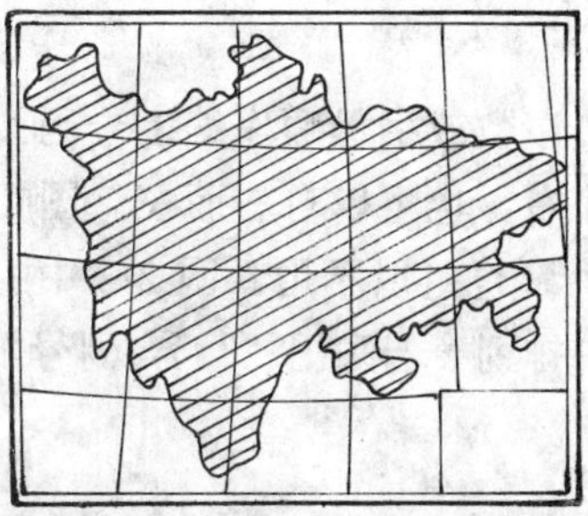

图 2-6　地图的北方定向

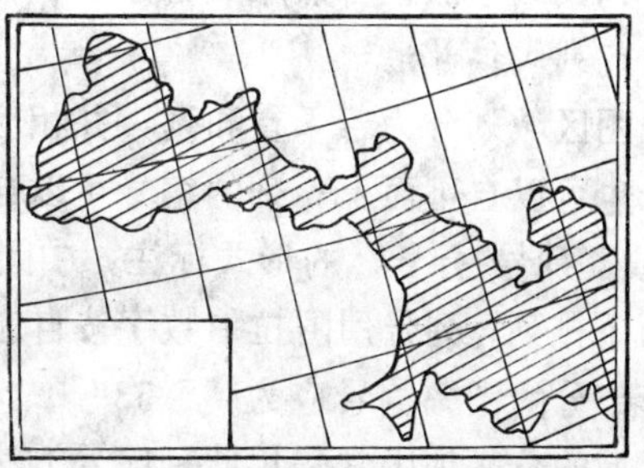

图 2-7　地图的斜方位定向

§2.7 地图的分幅与编号

为了便于地图的测绘、编制、使用和保管，需要对大范围内的多幅地图进行科学、统一的分幅和系统的编号。

2.7.1 地图分幅的基本方法

地图有两种基本的分幅形式，即矩形分幅和按经纬线分幅。

一、矩形分幅

按矩形分幅时，相邻图幅以直线划分，每个图幅均为矩形。矩形的大小多根据纸张和印刷机的规格（全开、对开、四开、八开等）而定。

矩形分幅又可分为拼接的和不拼接的。拼接使用的矩形分幅是指相邻图幅有共同的内图廓线，使用时可按其共用边拼接起来。墙上的大型挂图和工程用的大比例尺地形图等大多采用这种分幅形式；不拼接的矩形分幅是指图幅之间没有共用边，每个图幅都有各自的制图主区，各分幅图之间常有一定的重叠，有时还可以根据主区的大小变更地图的比例尺。地图集中的分区地图通常是这样分幅的。

矩形分幅的主要优点是：图幅之间结合紧密，各图幅的印刷面积可以相对平衡，有利于充分利用纸张和印刷机的版面；可以使分幅线有意识地避开重要地物，以保持其图形在图面上的完整性。其主要缺点是：图廓线没有明确的地理概念，图幅的地理位置不明显。

二、按经纬线分幅

按经纬线分幅时，相邻图幅按经纬线进行划分，每个图幅一般为梯形，故又称梯形分幅。它是当前世界各国地形图和大区域的中、小比例尺分幅地图所采用的主要分幅形式。我国的基本比例尺地形图就是以国际1∶100万地图为基础，按经纬线分幅的。

按经纬线分幅的主要优点是：每个图幅都有明确的地理位置概念，因此适用于很大区域范围（全国、大洲、全世界）的地图分幅。其缺点是：当经纬线投影成曲线时，将给图幅的拼接带来困难；另外，由于经差和纬差相同的图幅面积将随纬度的增加而不断缩小，这将不利于有效地利用纸张和印刷机版面。为了克服这个缺点，不得不在高纬度地区采用合幅的形式，但是这又干扰了分幅的系统性；还有，按经纬线分幅经常会破坏重要地物（例如大城市）的完整性。

2.7.2 地图编号的基本方法

多幅地图中的每一幅图必须用一个特定的号码来标志，称为地图编号。常用的地图编号方法有行列式编号法、自然序数编号法、行列-自然序数编号法等。

一、行列式编号法

将制图区域划分为若干行和列，并相应地按序数或字母顺序编上号码。行的编号可以自上而下，也可以自下而上；列的编号可以自左而右，也可以自右而左。图幅的编号取“行号-列号”或“列号-行号”的形式标注，中间的“-”也可以不用。图2-8中的行号用罗马字母按自上而下排列，列号用阿拉伯数字按自左而右排列。若采用“行号-列号”的形式编号，则图中阴影部分的图幅编号应为“F-53”。

大区域的分幅地图常采用此种编号方法。

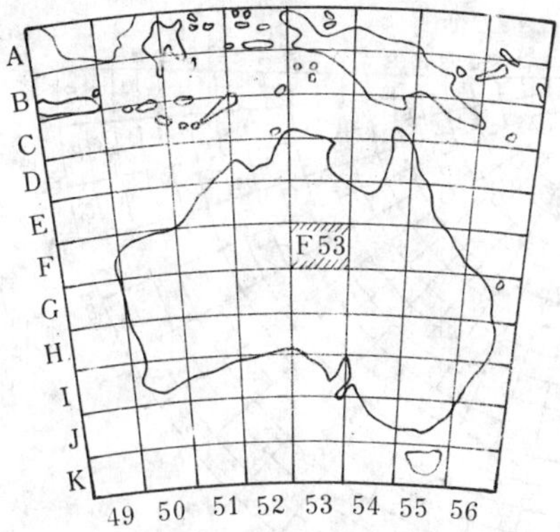

图 2-8　行列式编号法

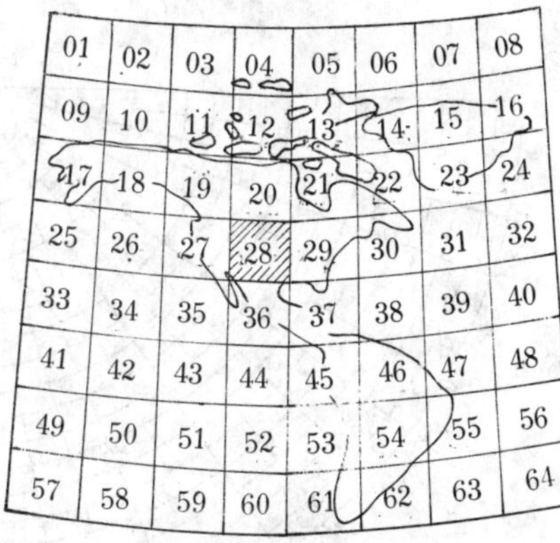

图 2-9　自然序数编号法

二、自然序数编号法

将分幅地图按自然序数进行编号称为自然序数编号法，亦称流水编号法。编号的顺序可以从左到右、自上而下，也可以从右到左、自下而上，还可按顺时针或逆时针方向编号。编的序号可以使用阿拉伯数字或罗马数字或拉丁字母等。图 2-9 所示的就是用阿拉伯数字作为序号、按从左到右、自上而下进行编号的。图中阴影部分的图幅编号为“28”。

小区域的分幅地图或挂图常用这种编号方法。

三、行列-自然序数编号法

这是行列式和自然序数式相结合的编号方法。世界上许多国家的地形图均采用这种编号方法。它是在行列式编号的基础上，用自然序数或字母代表详细划分的较大比例尺地图的代码，两者结合构成分幅图的编号。我国的 1∶50 万、1∶25 万、1∶20 万、1∶10 万各比例尺地形图的原编号就是采用这种形式。

2.7.3　国际 1∶100 万地形图的分幅与编号

国际 1∶100 万地形图的标准分幅是经差 6°、纬差 4°。由于随着纬度增高图幅的面积迅速缩小，为能有效地利用印刷机的版面，国际上规定：在纬度 60°—76°范围内的图幅进行双幅合并，在纬度 76°—88°范围内的图幅进行四幅合并，纬度 88°以上的区域单独作为一幅图。为了区分南半球与北半球的图幅，应在编号前加注“S”或“N”。但是，若疆域不跨越赤道则可省略“S”或“N”。由于我国疆域位于北纬 60°以南、赤道以北，故既不存在合幅问题，也不必在编号前加注“N”。

1∶100 万地形图的分幅与编号方法为：从赤道起至南、北纬 88°，按纬差 4°各分成 22 行，分别依次用大写拉丁字母 A、B、C、……、V 作为其相应行号；从 180°经线开始，自西向东（先西半球后东半球）按经差 6°将全球分为 60 列，依次用阿拉伯数字 1、2、3、……、60 作为其相应的列号。经度为 6°整倍数的经线和纬度为 4°整倍数的纬线所围成的每个小梯形即为一幅 1∶100 万图幅。它们的编号由图幅所在行号和列号按“行号-列号”或“行号列号”形式构成1∶100万地形图的图幅编号。例如，西安某地（地理坐标为$B=34°12'16''N$，$L=108°55'08''E$，下同）所在的 1∶100 万图幅编号为 I-49 或 I49，如图 2-10 所示。

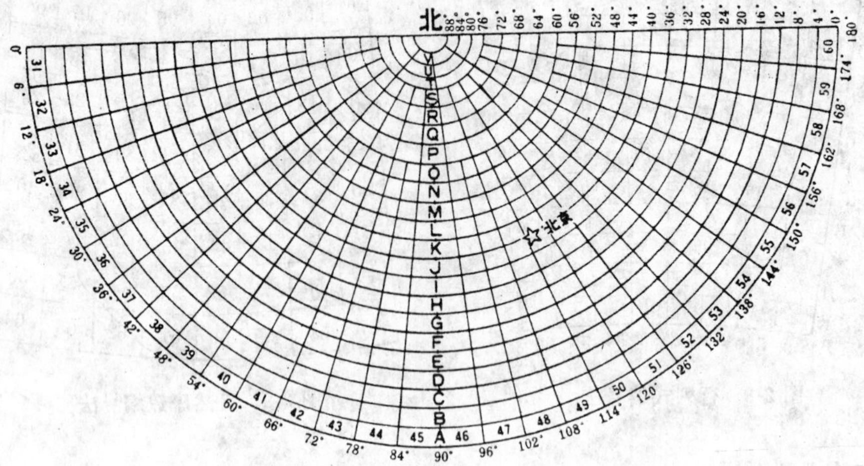

图 2-10　1∶100 万地形图的分幅与编号

2.7.4　我国基本比例尺地形图的分幅系统

我国的基本比例尺地形图就是以 1∶100 万地形图的分幅为基础、按规定的经差和纬差划分图幅，使相邻比例尺的图幅数量成简单的倍数关系，如表 2-1 所示。

表 2-1　我国基本比例尺地形图的分幅系统

比例尺		1∶100 万	1∶50 万	1∶25 万	1∶20 万	1∶10 万	1∶5 万	1∶2.5 万	1∶1 万	1∶5 千
图幅范围	经差	6°	3°	1.5°	1°	30′	15′	7′30″	3′45″	1′52″.5
	纬差	4°	2°	1°	40′	20′	10′	5′	2′30″	1′15″
图幅数量关系		1	4	16	36	144	576	2304	9216	36 864
			1	4	9	36	144	576	2304	9216
				1		9	36	144	576	2304
					1	4	16	64	256	1024
						1	4	16	64	256
							1	4	16	64
								1	4	16
									1	4
备注	1∶20 万目前已被 1∶25 万所代替									

2.7.5　我国基本比例尺地形图的分幅与编号

我国基本比例尺地形图的分幅与编号系统多次改变，情况复杂，其演变过程大致可分为四个阶段。在1969年以前（称为第一阶段），我国基本比例尺地形图的分幅与编号完全是套用前苏联的分幅与编号系统和方法；在1969～1973年期间（称为第二阶段），其分幅与编号系统和方法不变，只是对图幅代号作了大量的改动；在1974～1989年期间（称为第三阶段），对原分幅与编号系统作了个别调整，对于图幅代号重新进行了改动，但编号方法保持不变；在1992年以后（称为第四阶段），完全摆脱了原来的分幅与编号系统和方法的束缚，开始实施直接在1∶100万图幅基础上进行分幅，按行列式编号的全新方案。

在前三个阶段中，分幅与编号的共同特点是：从国际1∶100万图幅开始，将基本比例尺系列划分为若干级。在每级中，将基础图幅按规定的经差和纬差划分成若干幅次一级的图幅，用规定的代号按从上到下、自左而右的自然序数法进行编号，再将该比例尺图幅的代号接加在基础图幅的编号之后，以构成该比例尺图幅的编号。因此，下面讨论某比例尺图幅编号时，只着重讨论该比例尺图幅的基础图幅和本比例尺图幅的代号。

一、第一阶段的分幅与编号系统

在解放初期直至1968年，我国基本比例尺地形图的分幅与编号是完全套用前苏联的地形图分幅与编号系统，如图2-11所示。在该分幅与编号系统中，1∶50万、1∶20万、1∶10万

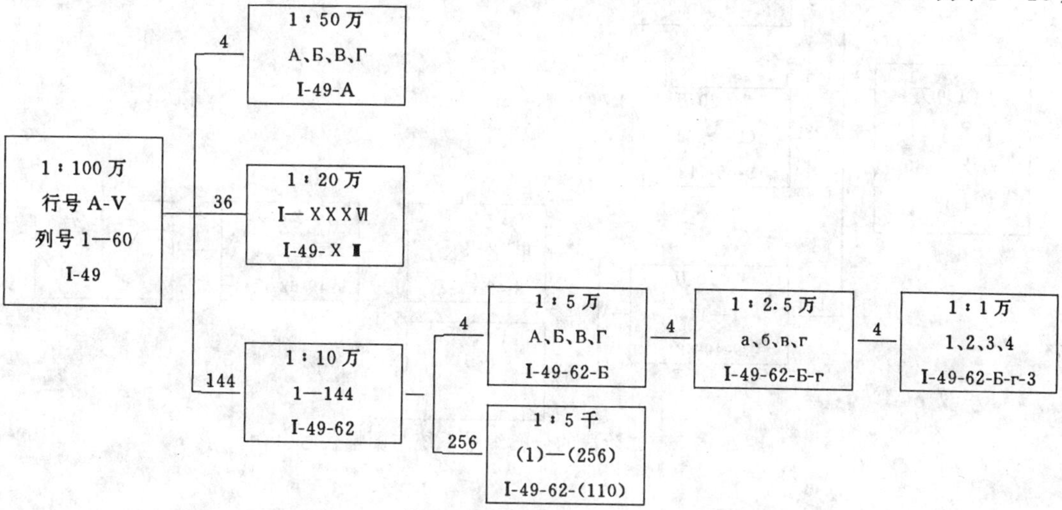

图2-11　第一阶段的分幅编号系统与图幅代号

比例尺地形图均是以1∶100万图幅为基础图幅的。将1∶100万图幅按经差3°、纬差2°划分为4幅1∶50万图幅，分别以俄文大写字母A、Б、B、Г作为其代号；将1∶100万图幅按经差1°、纬差40′划分为36幅1∶20万图幅，分别以罗马数字Ⅰ—ⅩⅩⅩⅥ作为其代号；将1∶100万图幅按经差30′、纬差20′划分为144幅1∶10万图幅，分别以阿拉伯数字1—144作为其代号。1∶5万比例尺图幅的基础图幅是1∶10万图幅。将1∶10万图幅按经差15′、纬差10′划分为4幅1∶5万图幅，分别以俄文大写字母A、Б、B、Г作为其代号。1∶2.5万图幅的基础图幅是1∶5万图幅。将1∶5万图幅按经差7′30″、纬差5′划分为4幅1∶2.5万图幅，以俄文小写字母a、б、в、г作为其代号。1∶1万图幅的基础图幅是1∶2.5万图幅。将1∶2.5万图幅按经差3′45″、纬差2′30″划分为4幅1∶1万图幅，以阿拉伯数字1、2、3、4作为其代号。1∶5千的基础图幅是1∶10万图幅。将1∶10万图幅按经差1′52″.5、纬差1′15″划分为256幅1∶5千图幅，以（1）—（256）作为其代号。

在图2-11以及以后的图2-12、图2-13中，各框前横线上方标注的是基础图幅包含本比例

尺图幅的图幅数；框内比例尺下面标注的是本比例尺图幅的代号；框内最下方是本比例尺图幅编号的举例，即西安某地（经纬度同前）所在的该比例尺图幅的编号。

二、第二阶段的分幅与编号系统

在第二阶段中，分幅与编号系统仍沿用第一阶段而基本上没有改变，只是对各比例尺图幅的代号做了大幅度改动，如图 2-12 所示。1969 年解放军总参谋部测绘局颁发的《1∶20 万、1∶50 万地形图编绘规范及图式》，将 1∶100 万图幅的行号 A—V 改为 1—22；将 1∶50 万图幅的代号由原来的俄文大写字母 A、Б、В、Г 改为甲、乙、丙、丁；将 1∶20 万图幅代号由原来的罗马数字 I—XXXVI 改为（1）—（36）。接着，1971 年解放军总参谋部测绘局颁发的《1∶2.5 万、1∶5 万、1∶10 万地形图图式》也将 1∶5 万图幅的代号由原来的俄文大写字母 A、Б、В、Г 改为甲、乙、丙、丁；将 1∶2.5 万图幅代号由原来的俄文小写字母 а、б、ъ、г 改为 1、2、3、4。由于这个时期未颁发过 1∶1 万和 1∶5 千地形图图式，故框图中未列出这两种比例尺图幅的代号。

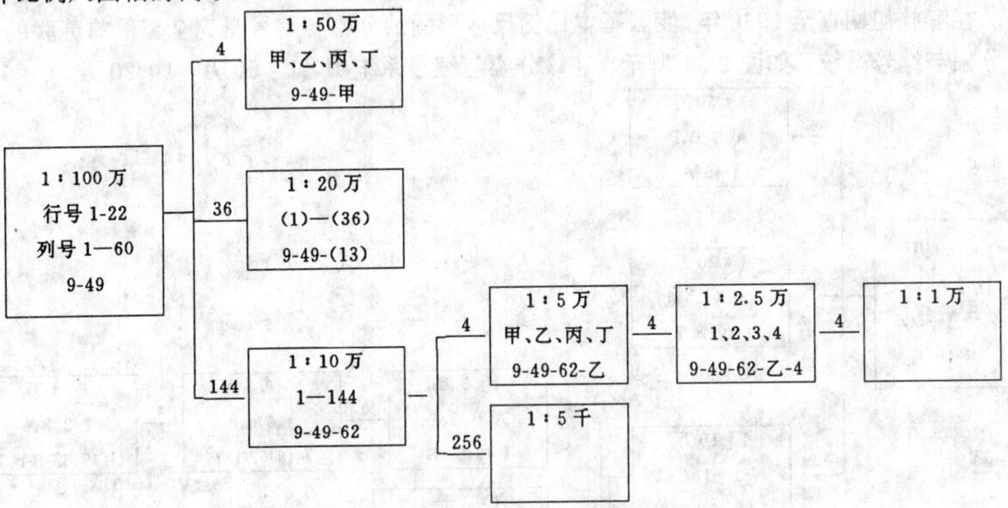

图 2-12 第二阶段的分幅编号系统与图幅代号

三、第三阶段的分幅与编号系统

在第三阶段中，我国基本比例尺系统和分幅与编号系统均进行了部分调整。1974 年由国家测绘总局颁发的《1∶5 千、1∶1 万地形图图式》将 1∶1 万的基础图幅由原来的 1∶2.5 万图幅改为 1∶10 万图幅，即将 1∶10 万图幅按经差 3′45″、纬差 2′30″划分为 64 幅 1∶1 万图幅，以（1）—（64）作为其图幅代号；将 1∶5 千的基础图幅由原来的 1∶10 万图幅改为 1∶1 万图幅，即将 1∶1 万图幅按经差 1′52″.5、纬差 1′15″划分为 4 幅 1∶5 千图幅，以 a、b、c、d 作为其代号。1987 年由国家测绘总局颁发的《1∶50 万地形图编绘规范及图式》将 1∶100 万图幅的行号改回为 A—V，将 1∶50 万图幅代号改为 A、B、C、D。在此期间，国家基本比例尺地形图系列中的 1∶20 万比例尺开始被 1∶25 万比例尺所取代，并在国家测绘总局于 1985 年颁发的《1∶25 万地形图编绘规范及图式》中规定：1∶25 万图幅的基础图幅为 1∶100 万图幅。将 1∶100 万图幅按经差 1°.5、纬差 1°划分为 16 幅 1∶25 万图幅，以 [1]—[16] 作为其代号。在此期间，虽然从未正式规定过 1∶2.5 万和 1∶5 万的图幅代号，但参照 1∶50 万的代号通常将 1∶5 万的图幅代号改为 A、B、C、D；参照 1∶5 千的图幅代号将 1∶2.5 万图幅代号改为 a、b、c、d，或沿用第二阶段的代号仍规定为 1、2、3、4。

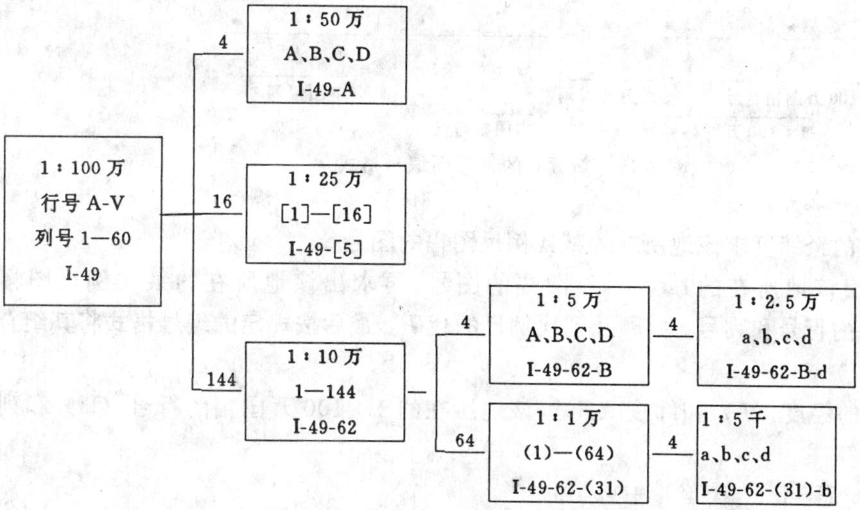

图 2-13　第三阶段的分幅编号系统与图幅代号

四、新颁布的分幅与编号系统

最近几年，我国对国家基本比例尺地形图的分幅与编号系统和方法进行了全面的改革，并由国家测绘总局标准化研究所负责起草了《国家基本比例尺地形图分幅和编号》，已于 1992 年由国家技术监督局作为国家标准发布实行。这个新的分幅与编号系统完全摆脱了原来的分级型分幅与编号系统，各比例尺图幅均以 1∶100 万图幅为基础图幅而直接分幅，其图幅大小仍与现行的分幅相同，如图 2-14 所示。

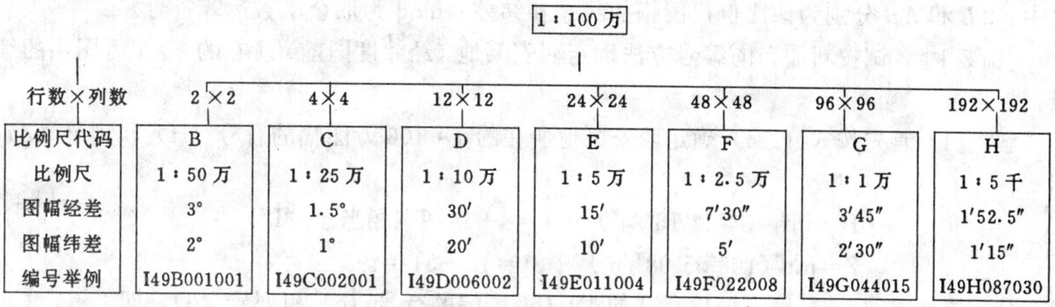

图 2-14　新颁布的分幅与编号系统

在新的分幅与编号系统中，1∶100 万图幅仍采用国际分幅与编号方法。1∶50 万—1∶5 千图幅的编号均以1∶100万图号为基础图号，在其后接加某比例尺的代码和该图幅在 1∶100万图幅中所处的行号和列号。1∶50万、1∶25万、1∶10万、1∶5万、1∶2.5万、1∶1 万、1∶5 千各比例尺的代码依次为 B、C、D、E、F、G、H。某比例尺图幅的行号和列号是将 1∶100 万图幅按规定的纬差和经差划分成若干行和若干列，依照横行从上到下、纵列自左而右，按数字顺序从 001 开始，用三位阿拉伯数字（不足三位时以“0”补齐）进行编号而获得。图 2-15 是新颁布的地形图编号的格式，它由本图幅所在的 1∶100 万图幅的行号（1 位）和列号（2 位）、比例尺代码（1 位）、本图幅位于 1∶100 万图幅中的行号（三位）和列号（三位）共十位数码组成。

在图 2-14 中，框内最下方列出了西安某地（经纬度同前）所在的各比例尺图幅的新图号。

在施行新颁布的分幅与编号方案时，应解决与分幅编号有关的几个问题，即：

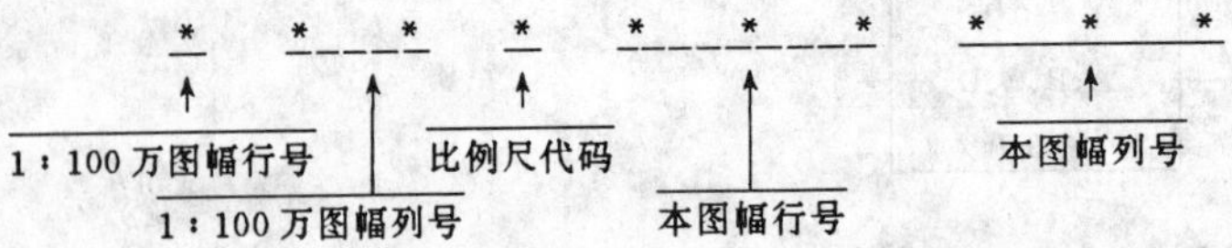

图 2-15　新颁布的地形图编号格式

1. 根据某地的经纬度求该地所在的某比例尺图幅的图号

首先，应求出该地所在的1∶100万图幅的图号，再求出该地所在的某比例尺图幅在1∶100万图幅中的行号和列号，并顾及到比例尺的代码，最后按规定的编号格式将其组合成该图幅的图号。

若已知某地的经度（L）和纬度（B），该地所在的1∶100万图幅的行号（H）和列号（Z）可按下式计算，

$$\left.\begin{aligned}H&=\text{int}\ (B/4°)\ +1\\Z&=\text{int}\ (L/6°)\ +31\ (\text{对于东半球})\end{aligned}\right\}\tag{2-4}$$

式中：int 为取整函数运算符号。

若已知某地的经度（L）和纬度（B），该地所在的某比例尺图幅位于1∶100万图幅中的行号（c）和列号（d）可按下式计算，即

$$\left.\begin{aligned}c&=\frac{4°}{\Delta B}-\text{int}\ \frac{\text{mod}\ (B/4°)}{\Delta B}\\d&=\text{int}\ \frac{\text{mod}\ (L/6°)}{\Delta L}+1\end{aligned}\right\}\tag{2-5}$$

式中：ΔL 和 ΔB 分别为该比例尺图幅的经差和纬差；mod 为取余函数运算符号。

［例 2-1］　试按新颁布的编号方法确定西安某地（经纬度同前）所在的1∶1万图幅的编号。

解：(1) 首先按式（2-4）确定西安某地所在的1∶100万图幅的行号（H）和列号（Z），即

$$H=\text{int}\ (34°12'16''/4°)\ +1=8+1=9\ (\text{相当于“I”})$$
$$Z=\text{int}\ (108°55'08''/6°)\ +31=18+31=49$$

(2) 再按式（2-5）确定该地所在的1∶1万图幅的行号（c）和列号（d），即

$$c=\frac{4°}{2'30''}-\text{int}\ \frac{\text{mod}\ (34°12'16''/4°)}{2'30''}=96-\text{int}\ \frac{2°12'16''}{2'30''}=96-52=44$$

$$d=\text{int}\ \frac{\text{mod}\ (108°55'08''/6°)}{3'45''}+1=\text{int}\ \frac{55'08''}{3'45''}+1=14+1=15$$

(3) 最后，顾及到1∶1万的比例尺代码为“G”，根据新的编号格式，可得该地所在的1∶1万图幅编号为 I49G044015。

2. 根据某地的地理坐标推求该地所在的某比例尺图幅的图幅范围

由于某比例尺图幅的四角经（纬）度一定是其经差（纬差）的整数倍，故该图幅的南、北图廓的纬度 B_S、B_N 和西、东图廓的经度 L_W、L_E 可用下式计算，即

$$\left.\begin{aligned}B_S&=\left(\text{int}\ \frac{B}{\Delta B}\right)\Delta B,\ B_N=B_S+\Delta B\\L_W&=\left(\text{int}\ \frac{L}{\Delta L}\right)\Delta L,\ L_E=L_W+\Delta L\end{aligned}\right\}\tag{2-6}$$

式中：ΔL、ΔB 分别为本比例尺图幅的经差、纬差。

［例 2-2］ 试推求西安某地（经纬度同前）所在的 1∶1 万图幅的图幅范围。

解：由于 $\Delta B=2'30''$，$\Delta L=3'45''$，根据式（2-6）可得

$$B_S=\left(\text{int}\,\frac{34°12'16''}{2'30''}\right)\times 2'30''=820\times 2'30''=34°10'00'',$$

$$B_N=34°10'00''+2'30''=34°12'30''$$

$$L_W=\left(\text{int}\,\frac{108°55'08''}{3'45''}\right)\times 3'45''=1742\times 3'45''=108°52'30'',$$

$$L_E=108°52'30''+3'45''=108°56'15''$$

3. 根据某比例尺图幅的图号推求该图幅的图幅范围

首先根据图号分解出该图幅所在的 1∶100 万图幅的行号（H）和列号（Z）、比例尺的代码、本图幅的行号（c）和列号（d），再根据比例尺代码确定图幅的比例尺和图幅的经差（ΔL）与纬差（ΔB），最后即可按下式计算出该图幅的南、北图廓的纬度 B_S、B_N 和西、东图廓的经度 L_W、L_E，即

$$\left.\begin{aligned}&B_S=(\mathrm{H}-1)\times 4°+\left(\frac{4°}{\Delta \mathrm{B}}-\mathrm{c}\right)\Delta B,\ B_N=B_S+\Delta B\\&L_W=(\mathrm{Z}-31)\times 6°+(\mathrm{d}-1)\,\Delta L,\ L_E=L_W+\Delta L\end{aligned}\right\}\tag{2-7}$$

［例 2-3］ 若已知某图幅的图号为 I49G044015，试求该图幅的图幅范围。

解：由图号可知：图幅的比例尺为1∶1万，$\Delta B=2'30''$，$\Delta L=3'45''$；该图幅所在的 1∶100 万图幅的行号 H=9，列号 Z=49；本图幅的行号 c=44，列号 d=15，根据式（2-7）可计算出该图幅的图幅范围，即

$$B_S=(9-1)\times 4°+\left(\frac{4°}{2'30''}-44\right)\times 2'30''=8\times 4°+(96-44)\times 2'30''=34°10'00''$$

$$B_N=34°10'00''+2'30''=34°12'30''$$

$$L_W=(49-31)\times 6°+(15-1)\times 3'45''=18\times 6°+14\times 3'45''=108°52'30''$$

$$L_E=108°52'30''+3'45''=108°56'15''$$

第三章　地图的语言

§3.1　地图语言的概述

语言分为自然语言和科学语言。科学语言是为反映某学科或认识对象的客观领域而专门创立的语言。作为一门独立学科的地图学，在它的发展过程中创立了地图语言，它属于科学语言的范畴。

地图，是一种信息的传输工具。它实现了从制图的地理环境到用图者认识的地理环境之间的信息传递。其间，地图语言就是地图作为信息传输工具不可缺少的媒介。

在地图语言中，最重要的是地图符号及其系统，被称之为图解语言。同文字语言一样，图解语言也有"写"和"读"两个功能。"写"就是制图者把制图对象用一定的符号及其组合在地图上表示出来；"读"就是用图者通过对符号的认识而认识制图对象。同文字语言相比，图解语言更形象直观，一目了然，既可显示制图对象的空间结构，又能表示在空间和时间中的变化。

地图注记亦是地图语言的组成部分，其实质是借用自然语言和文字形式来加强地图语言的表现效果，完成地图信息的传递。它与地图符号配合使用，以弥补地图符号之不足。

地图色彩是地图语言的一个重要内容。它除了有充当地图符号的一个重要角色之外，还有装饰美化地图的功能。

另外，地图上可能出现的"影像"和"装饰图案"，它们虽不属于地图符号的范畴，但也是地图语言中不可缺少的内容。地图的"影像"，包括作为"衬底"而存在的地表影像，它们是制图对象忠实的、详细的、机械的表象；"装饰图案"多用于地图（特别是挂图）的图边，常与地图主题有某种关联。它不仅可以增加地图的美感，并且可以烘托地图的主题。

§3.2　地图的色彩

色彩是地图语言的重要内容。地图上运用色彩可增强地图各要素分类、分级的概念，反映制图对象的质量与数量的多种变化；利用色彩与自然地物景色的象征性，可增强地图的感受力；运用色彩还可简化地图符号的图形差别和减少符号的数量（例如，用黑、棕、蓝三色可将实线区别，用以表示道路、等高线和水涯线）；运用色彩又可使地图内容相互重叠而区分为几个"层面"，提高了地图的表现力和科学性。

3.2.1　色彩的三属性及其利用

自然界的一切色彩可分为两大类，即：一类是黑、白及各种灰色，称为消色或非彩色；另一类是除了黑、白、灰以外的各种颜色，称为彩色。自然界的色彩灿烂绚丽，种类繁多，但都具有共同的三个属性，即：色相、亮度、纯度。

色相　又称色别，是指色彩的相貌，即色彩的类别。如品红、黄、青、绿、橙、紫等。在地图上，多用不同的色相来表示不同类别的对象。例如，多用蓝色表示水系，绿色表示植被，棕色表示地貌。在专题地图上，多用不同的色相来区别不同对象的质量特征，其分类概念特别明显。

亮度　又称明度，是指色彩本身的明暗程度。在地图上，多用不同的亮度来表现对象的数量差异，特别是同一色相的不同亮度更能明显地表达数量的增减。例如，用蓝色的深浅表示海部的深度变化。

纯度　又称色度或饱和度，是指色彩接近标准色的纯净程度。色彩的纯度越高，色彩就越鲜艳；反之，纯度越低，色彩就越暗淡。绘制和印刷地图时，只有运用这一属性来调配色彩，才会收到好的效果。例如，地图上用许多颜色组合表现对象的分布范围时，一般小面积、少量分布的对象多使用纯度较高的色彩，以求明显突出；大面积范围设色时，通常应使其纯度偏弱，以免过分明显而刺眼。

3.2.2　色彩的感觉与象征意义的利用

色彩在地图上的运用，对现代地图来说具有举足轻重的意义。为了充分发挥色彩的表现力，使地图内容表达得更科学，外表形式更完美，就必须利用色彩的感觉及其象征意义。

一、色彩的感觉

色彩能给人以不同的感觉，而其中有些感觉是趋于一致的。例如，颜色的冷暖、兴奋与沉静、远与近等感觉。

色彩的冷暖感　是指人们对自然现象色彩的联想所产生的感觉。鉴于这类感觉之不同，通常将色彩分为暖色、冷色和中性色。当人们看到红、橙、黄等色时，会联想到太阳、火焰等而产生温暖感，因而被称之为暖色；当人们看到蓝、蓝绿、蓝紫等色时，会联想到海水、月夜、阴影等而产生寒冷感，因而被称之为冷色；当人们看到黑、白、灰、金、银等色时，不会产生明显的冷暖感觉，因而被称之为中性色。色彩的冷暖感在地图上运用得很广泛。例如，在气候图上总是把降水、冰冻、1月份平均气温等现象用蓝、绿、紫等冷色来表现；日照、7月份平均气温等常用红、橙等色来表现，等等。

颜色的兴奋与沉静感　强暖色往往给人以兴奋的感觉，强冷色往往给人以沉静的感觉，而介于两者之间的弱感色（如绿、黄绿等），色彩柔和，可让人久视不易疲劳，给人以宁静、平和之感。在地图设色中，常根据不同年龄的对象而选择用色。例如，供老年人用的地图，多用沉静色；供小学生和儿童读的地图，一般都使用刺激性很强的兴奋色，等等。

颜色的远近感　人眼观察地图时，处于同一平面上的各种颜色，却给人以不同远近的感觉。例如，暖色似乎较近，有凸起之感觉，常称之为前进色；冷色似有远离而具凹下之感觉，常被称之为后退色。在地图设计中，常利用颜色的远近感来区分内容的主次，将地图内容表现在几个层面上。通常，用浓艳的暖色将主要内容置于第一层面，而将次要内容用浅淡的冷色或灰色，将其置于第二或第三层面上。

二、色彩的象征意义

大自然丰富的色彩和人们使用色彩的习惯造成的长期印象，使某些色彩形成某些特定的象征意义。例如，红色使人易对自然界中红艳芳香的鲜花、丰硕甜美的果实产生联想。因此，常以红色象征艳丽、饱满、成熟和富于生命，象征欢乐、喜庆、兴奋，象征革命事业的胜利、兴旺发达、政治进步等；绿色称之为生命之色，可作为农、林、牧业的象征色，还可以象征春天、生命、青春、活泼，和平等；蓝色易使人联想到天空、海洋、湖泊、严寒等，象征崇高、深远、纯洁、冷静、沉思等；白色易使人联想到太阳、冰雪、白云等，象征光明、纯洁、寒凉等。

在地图上，主要利用色彩的自然景色象征性和政治意义的象征性，来丰富地图的信息量，加强其传输的效果。在几乎所有国家的普通地图上，各要素的用色都大同小异，即：水系用蓝色，森林用绿色，地貌用棕色等，这就是自然景色象征性的具体应用；在自然地理地图上，都毫无例外地将暖流表示为红色箭头，将寒流表示为蓝色或绿色的箭头；在世界政区图上，习惯上将我国领土范围表示为红色类，以象征社会主义祖国的欣欣向荣，这就是色彩政治意义应用的例子。

3.2.3 色彩的配合

现代地图多使用彩色符号来表象事物，这是基于色彩具有强烈的表现力之缘故。它不仅能清晰地表现制图对象而使人们易于理解和认识，而且由于地图色彩协调而富于韵律，使人产生强烈的艺术感染力，可增强地图的传输效果。因此，彩色地图实质上就是利用不同颜色的符号来显示五彩缤纷的客观世界的形象化模型。色彩的合理配置，是建立这种模型不可缺少的措施。

通常，一幅地图有点、线、面三类符号相互配合而成。面状符号常具有背景之意义，宜使用饱和度较小的色彩；点状符号和线状符号（包括注记）则常使用饱和度大的色彩，使其构成较强烈的刺激，而易为人们所感知。在这个原则基础上，再结合色相、亮度和饱和度的变化，表现各种对象的质、量和分布范围等。

地图上面状符号用色彩加以表示时，其设色之好坏往往成为地图成败的关键之一。色彩的配合形式很多，也很复杂。例如，有调和色的配合、对比色的配合等。调和色的配合主要是同种色的配合和类似色的配合，其特点是朴素雅致，容易获得协调的图面效果，常用于表示现象的数量差异；对比色的配合主要是原色的配合、补色的配合和差别较大的颜色之配合，其特点是给人的视觉刺激量大，产生对比强烈的感觉。因此，常将其用于进行分类和表示质的区别。如果将这些对比强烈的颜色变淡和变暗，可适当减少对比程度而增强其协调效果。

§3.3 地图的符号

3.3.1 地图符号的功能与本质

地图符号是在地图上用以表示各种制图对象的图形记号，或者还包括与之配合使用的注记。地图符号对表达地图内容具有重要的作用。它是地图区别于其他表示地理环境之图像的一个重要特征。高质量的地图符号是丰富地图内容、增强地图的易读性和便于地图编绘的必要前提。使用地图符号不仅能反映制图对象的个体存在、类别及其数量和质量特征，而且通过它们的联系和组合，还能反映出制图对象的空间分布和结构以及动态变化。

地图符号是一种专用的图解符号，它采用便于空间定位的形式来表示各种物体与现象的性质和相互关系。地图符号用于记录、转换和传递各种自然和社会现象的知识，在地图上形成客观实际的空间形象。因此，地图符号可以用来表示实际的和抽象的目标，它具有客观的和思维的意义，并与被表示的对象有一定的关系。地图符号有两个基本功能，首先是它能指出目标种类及其数量和质量特征；其次是它能确定对象的空间位置和现象的分布。

地图符号的本质可以从地图符号的约定性和等价性以及地图符号的“内涵与外延”等方面来分析。制图者为了传递思想和概念，采用一些图形来代替一些概念，这就是地图符号与所代表概念之间的约定过程，从而使地图符号具有约定性。任何符号都是在社会上被一定的社会集团或科学共同体所承认和共同遵守的，在某种程度上具有“法定”的意义。地图符号，尤其是普通地图的符号，大多都经过长时间的考验，由约定而达俗成的程度。既然地图符号与概念之间存在的是约定关系，那么就可以选择不同符号来指代某个概念。这些不同符号之间又存在着怎么样的关系，这就需要研究地图符号的等价性问题。由于指代某一抽象概念的具体物质对象不是一个元素所组成的单集，而是一个多元素的集合。因此，在地图符号指代概念的约定过程中，地图符号之间存在着一种等价关系，即存在这样一个符号集合，集合中的每个符号都代替同一个概念。对地图符号的约定性和等价性的分析，可以将符号自身的特性和符号的实际应用，以及地图符号设计中的内部和外部作用规律区别开来。

由此可见，地图符号是符号的子集，它具有可视性。是用一种物质的对象来代替一个抽象的概念，以一种易为心灵了解和便于记忆的形式，将制图对象的抽象概念呈现在地图上，从而使人们对所表示的地理环境产生深刻的印象。

3.3.2 地图符号的分类

科学的进步，使地图不断地朝纵深方向发展，表现客体的地图符号亦日益增多，过去的地图符号分类已经显得片面和不完备了。例如，以往常把地图符号局限于人们可以目视而见的景物，据其视点位置将地图符号分为侧视符号和正视符号；根据符号的外形特征将其区分为几何符号、线状符号、透视符号、象形符号、艺术符号等；依据符号所表示的对象将其分为水系符号、居民地符号、独立地物符号、道路符号、管线垣栅符号、境界符号、地貌符号和土质与植被符号等；从地图符号的大小与所表示的对象之间的比例关系而将其分为依比例尺符号、不依比例尺符号和半依比例尺符号等。

现在根据约定性原理，采用演绎的方法可将地图符号区分为：点状符号、线状符号和面状符号（图 3-1）。

点状符号　当地图符号所指代的概念在抽象意义下可认为是定位于几何上的点时，称为点状符号。这时，符号的大小与地图比例尺无关，且具有定位特征。例如，控制点、居民点、独立地物、矿产地等符号；

线状符号　当地图符号所指代的概念在抽象意义下可认为是定位于几何上的线时，称为线状符号。这时，符号沿着某个方向延伸，且宽度与地图比例尺可以没有关系，而长度与地图比例尺发生关系。例如，河流、渠道、岸线、道路、航线、等高线、等深线等均为线状符号。但应注意，有一些等值线符号（如人口等密度线）尽管几何特征是呈线状的，但并不是线状符号。

面状符号　当地图符号所指代的概念在抽象意义下可认为是定位于几何上的面时，称为面状符号。这时，符号所指代的范围与地图比例尺有关，且不论这种范围是明显的还是隐喻的，是精确的还是模糊的。用面状符号表示的有水部的范围、森林的范围、土地利用分类范围、各种区域范围、动植物和矿藏资源分布范围等。色彩用于面状符号，对于表示制图对象的面状分布有着极大的实用意义。

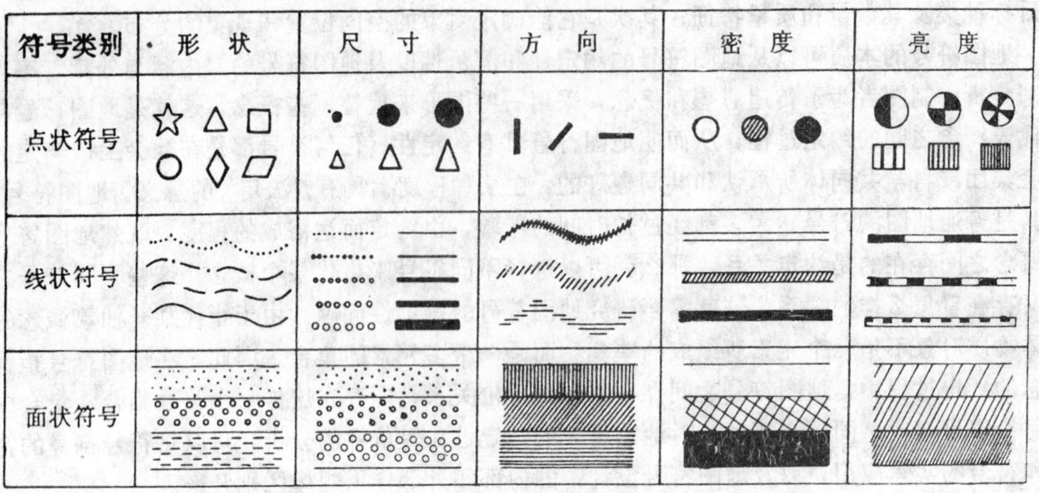

图 3-1 地图符号的类别和图形变量的作用效果

地图上使用的象形图案与透视图案，往往被称为艺术符号，这是一种感觉效果更好的符号。这是因为这两种图案与其所表达的实体在结构上是相似的，这种相似性就决定了它们的关系是明喻的、毋须约定或认为是一种特殊的自动约定形式。不过，也有人认为这类符号不属于地图符号的范畴。

3.3.3 地图符号系统

空间的事物是错综复杂的，在地图上不可能逐一地表示出它们的个性。通常是先对各种制图对象进行概括（分类、分级）和抽象，然后用抽象的、具有共性的符号表示某类事物。这种具有共性的、进行了分类与分级和抽象的地图符号之集合，构成了某种地图符号系统。利用地图符号系统，不仅解决了逐一描绘个体的困难，而且也能反映群体特征和本质规律。单个地图符号只具备有限的功能，而由符号的集合构成的地图符号系统还能表达制图对象的空间组合和联系，即能给出单个符号所不能提供的信息。

地图符号系统明显地反映了所表达现象的层次关系，即顾及到了现象按类、亚类、种、属划分的可能性。很显然，子系统的数量和每一个子系统中地图符号的数量将取决于人们对地球（和其他天球）认识的水平、洞察地理现象的实质的程度、科学的发展和国民经济各部分的划分等。

例如，作为地理内容之一的森林，可以依次被划分为几个层次：第一层次是森林的品种（如针叶、阔叶等）；第二个层次是森林的树种，即对每个品种又细分成的若干树种（如将针叶林再分为枞、松、杉等）；第三层次反映森林的年龄，即对每个树种再细分为幼林和成林等。将这些层次依次用相互联系而又相互区别的地图符号表示，则构成了森林符号系列。

地图符号的逻辑性还可体现在由单个符号及其构成的地图符号系列。例如，用单个竹林符号表示小面积竹林，而由单个竹林符号排列成带状，以表示竹林带，由单个竹林符号散列成面状，以表示大面积竹林。于是，小面积竹林、竹林带、大面积竹林就构成了竹林符号系列。

3.3.4 地图符号的设计

地图主要是通过图形符号来传递信息的。因此，地图符号的设计质量将直接影响地图信息的传递效果。设计地图符号，除优先考虑地图内容各要素的分类、分级的要求外，还应着重顾及构成地图符号的 6 个图形变量，即：形状、尺寸、方向、亮度、密度和色彩，如图 3-1 所示。其中，尤以图形的形状、尺寸和色彩最为重要，被传统的地图符号理论称之为地图符号的三个基本要素。下面分别从这三个方面讨论地图符号设计的基本原则。

一、符号的形状

从图形角度出发，应使设计的符号图案化和系统化，并充分考虑到绘图和制图工艺的技术要求。

所谓符号图案化，就是要使设计的符号图形，或类似于物体本身的实际形态，或具有象征会意的作用，以便使读图者看到符号就能联想出被描绘的物体或现象。符号图案化的过程，是一个概括抽象和艺术美化的过程，如图 3-2 所示。在此过程中，要舍去复杂的物体图形中的细部，突出其重要特征，然后运用艺术的手法，设计出规则、美观的符号图形。图案化的符号图形应具有形象、简单、明显和便于准确定位等特点。

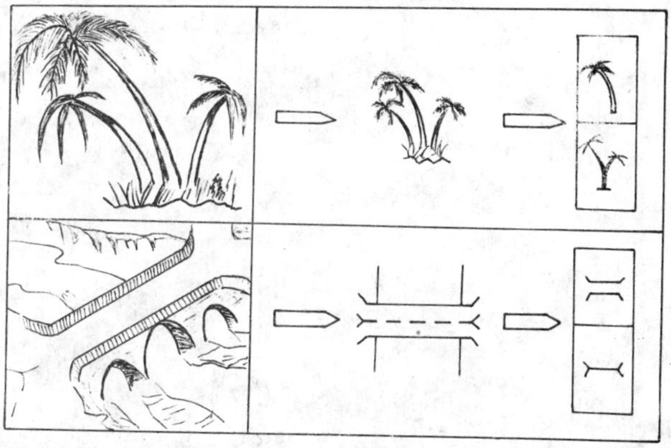

图 3-2 符号图案化的过程

设计地图符号图形，应避免孤立、片面地进行单个符号设计，而应顾及彼此之间的联系并考虑到符号图形与符号含义内在的、有机的联系。也就是说，应使地图内容的分类与分级、主次和大小的变化也相应地反映为符号图形上的变化。

二、符号的尺寸

设计符号尺寸大小时，必须注意它与地图用途、比例尺、制图区域特点和读图条件等方面的联系。例如，教学挂图用的符号，其尺寸要大些，而作为科学参考用的地图，其内容含量大，符号的尺寸应小些。又如，比例尺大的、载负量小的地图，符号尺寸可大些，反之则应小些。

此外，设计符号的尺寸，要充分注意应与目视分辨能力、绘（刻）图和印刷技术能力相适应。

三、符号的色彩

在地图符号设计上使用色彩可以简化地图符号的图形差别、减少符号的数量，加强地图各要素分类分级的概念，有利于提高地图的表现力。

在地图符号的色彩设计中，要注意以下原则。

1. 正确利用色彩的象征意义

在地图符号设计时正确利用色彩的象征意义，将有利于加强地图的显示效果，丰富地图的内容。例如，在自然地理图上，可用绿色符号或衬底表示植被要素，以反映植被的自然色彩；以蓝色符号并辅以白色以表示雪山地貌，等等。

2. 符合地图的主题及内容

对于地图上的主题或主要要素之符号，应施以鲜明、饱和的色彩，而对于基础和次要要素之符号，则宜用浅淡的色彩。通过色彩对比，起到突出主题或主要要素的作用。不同用途的地图符号，其色调亦应有所差别。例如，教学挂图符号的色彩应浓郁、鲜明，以便醒目突出；科学参考用地图其符号的色彩应多呈清淡、朴素，以便容纳更多的内容。

3. 顾及印刷和经济效果

地图上使用彩色符号，虽能收到良好的效果，但并非色数愈多愈好。色数过多，不仅会使读者感到眼花缭乱，降低读图效果，而且还会提高地图的成本，延长成图时间和增大套印误差。为此，可在地图上运用网点、网线的疏密和粗细变化来调整色调。这样既可减少色数，又可使地图色彩丰富，收到省工、省时、节约成本和提高地图表现力的效果。

第四章　地图投影

§4.1　地球椭球的数学特性

地图投影是根据一定的数学法则，在地球椭球面与地图平面之间建立点与点之间的一一对应关系。因此，在研究地图投影之前应首先了解地球椭球的数学特性。

在此，主要讨论地球椭球的几何参数、椭球体上某点的数学性质和地球的球体半径。

4.1.1　地球椭球的几何参数

地球椭球是一个由椭圆面绕其短轴旋转而形成的旋转椭球体。旋转椭球体面是一个规则的曲面，其数学表达式为

$$\frac{x^2}{a^2}+\frac{y^2}{a^2}+\frac{z^2}{b^2}=1 \tag{4-1}$$

式中：a、b 分别是椭球体的长半径和短半径。

地球椭球体的扁率 α、第一偏心率 e、第二偏心率 e' 以及长半径 a 和短半径 b，合称为地球椭球体的几何参数或几何元素。在这 5 个几何参数中，只要知道其中的 2 个参数（其中必须有一个长度参数，即 a 或 b）便可确定椭球体的形状和大小。通常选用的 2 个几何参数是长半径 a 和扁率 α。

地球椭球体的长半径 a、短半径 b、扁率 α、第一偏心率 e、第二偏心率 e' 之间存在着下列数学关系式，即

$$\alpha=\frac{a-b}{a}，e=\frac{\sqrt{a^2-b^2}}{a}，e'=\frac{\sqrt{a^2-b^2}}{b} \tag{4-2}$$

最近百余年来，大地测量工作者根据不同的资料，计算出了许多数值略有差异的椭球体几何参数值。我国在 1952 年以前，采用的是海福特（J. F. Hayford）椭球体。从 1953 年起，开始采用克拉索夫斯基（Φ. Н. Красовский）椭球体。1980 年建立国家大地坐标系时，选用的是 1975 年国际椭球体。现将这 3 个椭球体的几何参数列于表 4-1。

表 4-1　几个主要的地球椭球几何参数值

椭球体名称	年代（a）	长半径 a（m）	扁率 α
海福特椭球体	1909	6378388	1∶297.0
克拉索夫斯基椭球体	1940	6378245	1∶298.3
1975 年国际椭球体	1975	6378140	1∶298.257

4.1.2　椭球体面上某点处的数学性质

椭球体面上某点处的数学性质，是指该点在椭球体面上的位置和椭球体面在该点处的曲率。

椭球体面上某点 A 的位置，通常用该点的经度(L)和纬度(B)来表示，记作 $A(B,L)$。

椭球体面上某点处的曲率，可用过该点的法截圈曲率半径来表征。在图 4-1 中，设过椭球体面上一点 A 作法线 AT，通过法线 AT 的平面称为过 A 点的法截面，法截面与椭球体面的交线称为法截圈。通过 A 点的法截圈有无穷多个。其中有 2 个相互正交并且曲率半径分别为其极大值和极小值的法截圈，称为主法截圈，即子午圈(PAP_1)和卯酉圈(QAW)。在通过 A 点的无穷多个法截圈中，子午圈的曲率半径具有最小值，卯酉圈的曲率半径具有最大值。因此，椭球体面上某点处的曲率可用过该点的子午圈曲率半径 M 和卯酉圈曲率半径 N（图 4-1 中的 AT）来表征，其数学表达式为

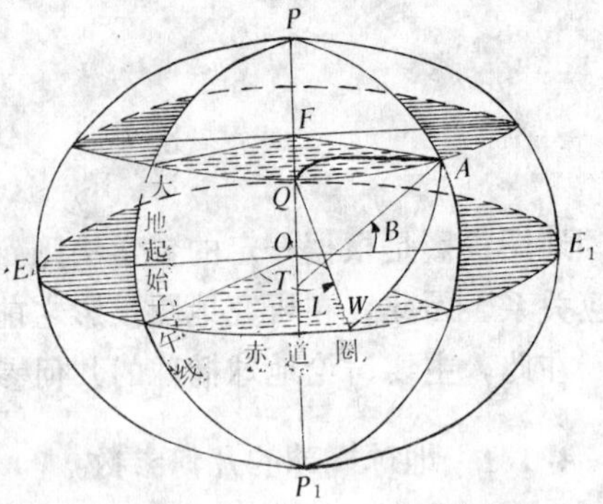

图 4-1　地球椭球的数学性质

$$M=\frac{a(1-e^2)}{\sqrt{(1-e^2\sin^2B)^3}},\qquad N=\frac{a}{\sqrt{1-e^2\sin^2B}} \tag{4-3}$$

在说明椭球体面上某点处的数学性质时，还经常使用该点处的平均曲率半径和纬圈曲率半径。A 点处的平均曲率半径 R_m 等于该点处的子午圈曲率半径 M 和卯酉圈曲率半径 N 的几何平均值，即

$$R_m=\sqrt{MN}=\frac{a\sqrt{1-e^2}}{1-e^2\sin^2B} \tag{4-4}$$

纬圈的曲率半径 r 为

$$r=N\cos B=\frac{a\cos B}{\sqrt{1-e^2\sin^2B}} \tag{4-5}$$

4.1.3　地球的球体半径

当编制小比例尺地图时，常常可以不考虑地球的扁率，而用一个符合某种条件的球体来代替地球椭球体，从而使投影计算得到简化。

在选择地球球体时，可使球体表面积等于地球椭球体的表面积，而获得等面积球体；也可以使球体的体积等于椭球体的体积，而获得等体积球体。它们的半径（按克氏参数计算）分别为

$$R_{等面积}=a\left(1-\frac{1}{6}e^2-\frac{17}{360}e^4-\cdots\right)\approx 6\ 371\ 116(\mathrm{m}) \tag{4-6}$$

$$R_{等体积}=\sqrt[3]{a^2b}\approx 6\ 371\ 110(\mathrm{m}) \tag{4-7}$$

§ 4.2 地图投影的概念及其基本公式

4.2.1 地图投影的概念

地图是地表各种信息的载体，它具有精确定位的特征。因此，地图（平面）与地球椭球体面（曲面）之间必须保持点的一一对应关系。然而，地球椭球体面是一个不可展曲面，若将其展开成平面，必然会产生裂隙或褶皱。为了实现不可展曲面向平面的转换，并获得无破裂和无褶皱的完整地图，必须采用特殊的几何透视方法或解析方法，即地图投影的方法。可见，所谓地图投影就是建立平面上的点（用平面直角坐标或极坐标表示）与地球椭球面上点（用纬度 B 和经度 L 表示）之间的函数关系，即

$$\left.\begin{aligned} x&=f_1\ (B,\ L) \\ y&=f_2\ (B,\ L) \end{aligned}\right\} \tag{4-8}$$

在测量、制图实践中，常以经纬网作为地球椭球体面上的坐标网，地面点的位置也常以经纬度来确定。若在平面地图上展绘出与地球椭球体面上相应的经纬网，则地面上的点即可依据经纬度而展绘在地图平面上。由此可见，地图投影的实质就是将地球椭球体面上的经纬网按一定的数学法则转绘到地图平面上，从而建立起所编地图的数学基础。

地球椭球体是一个不可展曲面，要将其展开到平面上，必然会产生裂隙或褶皱。若欲得到没有裂隙或褶皱的完整的地面表象，则需要通过对投影平面上的经纬网用数学的手段进行"拉伸"或"压缩"来实现，如图 4-2 所示。由此可见，投影前后的经纬网必然会产生变形，称之为投影变形。

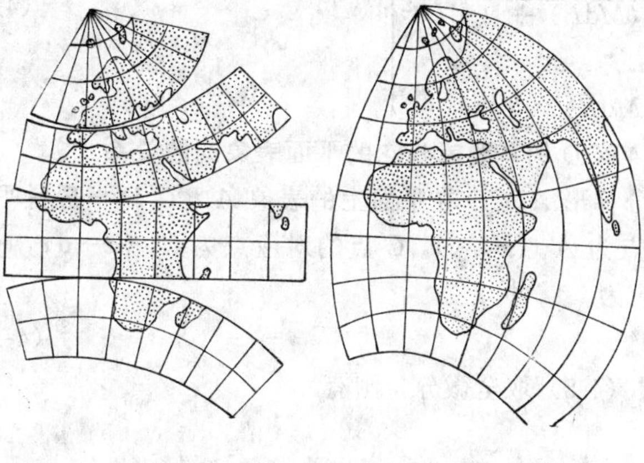

(a) 沿经线均匀拉伸的情形

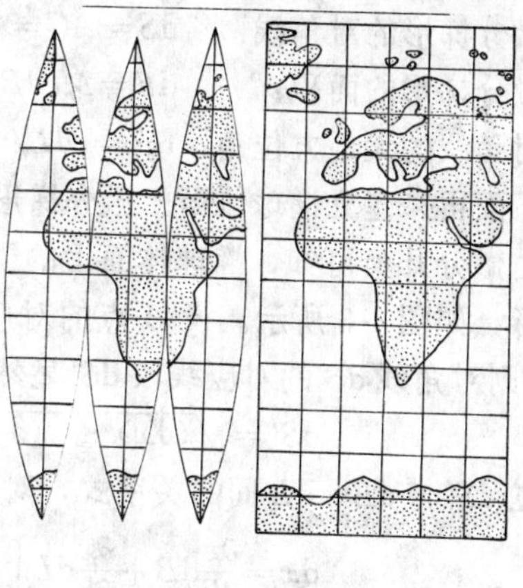

(b) 沿纬线均匀拉伸的情形

图 4-2 地面图形分裂与完整的比较

地图投影变形包括长度变形、面积变形和角度变形。地图投影变形的存在是必然的。一种地图投影若不存在这种变形，就必然存在另外一种或两种变形。没有变形的地图投影是不存在的。研究地图投影变形的目的，就是要掌握投影变形性质和规律，以便支配和控制投影变形，设计出具有各种变形特征的地图投影，以满足不同的用图要求。

由以上分析可知，不可展曲面（地球椭球体面或球体表面）与平面（地图平面）之间的

矛盾，是地图投影所面临的主要矛盾。解决不可展曲面向平面的转化，即建立地图的数学基础，是地图投影的基本任务。在地图投影过程中必然存在着投影变形，而各种地图投影之间的本质区别就在于它们的变形特征不同。研究将曲面表象表示到平面上所采用的数学法则和变形理论，则是地图投影的主要内容。

4.2.2 地图投影的基本公式

为了建立地球椭球体面上图形与平面表象间的函数关系，首先要建立椭球体面上各元素（例如：线段、面积、角度）与其平面表象间的关系式。以此为基础，便可进而导出地图投影的基本公式。

为此，我们将以椭球体面上的微分梯形以及它在平面上的表象作为研究对象。

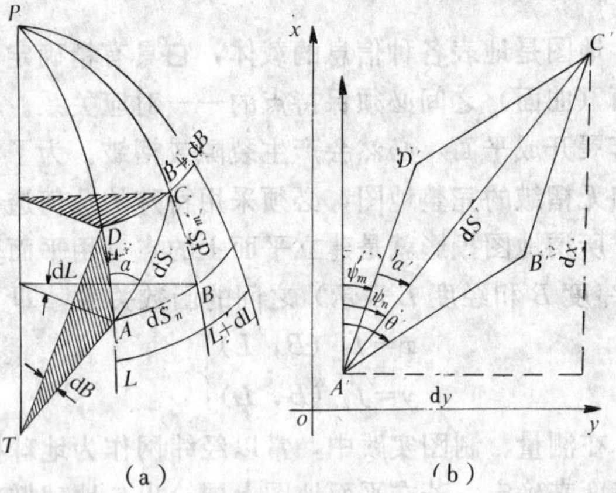

图 4-3 地图投影中的微分元素

在图 4-3 中，P 为极点，$ABCD$ 是椭球体面上一个微分梯形，它是由经差为 $\mathrm{d}L$ 的两条经线和纬差为 $\mathrm{d}B$ 的两条纬线所围成的。AC 是梯形的对角线，AC 与经线的夹角 α 是对角线的大地方位角。由图 4-3 可知，椭球体面上微分梯形各要素的表达式为

$$\left.\begin{aligned}
&\text{沿经线的微分线段：}\quad \mathrm{d}S_m = AD = M\mathrm{d}B \\
&\text{沿纬线的微分线段：}\quad \mathrm{d}S_n = AB = r\mathrm{d}L \\
&\text{微分梯形的对角线：}\quad \mathrm{d}S = AC = \sqrt{(M\mathrm{d}B)^2 + (r\mathrm{d}L)^2} \\
&\text{微分梯形的面积：}\quad \mathrm{d}F = Mr\mathrm{d}B\mathrm{d}L \\
&\text{对角线的大地方位角：}\ \mathrm{tg}\alpha = r\mathrm{d}L/(M\mathrm{d}B)
\end{aligned}\right\} \tag{4-9}$$

下面再来建立椭球体面上微分梯形 $ABCD$ 的各要素与它的平面表象间的关系式。

由微分几何可知，椭球体面上的微分梯形 $ABCD$ 在平面上的表象 $A'B'C'D'$ 一般是平行四边形，如图 4-3 所示。设 A 点的对应点为 A'（x，y），C 点的对应点为 C'（$x+\mathrm{d}x$，$y+\mathrm{d}y$），则对角线 $\mathrm{d}S$ 的对应线段 $\mathrm{d}S'$ 显然应为

$$\mathrm{d}S' = \sqrt{(\mathrm{d}x)^2 + (\mathrm{d}y)^2} \tag{4-10}$$

为建立 $\mathrm{d}S'$ 与 $\mathrm{d}B$、$\mathrm{d}L$ 间的关系式，对式（4-8）取全微分，则有

$$\left.\begin{aligned}
\mathrm{d}x &= \frac{\partial x}{\partial B}\mathrm{d}B + \frac{\partial x}{\partial L}\mathrm{d}L \\
\mathrm{d}y &= \frac{\partial y}{\partial B}\mathrm{d}B + \frac{\partial y}{\partial L}\mathrm{d}L
\end{aligned}\right\} \tag{4-11}$$

将式（4-11）代入式（4-10），并引进一阶基本量记号（或称高斯系数）来表示各偏导数的组合，即

$$\left.\begin{aligned}E&=\left(\frac{\partial x}{\partial B}\right)^2+\left(\frac{\partial y}{\partial B}\right)^2\\F&=\frac{\partial x}{\partial B}\frac{\partial x}{\partial L}+\frac{\partial y}{\partial B}\frac{\partial y}{\partial L}\\G&=\left(\frac{\partial x}{\partial L}\right)^2+\left(\frac{\partial y}{\partial L}\right)^2\\H&=\sqrt{EG-F^2}=\frac{\partial x}{\partial B}\frac{\partial y}{\partial L}-\frac{\partial x}{\partial L}\frac{\partial y}{\partial B}\end{aligned}\right\}\tag{4-12}$$

则得

$$\mathrm{d}S'=\sqrt{E\ (\mathrm{d}B)^2+G\ (\mathrm{d}L)^2+2F\mathrm{d}B\mathrm{d}L}\tag{4-13}$$

在式 (4-13) 中，若分别令 $\mathrm{d}L$ 或 $\mathrm{d}B$ 为零，即得经线或纬线投影后的微分线段表达式，即

$$\left.\begin{aligned}\mathrm{d}S'_m&=\sqrt{E}\,\mathrm{d}B\\\mathrm{d}S'_n&=\sqrt{G}\,\mathrm{d}L\end{aligned}\right\}\tag{4-14}$$

利用上面得到的基本表达式，可以导出微分线段方向表达式。由图 4-3 可知，投影面上任意方向（即对角线 $A'C'$）的坐标方位角（即某方向与 x 轴的夹角）ψ 的表达式为

$$\mathrm{tg}\psi=\frac{\mathrm{d}y}{\mathrm{d}x}=\left(\frac{\partial y}{\partial B}\mathrm{d}B+\frac{\partial y}{\partial L}\mathrm{d}L\right)\Big/\left(\frac{\partial x}{\partial B}\mathrm{d}B+\frac{\partial x}{\partial L}\mathrm{d}L\right)\tag{4-15}$$

在上式中，若分别令 $\mathrm{d}L$ 或 $\mathrm{d}B$ 等于零，即得经线和纬线表象的方位角 ψ_m 和 ψ_n 的表达式，即

$$\left.\begin{aligned}\mathrm{tg}\psi_m&=\frac{\partial y}{\partial B}\Big/\frac{\partial x}{\partial B}\\\mathrm{tg}\psi_n&=\frac{\partial y}{\partial L}\Big/\frac{\partial x}{\partial L}\end{aligned}\right\}\tag{4-16}$$

下面转而推导微分线段 $\mathrm{d}S$ 的大地方位角 α（某方向与经线方向之夹角）之表象 α' 的表达式。由图 4-3 可知

$$\mathrm{tg}\alpha'=\mathrm{tg}(\psi-\psi_m)=\frac{\mathrm{tg}\psi-\mathrm{tg}\psi_m}{1+\mathrm{tg}\psi\mathrm{tg}\psi_m}\tag{4-17}$$

将式 (4-15) 和 (4-16) 代入上式，并采用高斯系数且顾及式 (4-9)，可得

$$\mathrm{tg}\alpha'=\frac{H\mathrm{d}L}{E\mathrm{d}B+F\mathrm{d}L}=\frac{HM\mathrm{tg}\alpha}{Er+MF\mathrm{tg}\alpha}\tag{4-18}$$

在地图投影的研究与应用中，常需要经线表象的夹角 θ' 以及它与投影前的夹角 (90°) 之差值 ε。由图 4-3 可知

$$\mathrm{tg}\theta'=\mathrm{tg}\ (\psi_n-\psi_m)\ =\frac{\mathrm{tg}\psi_n-\mathrm{tg}\psi_m}{1+\mathrm{tg}\psi_n\mathrm{tg}\psi_m}\tag{4-19}$$

将式 (4-16) 代入上式，也采用高斯系数，即得 θ' 和 ε 的表达式，即

$$\mathrm{tg}\theta'=H/F\tag{4-20}$$

$$\mathrm{tg}\varepsilon=\mathrm{tg}\ (\theta'-90^\circ)\ =-F/H\tag{4-21}$$

最后，我们来导出微分梯形投影后的面积 $\mathrm{d}F'$ 的表达式。由于 $\mathrm{d}F'=\mathrm{d}S'_m\mathrm{d}S'_n\sin\theta'$，而 $\sin\theta'=1/\sqrt{1+\mathrm{ctg}^2\theta'}=H/\sqrt{H^2+F^2}=H/\sqrt{EG}$，再顾及式 (4-14)，则得

$$\mathrm{d}F'=H\mathrm{d}B\mathrm{d}L\tag{4-22}$$

至此，我们已分别建立了地球椭球体上微分梯形和它的平面表象上的各微分元素表达式。这一系列表达式是建立各种地图投影公式和研究投影变形的基础。

§4.3 地图投影的变形

在地图投影过程中，由于不可展曲面与平面间的矛盾，使得投影变形是不可避免的。地图投影变形表现在长度、面积和角度三个方面。下面针对这种变形加以简要叙述。

4.3.1 长度比与长度变形

椭球体表面上一微分线段投影后的长度 dS' 与它原有长度 dS 之比，称为长度比，以 μ 表示，即

$$\mu=\frac{dS'}{dS} \tag{4-23}$$

在讨论长度变形大小时，常用长度比 μ 与 1 的差值来衡量长度的相对变形，称为长度变形，以 ν_μ 表示，即

$$\nu_\mu=\mu-1 \tag{4-24}$$

将式 (4-13) 代入式 (4-23)，且顾及到 $MdB=dS\cos\alpha$ 和 $rdL=dS\sin\alpha$，则得一点上任意方向长度比的表达式，即

$$\mu^2=\frac{E}{M^2}\cos^2\alpha+\frac{G}{r^2}\sin^2\alpha+\frac{F}{Mr}\sin2\alpha \tag{4-25}$$

由上式不难看出，一点上的长度比不仅随点的位置而变化，而且随着方向而发生变化。这也就是说，不仅不同点上长度比一般均不相同，而且同一点上不同方向的长度比一般也不相同。

在式 (4-25) 中，若令 $\alpha=0°$ 或 $90°$，即得一点上沿经线的长度比 m 和沿纬线的长度比 n 的表达式，即

$$m=\frac{\sqrt{E}}{M},\ n=\frac{\sqrt{G}}{r} \tag{4-26}$$

将上式代入式 (4-25)，并顾及到 $F=\sqrt{EG}\cos\theta'$，则得用沿经线、纬线的长度比 m、n 以及经纬线投影后的夹角 θ' 表示的任意方向长度比的公式，即

$$\mu^2=m^2\cos^2\alpha+n^2\sin^2\alpha+mn\cos\theta'\sin2\alpha \tag{4-27}$$

应该指出，长度比和长度比例尺是两个不同的概念。在计算地图投影或制作地图时，必须将地球（椭球体或球体）按一定的比率缩小，然后再投影表示在平面上，这个比例尺称为主比例尺。在一般地图上注明的也就是这个比例尺。但是由于投影变形的存在，仅能在某些点线上保持这个主比例尺，其余地方的比例尺将都大于或小于主比例尺，这些位置上的比例尺称为局部比例尺。长度比是指按主比例尺缩小后的椭球体面上之微分线段的表象与它原来长度之比值。主比例尺仅在计算投影时应用，而长度比则被广泛地应用于研究投影变形。

4.3.2 主方向与极值长度比

由于一点上的长度比依不同方向而变化，因此在研究某点上长度变化时，应指出该点上各方向长度比的最大值 a 与最小值 b，用以衡量该点上长度变形的程度或界限。一点上各方向长度比中的最大值和最小值称为极值长度比。投影后具有极值长度比的两个特殊方向称为主方向。下面我们来研究主方向的特性和极值长度比与经、纬线长度比的关系式。

将式 (4-27) 对 α 求一阶导数，并设 $\alpha=\alpha_0$ 时长度比有极值，则得

$$\mathrm{tg}2\alpha_0=\frac{2mn}{m^2-n^2}\cos\theta' \tag{4-28}$$

若顾及到正切函数的周期为180°，则可推知主方向的方位角为 α_0 与 $\alpha_0+90°$。这就是说，主方向在椭球体面上相互正交。

将 α_0 与 $\alpha_0+90°$ 代入式（4-18），可得投影后主方向的方位角 α'_0 与 α''_0 的两个表达式。将这两个式相乘，并顾及到式（4-26）和（4-28）可得，$\mathrm{tg}\alpha'_0=\mathrm{tg}\alpha''_0=-1$。这就意味着两主方向的斜率互为负倒数。由此可见，主方向在平面上的投影仍保持正交。

将式（4-28）变形后代入式（4-27），可得极值长度比 a、b 的表达式，即

$$\left.\begin{aligned}a^2&=\frac{1}{2}\left[(m^2+n^2)+\sqrt{(m^2+n^2)^2-4m^2n^2\sin^2\theta'}\right]\\ b^2&=\frac{1}{2}\left[(m^2+n^2)-\sqrt{(m^2+n^2)^2-4m^2n^2\sin^2\theta'}\right]\end{aligned}\right\} \tag{4-29}$$

综合上列两式可得极值长度比与经、纬线长度比的关系式，即

$$\left.\begin{aligned}&a^2+b^2=m^2+n^2\\ &ab=mn\sin\theta'\\ &a\pm b=\sqrt{m^2+n^2\pm 2m\cdot n\cdot\sin\theta'}\end{aligned}\right\} \tag{4-30}$$

由于主方向在投影前后均保持正交，因此在讨论投影变形时经常以主方向为坐标轴，以极值长度比 a、b 和任一方向与主方向的夹角 β 来表示该方向上的长度变形。为此，我们来求一点上与主方向夹角为 β 的方向上的长度比 μ_β。

在以主方向为坐标轴的坐标系中，由于 $\mathrm{d}S'=\sqrt{(\mathrm{d}x')^2+(\mathrm{d}y')^2}=\sqrt{(a\mathrm{d}x)^2+(b\mathrm{d}y)^2}$，故长度比 $\mu_\beta=\mathrm{d}S'/\mathrm{d}S=\sqrt{a^2(\mathrm{d}x/\mathrm{d}S)^2+b^2(\mathrm{d}y/\mathrm{d}S)^2}$。顾及到 $\mathrm{d}x/\mathrm{d}S=\cos\beta$ 和 $\mathrm{d}y/\mathrm{d}S=\sin\beta$，则可得到以极值长度比和与主方面夹角 β 表示的长度比 μ_β 的表达式，即

$$\mu_\beta=\sqrt{a^2\cos^2\beta+b^2\sin^2\beta} \tag{4-31}$$

4.3.3 方向变形与角度变形

椭球体面上某一角度投影后的角值 β' 与它原来的角值 β 之差，称为该角的角度变形。角度变形不仅随点位而变化，而且随角度所处的方向而变化。研究角度变形时，往往只研究某点可能有的最大角度变形。由于任何一个角度均有两条方向线组成，而在以主方向为坐标轴的坐标系中，任意一方向 oA 均可用该方向的坐标方位角 β 来表示，其对应的表象为 β'，如图4-4所示。因此，为了研究一点上的最大角度变形，当然应先研究该点上的最大方向变形。

由图4-4可知，$\mathrm{tg}\beta=\frac{y}{x}$，$\mathrm{tg}\beta'=\frac{y'}{x'}$，而 $x'=ax$，$y'=by$，则有

$$\mathrm{tg}\beta=\frac{a}{b}\mathrm{tg}\beta'，即\frac{\sin\beta\cos\beta'}{\cos\beta\sin\beta'}=\frac{a}{b} \tag{4-32}$$

运用合分比定理于上式，并利用和角与差角公式，可得

$$\sin(\beta-\beta')=\frac{a-b}{a+b}\sin(\beta+\beta') \tag{4-33}$$

由上式可以看出：①当方向角位于一、三象限，即 $0<\beta+\beta'<\pi$ 时，$\beta-\beta'>0$，即投影后方向角变小；当方向角位于二、四象限，即 $\pi<\beta+\beta'<2\pi$ 时，$\beta-\beta'<0$，这表示投影后方向角变大；当方向线与主方向重合，即 $\beta+\beta'=k\pi$（$k=0,1,2,3,4$）时，$\beta=\beta'$，这表示主方向投影后无方向变形。②当 $\beta+\beta'=k\pi+\frac{\pi}{2}$（$k=0,1,2,3$）时，$|\beta-\beta'|$ 有最大值，并且对一个具体的投影而言，一点上的最大方向变形是个仅与极值长度比有关的定值。若设最大

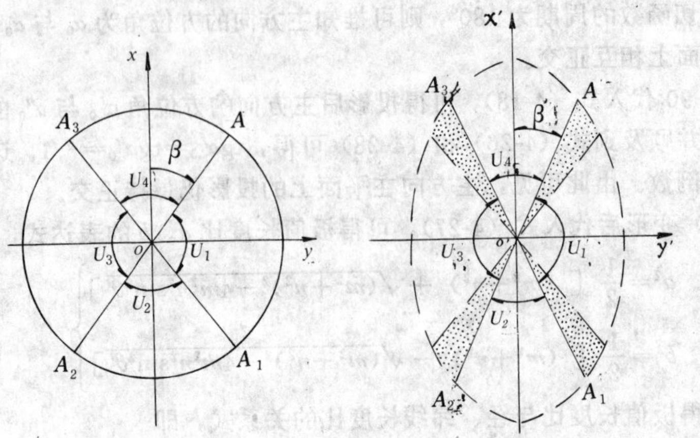

图 4-4　方向变形与角度变形

方向变形为 $\omega/2$，则有

$$\sin\frac{\omega}{2}=\frac{a-b}{a+b} \tag{4-34}$$

③对于一个具体的投影，具有最大方向变形的方向是 4 个固定的方向，它们分居于 4 个象限，且关于主方向对称，如图 4-4 中的 oA、oA_1、oA_2、oA_3 的对应的表象 oA'、oA'_1、oA'_2、oA'_3。

通过上面的分析可知，对于一个任意角来说，当其两边在同一象限或分居于相对象限时，该角的变形为两角边方向变形之差；当其分居于相邻象限时，其变形为两角边方向变形之和。因此，在某点上具有最大角度变形之角，其两角边必分居于相邻象限，且关于主方向为对称，这两角边还应都具有最大方向变形（如图 4-4 中的 U_1、U_2、U_3、U_4 的表象为 U'_1、U'_2、U'_3、U'_4），这个最大角度变形为该点的最大方向变形（$\omega/2$）的两倍，其表达式仍为式（4-34）。

4.3.4　面积比与面积变形

椭球体面上某点处的微分面积投影后的面积 dF' 与它原来的面积 dF 之比值，称为该点处的面积比，以 P 表示，即

$$P=\frac{dF'}{dF} \tag{4-35}$$

面积比 P 与 1 的差值，称为面积变形，以 ν_P 表示，即

$$\nu_P=P-1 \tag{4-36}$$

将式（4-9）和（4-22）代入式（4-35），可得面积比表示式，即

$$P=\frac{H}{Mr} \tag{4-37}$$

若再顾及到 $m=\sqrt{E}/M$，$n=\sqrt{G}/r$ 及 $H=\sqrt{EG}\sin\theta'$，则

$$P=mn\sin\theta' \tag{4-38}$$

将式（4-30）代入上式，又可得以极值长度比表示的面积比表达式，即

$$P=ab \tag{4-39}$$

4.3.5　变形椭圆

上面我们以解析的方法探讨了投影变形的特性及其解析表达式。为了能恰当而直观地显

示变形特征，现在来寻求投影变形的几何表示。为此，我们来研究椭球体面上某点处一个微分圆面（可忽略其曲面的影响而将其看作圆平面）投影到平面上后的形状及特征，用以显示该点处的变形特征。

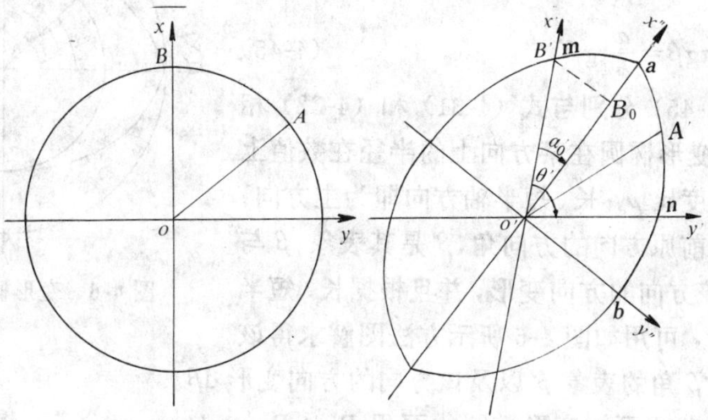

图 4-5 微分圆与微分椭圆

在图 4-5 中，设有微分圆 o，取过 o 的一对正交直径为坐标轴，构成直角坐标系 oxy，A 为微分圆上一任意点。由于角度变形的存在，投影后的坐标轴一般不再正交，将形成斜轴坐标系 $o'x'y'$。设投影后两坐标轴交角为 θ'，A'是点 A 的表象。为了研究的方便，若取投影前后的经、纬线微分线段为坐标轴，则由长度比的定义可知，$x'=mx$，$y'=ny$。将此代入微分圆（通常取其半径为 1）的方程 $x^2+y^2=1$，则可得微分圆在平面上的表象的方程为

$$\frac{x'^2}{m^2}+\frac{y'^2}{n^2}=1 \tag{4-40}$$

这个方程代表一个以 o'为原点，以相交成 θ'角的共轭直径为坐标轴的椭圆。

由此可见，椭球体面上的微分圆在平面上的表象为微分椭圆，通常称之为变形椭圆。由解析几何知识知道，在椭圆的所有共轭直径中必有一对相互正交，它们就是椭圆的长轴和短轴。若设长半径为 a，短半径为 b，并以长轴和短轴为坐标轴组成坐标系 $o'x''y''$，则式（4-40）表示的变形椭圆方程又可以表示为

$$\frac{x''^2}{a^2}+\frac{y''^2}{b^2}=1 \tag{4-41}$$

现在来进一步确定两坐标系 $o'x'y'$和 $o'x''y''$之间的位置关系，即变形椭圆的长轴与经、纬线间的夹角 α'_0，并称之为变形椭圆的方向角。

在图 4-5 中，作 $B'B_0 \perp o'x''$。由直角$\triangle o'B'B_0$ 知：$x''=o'B_0=m\cos\alpha'_0$，$y''=B'B_0=m\sin\alpha'_0$，将此式代入式（4-41），经整理并顾及 $\alpha'_0\in\left[0,\ \frac{\pi}{2}\right]$，可得变形椭圆方向角 α'_0 的表达式为

$$\mathrm{tg}\alpha'_0=\frac{b}{a}\sqrt{\frac{a^2-m^2}{m^2-b^2}} \tag{4-42}$$

下面再对变形椭圆作进一步研究，以便找到各种投影变形的几何解释。

我们知道，对于椭圆有参数方程

$$\left.\begin{aligned}x''&=a\cos\beta\\ y''&=b\sin\beta\end{aligned}\right\}\quad \beta\in[0,\ 2\pi) \tag{4-43}$$

其中：参变角 β 的几何意义如图 4-6 所示。

利用式(4-43)可得变形椭圆任意方向的半径 oA' 为

$$oA'=\sqrt{a^2\cos^2\beta+b^2\sin^2\beta} \tag{4-44}$$

参看图 4-6 还可知道 $y''^2=b^2\sin^2\beta$ 或 $y''^2=(oA'\cdot\sin\beta')^2$，于是有

$$\mathrm{tg}\beta=\frac{a}{b}\mathrm{tg}\beta' \tag{4-45}$$

将式 (4-44) 和 (4-45) 分别与式 (4-31) 和 (4-32) 相比较，不难看出，变形椭圆在某方向上的半径在数值上恰等于该方向的长度比 μ_β；长、短半轴方向即为主方向；参变角 β 就是投影前原方向的方向角，β' 是其表象；β 与 β' 的差角 $d\beta$ 即为该方向的方向变形，并且根据长、短半径 a、b 和方向角 β，可用如图 4-6 所示方法图解求得该方向的长度比 μ_β、β 角的表象 β' 以及该方向的方向变形 $d\beta$。

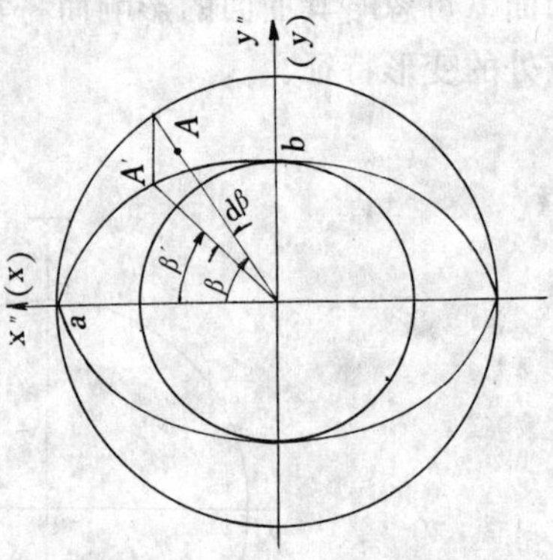

图 4-6　变形椭圆的几何意义

由椭圆的面积公式可知变形椭圆的面积 P 为 $P=\pi ab=\pi mn\sin\theta'$。将此式与式 (4-38)、(4-39) 相比可知，变形椭圆的面积在数值上又恰等于相应的面积比的 π 倍。

另外，由解析几何的阿波隆尼亚 (Apollonii) 定理可知，椭圆两共轭半径 (m、n 即为其中的一对) 的平方和为一常数且等于长、短半径的平方和，以及以椭圆共轭半径为边所构成的三角形面积为常数，且等于以椭圆长、短半径为边所构成的三角形的面积，即 $a^2+b^2=m^2+n^2$ 和 $ab=mn\sin\theta'$。这与用解析方法推出的经、纬线长度比与极值长度比之间的关系式 (4-30) 完全相同。

综上所述，可知：

(1) 椭球体面上一单位微分圆在平面上的表象为一微分椭圆，用它的形状、大小、方向等可以显示该点处的各种投影变形特征，称之为变形椭圆，由于这一理论是法国数学家底索 (Tissot) 于 1881 年提出，故又称底索指线；

(2) 为了直观地显示投影变形特征，通常在投影后的经、纬线交点处绘出一定数量的变形椭圆。变形椭圆的长、短半径在数值上等于该点处的极值长度比，变形椭圆的方向角由式 (4-42) 确定。

(3) 变形椭圆在某方向上的半径在数值上等于该方向的长度比 μ_β，变形椭圆的面积在数值上等于该点处的面积比的 π 倍，与变形椭圆上某方向角 β' 相对应的参变角 β，即为该方向投影前的方向角，$d\beta$ ($\beta-\beta'$) 即为该方向的方向变形，并且可用几何作图法求得。

4.3.6　等变形线

在分析投影变形时，显示投影变形的直观而恰当的方法是利用变形椭圆。但是，在变形投影较复杂的投影中，难以绘出许多变形椭圆，这时常利用等变形线来显示投影变形的分布状况。所谓等变形线是指投影中某种变形相等点的轨迹。为了绘出等变形线，首先应计算出一定数量的经纬线交点上的变形值，再利用内插的方法描绘出等变形线。

§4.4　地图投影的分类

地图投影是一门古老的科学，它的产生与发展已有 2000 多年的历史，到现在已有许多不

同性质和形式的地图投影。为了便于研究和使用，应给以适当的分类。

目前，在我国比较通用的是依投影的内在性质或依投影的外在特征来进行分类。前者显示了投影内蕴的变形实质，而后者则体现投影后的经纬线形状，具有直观性。当然这两种分类方法都有各自的不完善、不科学之处。在决定投影的类别时，应将两者结合起来，方能较完善地表达投影。下面就按这两种分类方法进行叙述。

4.4.1 按投影的变形性质分类

按投影的变形性质可将地图投影分为等角投影、等积投影和任意投影三类。

一、等角投影

所谓等角投影是指椭球体面上一点处任意两方向夹角投影到平面上后保持其大小不变，即无角度变形（$\omega=0$）的投影。等角投影应满足的条件，称之为等角条件。

由式（4-34）可知等角条件为

$$a=b \tag{4-46}$$

根据式（4-30），并顾及上式，等角条件也可表示为

$$\theta'=90°，m=n \tag{4-47}$$

在应用上有时需要以偏导数形式表达等角条件，即

$$\left.\begin{aligned}\frac{\partial x}{\partial L}&=-\frac{r}{M}\frac{\partial y}{\partial B}\\ \frac{\partial y}{\partial L}&=+\frac{r}{M}\frac{\partial x}{\partial B}\end{aligned}\right\} \tag{4-48}$$

在等角投影中，变形椭圆的长、短半径相等，即微分圆投影后仍是一个圆，只是大小有变化。由于在等角投影中微分图形投影前后保持相似，故等角投影又被称为相似投影，或称正形投影。在等角投影的地图上，量测方向和距离都比较方便，但其面积变形一般较大。

二、等积投影

等积投影是等面积投影之简称，它是投影面上的面积与椭球体面上相应面积保持一致，即面积变形为零（$P=1$，$\nu_P=0$）的投影。等积投影应满足的条件，称之为等积条件。

由式（4-38）和（4-39）可知，等积条件应为

$$ab=1 \tag{4-49}$$

或

$$mn\sin\theta'=1 \tag{4-50}$$

由于等积投影可以保持面积大小不变形，故可在图上进行面积的量测和比较。但这种投影常常破坏图形的相似性，角度变形一般较大。

三、任意投影

任意投影是指既不满足等角条件，又不满足等积条件，三种变形同时存在的投影。在任意投影中，最值得一提的是等距离投影。等距离投影简称等距投影。

等距投影是指沿着某个确定方向（一般为主方向之一）的图上距离与椭球体面上相应距离保持相等的投影。等距投影应满足的条件，称为等距条件。沿着主方向之一的等距投影应满足的等距条件为

$$a=1 \text{ 或 } b=1 \tag{4-51}$$

在等距投影中，虽然三种变形同时存在，但面积变形没有等角投影那么大，角度变形也比等积投影小。

4.4.2 按投影方式分类

地图投影最初是建立在透视几何原理上的，当将地球表面投影到地图平面上时，往往要借助于平面或可展曲面（如圆柱面、圆锥面）作为辅助投影面，这就是几何投影。随着科学的发展，地图投影逐渐跳出借助于辅助投影面构成投影的框架，而产生了一系列按数学条件形成的投影，这就是条件投影。因此，按投影方式可将地图投影分为几何投影和条件投影两大类。

一、几何投影

几何投影的特点是将椭球体面上的经纬网投影到辅助投影面上，然后再展开成地图平面。在几何投影中，辅助投影面有平面、圆柱面、圆锥面之不同；辅助投影面的平面或轴（对于圆柱面或圆锥面）与地轴又有平行（或重合）、斜交、垂直之区别；辅助投影面与椭球体（或球体）面既可能相切又可能相割。故对于几何投影还应进一步分类。

1. 按辅助投影面的不同分类

（1）方位投影　它是以平面作为辅助投影面的投影，如图 4-7 中的 7、8、9。

（2）圆柱投影　它是以圆柱面作为辅助投影面的投影，如图 4-7 中的 4、5、6。

（3）圆锥投影　它是以圆锥面作为辅助投影面的投影，如图 4-7 中的 1、2、3。

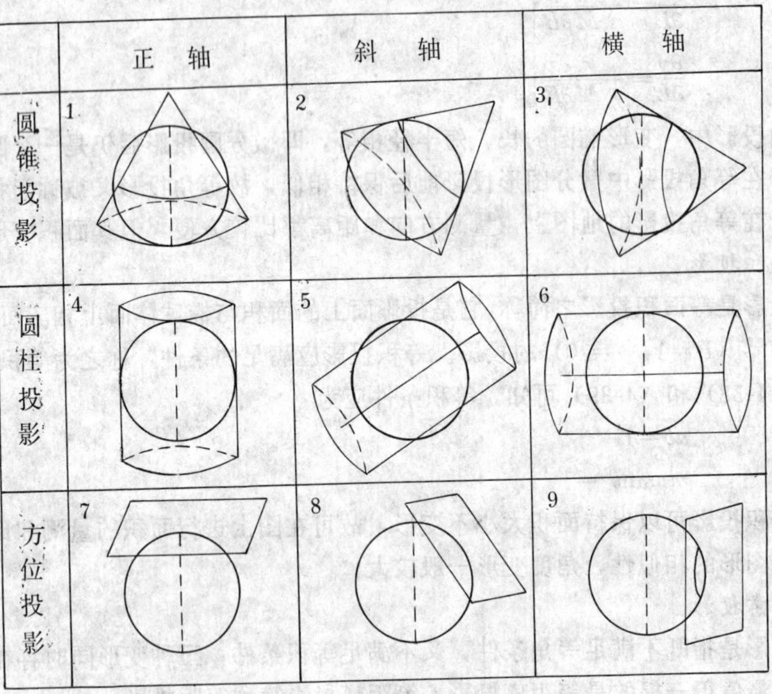

图 4-7　几何投影的类型

2. 按地轴与辅助投影面间的几何关系分类

（1）正轴投影　它是辅助投影平面与地轴相垂直、圆锥面和圆柱面的轴与地轴相重合的投影，如图 4-7 中的 1、4、7。

（2）横轴投影　它是辅助投影平面与地轴相平行、圆锥面和圆柱面的轴与地轴相垂直的投影，如图 4-7 中的 3、6、9。

（3）斜轴投影　它是辅助投影平面、圆锥面和圆柱面的轴与地轴相斜交的投影，如图 4-7 中的 2、5、8。

3. 按辅助投影面与地球椭球面（或球面）相切或相割分类

此种分类可将几何投影分为切投影或割投影两类，如图 4-7 中的 1、5、9 为割投影，其余的为切投影。

二、条件投影

条件投影不是借助于辅助投影面，而是按数学法则构成的投影。它可分为多圆锥投影、伪圆锥投影、伪圆柱投影、伪方位投影等几类。这几种投影是在相应的几何投影基础上，根据某些条件加以改造而成的。

按投影方式分类的实质是依投影的外在特征，即按投影平面上经、纬网形状进行分类的。因此有必要对投影后的经、纬网形状进行讨论。由于经、纬网形状不仅随辅助投影面而变化，而且随辅助投影面与地球椭球体面（或球面）的相关位置不同而变化，情况十分复杂，但其中最重要、最具代表性的当然应首推正轴时的经、纬网形状，故现将其叙述如下：

（1）方位投影的纬线投影为同心圆，经线投影为同心圆的半径，即放射性的直线束，且两经线间的夹角与经差相等，如图 4-12。

（2）圆柱投影的纬线投影为平行直线，经线投影为与纬线相正交的平行直线，两经线的间隔相等且与经差成正比，如图 4-16。

（3）圆锥投影的纬线投影为同心圆弧，经线投影为同心圆弧的半径，两经线间的夹角小于经差且与经差成正比，如图 4-8。

（4）多圆锥投影的纬线投影为同轴圆弧，各圆心位于中央直经线上，其余经线投影为对称于中央直经线的曲线，如图 4-25。

（5）伪方位投影的纬线投影为同心圆，经线投影为相交于同心圆圆心且对称于中央直经线的曲线。

（6）伪圆柱投影的纬线投影为一组平行直线，中央经线投影为垂直于各纬线的直线，其余经线投影为对称于中央直经线的曲线，如图 4-19～图 4-22。

（7）伪圆锥投影的纬线投影为同心圆弧，中央经线投影为过同心圆弧圆心的直线，其余经线投影为对称于中央直经线的曲线，如图 4-23。

至此，我们已经介绍了按投影的内在变形特征和外在的投影方式这两种分类方法。单独使用其中的任何一种均不能恰当地说明一种具体的投影。因此，对于一个具体的投影，较完整的名称应综合蕴含其变形特征和外在的投影方式。例如，等角横切椭圆柱投影，就蕴含着该投影没有角度变形、辅助投影面为椭圆柱面、椭圆柱面与椭球体面相切、椭圆柱的轴线与椭球体的短轴相正交。

§4.5　圆锥投影

4.5.1　圆锥投影的概念与一般公式

圆锥投影是以圆锥面作为辅助投影面，按某种条件将椭球面上的经纬网投影于圆锥面上后，再沿圆锥母线切开，展成平面的一种投影。

首先，我们以直线透视原理建立起这种投影的感性认识。假想有圆锥与椭球体（或球体）相切于某一条纬线或相割于某两条纬线，以地心为透视中心引出一系列视线，由图 4-8 可以明显看到，纬线在圆锥面上的投影是一系列的圆线，经线为圆锥的母线。将投影后的圆锥面沿某一条母线切开展成平面时，由于圆锥顶面角（即圆锥展开为扇形后的顶角）小于 360°，故纬线投影在平面上不是圆，而是以圆锥顶点为心的同心圆弧，经线投影为直线束，即同心圆弧的半径（称为经线投影的展开半径，设为 ρ，它将随纬度 B 的变化而变化），而两经线投影间的夹角（设为 δ）与相应的经差（l）成正比，其比例系数就是圆锥顶面角值与 360°之比值（称为圆锥系数，设为 α）。由此可得正轴圆锥投影的极坐标公式为

$$\left.\begin{aligned}\delta &= \alpha l\\ \rho &= f(B)\end{aligned}\right\} \tag{4-52}$$

上式中函数 $f(B)$ 的形式取决于投影性质（等角、等积或等距），比例系数 α 取决于投影方式。由于圆锥顶面角小于 360°，故 $0<\alpha<1$。顺便指出，由于平面可看作是顶面角为 360°的圆锥，圆柱面可看作是顶面角为 0°的圆锥，故方位投影和圆柱投影可以看作是圆锥投影在 $\alpha=1$ 或 $\alpha=0$ 时的特例。

在图 4-8 中，若以中央经线（L_0）为轴，以投影区域中最南边纬线（B_S）与中央经线的交点为原点，以与 x 轴正交的直线为 y 轴，则正轴圆锥投影的直角坐标公式为

$$\left.\begin{aligned}x &= \rho_S - \rho\cos\delta\\ y &= \rho\sin\delta\end{aligned}\right\} \tag{4-53}$$

式中：ρ_S 为投影区域中最南边纬线的投影半径，它对于一个已知的投影区域为一常数。

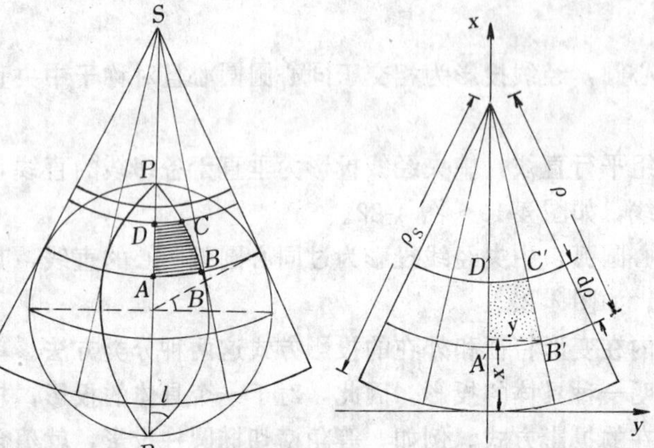

图 4-8　圆锥投影的原理

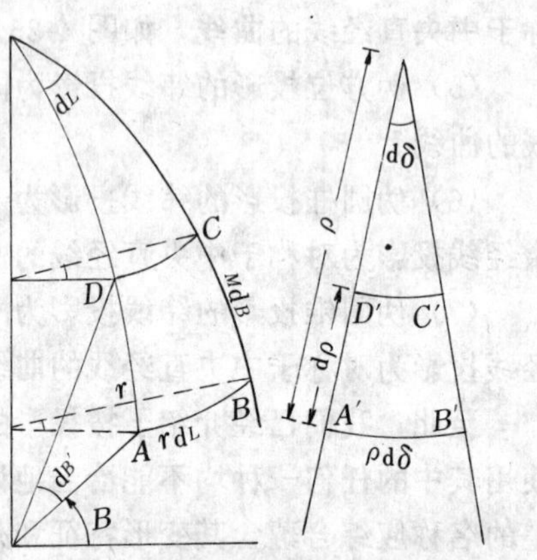

图 4-9　圆锥投影的变形

下面再来推导正轴圆锥投影的变形公式。如图 4-9 所示，设微分梯形 $A'B'C'D'$ 是椭球面上微分梯形 $ABCD$ 的投影。纬线 AB 与 DC 的纬差是 $\mathrm{d}B$，其表象的间距为 $\mathrm{d}\rho$，经线 AD 与 BC 的经差是 $\mathrm{d}L$，其表象的夹角为 $\mathrm{d}\delta$。由长度比定义，并顾及到展开半径 ρ 是由圆弧中心起算，而纬度 B 是从赤道起算，即 $\mathrm{d}\rho$ 与 $\mathrm{d}B$ 反号，即可写出经线和纬线方向的长度比公式，即

$$\left.\begin{aligned}m &= \frac{A'D'}{AD} = \frac{-\mathrm{d}\rho}{M\mathrm{d}B}\\ n &= \frac{A'B'}{AB} = \frac{\rho\mathrm{d}\delta}{r\mathrm{d}L} = \frac{\alpha\rho}{r}\end{aligned}\right\} \tag{4-54}$$

由于正轴圆锥投影中经线在投影前后保持正交，故经纬线方向与主方向相一致，即 m 与 n 就是 a 与 b。由此可得正轴圆锥投影的面积比和最大角度变形公式，即

$$\left.\begin{aligned} P&=ab=mn=-\frac{\alpha\rho}{Mr}\frac{d\rho}{dB}\\ \sin\frac{\omega}{2}&=\frac{a-b}{a+b}=\frac{|m-n|}{m+n}\end{aligned}\right\}\tag{4-55}$$

式（4-52）、（4-53）、（4-54）和（4-55）就是正轴圆锥投影的一般公式。在这些投影公式中，当根据投影方式决定了圆锥系数 α 和根据投影性质决定了函数 f（B）的具体形式之后，即可得到一种具体的正轴圆锥投影。

4.5.2 正轴等角圆锥投影

正轴等角圆锥投影，亦称兰勃脱（Lambert）正形圆锥投影。它是由等角条件决定函数 $\rho=f$（B）的具体表达形式的一种正轴圆锥投影。

在正轴圆锥投影中，因为经纬线处处正交，故等角条件为 $m=n$。将式（4-54）代入该等角条件，则有 $-d\rho/$（MdB）$=\alpha\rho/r$，即 $-d\rho/\rho=\alpha MdB/r$。对此式两边积分，可得

$$-\ln\rho+\ln C=\alpha\int\frac{M}{r}dB\tag{4-56}$$

其中：C 为积分常数。

下面来求式（4-56）中右端的积分。为此将式（4-3）和（4-5）代入，并令 $e\sin B=\sin\psi$，得

$$\begin{aligned}\int\frac{M}{r}dB&=\int\frac{1-e^2}{1-e^2\sin^2B}\frac{dB}{\cos B}=\int\frac{1-e^2(\sin^2B+\cos^2B)}{1-e^2\sin^2B}\frac{dB}{\cos B}\\&=\int\frac{dB}{\cos B}-e\int\frac{e\cos B}{1-e^2\sin^2B}dB=\int\frac{dB}{\cos B}-e\int\frac{d\psi}{\cos\psi}\\&=\ln\left\{\mathrm{tg}\left(\frac{\pi}{4}+\frac{B}{2}\right)\Big/\mathrm{tg}^e\left(\frac{\pi}{4}+\frac{\psi}{2}\right)\right\}\end{aligned}$$

若令 $U=\mathrm{tg}\left(\frac{\pi}{4}+\frac{B}{2}\right)\Big/\mathrm{tg}^e\left(\frac{\pi}{4}+\frac{\psi}{2}\right)$，则有

$$\int\frac{M}{r}dB=\ln U\tag{4-57}$$

将式（4-57）代入式（4-56），可得正轴等角圆锥投影的展开半径 ρ 的表达式，即

$$\rho=\frac{C}{U^\alpha}\tag{4-58}$$

式中：C 为积分常数；α 为圆锥系数。由于 $B=0°$时 $\rho=C$，故 C 的几何意义为赤道投影的展开半径。

将式（4-58）代入式（4-54）和（4-55），可得正轴等角圆锥投影的变形公式，即

$$\left.\begin{aligned}\omega&=0\\ m&=n=\frac{\alpha\rho}{r}=\frac{\alpha C}{rU^\alpha}\\ P&=mn=\left(\frac{\alpha C}{rU^\alpha}\right)^2\end{aligned}\right\}\tag{4-59}$$

在正轴等角圆锥投影的投影公式（4-52）、（4-58）、（4-59）中，尚有两个常数 C、α，它们应根据投影方式作为条件来确定。下面举例说明其确定方法。

一、正轴等角切圆锥投影

正轴等角切圆锥投影，就是圆锥面切椭球体面于某一纬线上，故又称之为单标准纬线等角圆锥投影。显然，在标准纬线上无长度变形，即 $m_0=n_0=1$。由此条件可决定常数 α 和 C。标准纬线的纬度既可直接指定，也可根据某种特定条件来确定。

当直接指定标准纬线的纬度为 B_0 时，由 $m_0=n_0=1$，并顾及式（4-59）可知

$$m_0=n_0=\frac{\alpha\rho_0}{r_0}=\frac{\alpha C}{r_0U^\alpha}=1 \tag{4-60}$$

再顾及到在正轴切圆锥投影中，有

$$\rho_0=N_0\text{ctg}B_0 \tag{4-61}$$

将上式和 $r_0=N_0\cos B_0$ 代入式（4-60），可得圆锥系数 α，即

$$\alpha=\frac{r_0}{\rho_0}=\frac{N_0\cos B_0}{N_0\text{ctg}B_0}=\sin B_0 \tag{4-62}$$

在式（4-60）中，顾及到上式和 $r_0=N_0\cos B_0$，又可得积分常数 C，即

$$C=\frac{r_0U_0^\alpha}{\alpha}=N_0\text{ctg}B_0U_0^{\sin B_0} \tag{4-63}$$

顺便指出，在导出圆锥系数 α 和标准纬线展开半径 ρ_0 的表达式 $\alpha=\sin B_0$ 和 $\rho_0=N_0\text{ctg}B_0$ 过程中，未涉及到投影条件，故该两式适合于所有正轴切圆锥投影。

二、正轴等角割圆锥投影

正轴等角切圆锥投影，一般适用于南北范围较窄的条形制图区域。若南北较宽，则将导致南北边沿区域投影变形过大。这时常采用等角割圆锥投影，即圆锥面割于椭球体面的两条纬线上，故这种投影亦称双标准纬线等角圆锥投影。同等角切圆锥投影类似，双标准纬线的纬度也是既可以直接指定，亦可根据给定的条件来确定。

当直接指定双标准纬线的纬度为 B_1、B_2（相应的纬圈半径为 r_1、r_2）时，由于双标准纬线上的长度比均为 1，即 $n_1=n_2=1$。将式（4-59）代入此条件可得以 α、C 为未知数的二元一次方程组，联立求解，即得正轴等角割圆锥投影的圆锥系数 α 和积分常数 C 的表达式，即

$$\left.\begin{aligned}\alpha&=\frac{\lg r_1-\lg r_2}{\lg U_2-\lg U_1}\\ C&=\frac{r_1U_1^\alpha}{\alpha}=\frac{r_2U_2^\alpha}{\alpha}\end{aligned}\right\} \tag{4-64}$$

顺便指出，若按下列经验公式指定标准纬线，将使变形分布趋于均匀合理，即

$$\left.\begin{aligned}B_1&=B_S+0.16\ (B_N-B_S)\\ B_2&=B_N-0.12\ (B_N-B_S)\end{aligned}\right\} \tag{4-65}$$

在单标准纬线等角圆锥投影中，标准纬线上的长度比为 1 且为最小值，随着离开标准纬线愈远其变形愈大。在双标准纬线等角圆锥投影中，在两标准纬线上的长度比为 1；在两标准纬线以外长度比大于 1，而在两标准纬线之间其长度比小于 1。对于同一个制图区域，采用双标准纬线投影的最大变形要比单标准纬线投影时小些。

正轴等角圆锥投影的应用十分广泛，这是由于它适用于中纬地带沿纬线延伸的制图区域，而世界上大部分陆地又都处在南北半球的中纬地带。另外，该投影的经纬网的形状简单，计算和使用都比较方便，并可应用于大、中、小各种比例尺地图。例如：我国出版的《中国大陆图》（图 4-10）和《中华人民共和国地图集》中的分省地图，均采用等角割圆锥投影。我国出版的《世界地图集》中的大多数分国地图均采用等角圆锥投影。世界上不少国家，如法国、

比利时、西班牙等都曾采用等角圆锥投影作为本国地形图的数学基础。1962 年联合国于波恩举行的百万分之一国际地图技术会议提出：在北纬 84°至南纬 80°之间的国际百万分之一地图，均采用等角割圆锥投影。

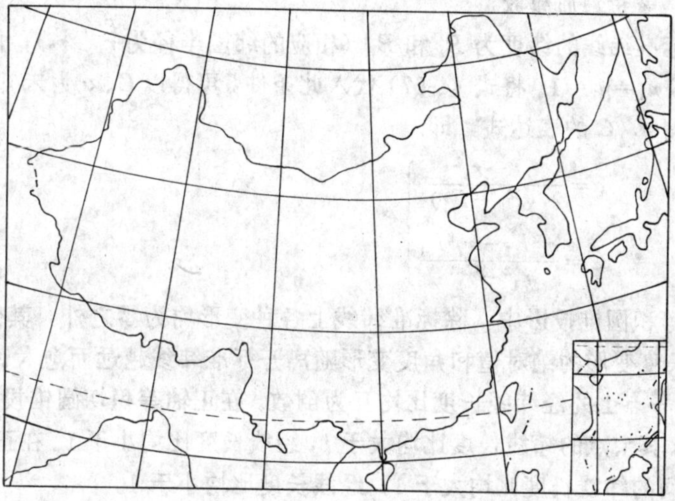

图 4-10　等角割圆锥投影的《中国大陆图》

4.5.3　正轴等积圆锥投影

等积圆锥投影是按等积条件决定 $\rho=f(B)$ 函数形式的一种圆锥投影。由于在正轴圆锥投影中，经纬线投影后仍保持正交，故其等积条件为 $\rho=mn=1$。由式（4-55）有

$$-\frac{\alpha\rho}{Mr}\frac{d\rho}{dB}=1，即\ \rho d\rho=-\frac{1}{\alpha}MrdB$$

对上式积分可得

$$\rho^2=\frac{2}{\alpha}\left(C-\int_0^B MrdB\right)=\frac{2}{\alpha}(C-F) \tag{4-66}$$

式中：C 为积分常数；$F=\int_0^B MrdB$ 为椭球体面上从纬度 0 到 B、经差 1 弧度的梯形面积，可从《制图用表》（附表是其摘录）中查取。

将式（4-66）代入式（4-54）和（4-55）可得正轴等积圆锥投影变形公式，即

$$\left.\begin{aligned}&P=1\\&n^2=\frac{1}{m^2}=\left(\frac{\alpha\rho}{r}\right)^2=\frac{2\alpha\ (C-F)}{r^2}\\&\sin\frac{\omega}{2}=\frac{|m-n|}{m+n}\end{aligned}\right\} \tag{4-67}$$

在正轴等积圆锥的投影公式中也有两个常数 α、C 需根据投影方式作为条件来确定。下面举例说明其确定方法。

一、正轴等积切圆锥投影

设指定标准纬线的纬度为 B_0，则由式（4-66），并顾及到正轴切圆锥投影的 α_0 和 ρ_0，可按式（4-62）和（4-61）确定，则有

$$\left.\begin{aligned}\alpha&=\sin B_0\\C&=\frac{\alpha\rho_0^2}{2}+F_0=\frac{1}{2}N_0^2\cos B_0\operatorname{ctg}B_0+F_0\end{aligned}\right\}\tag{4-68}$$

二、正轴等积割圆锥投影

设两条标准纬线的纬度为 B_1 和 B_2（相应的纬圈半径为 r_1、r_2），由于在两标准纬线上无长度变形，即 $n_1=n_2=1$。将式（4-67）代入此条件，可得以 C、α 为未知数的二元一次方程组，联立求解可得 α、C 的表达式，即

$$\left.\begin{aligned}\alpha&=\frac{{r_1}^2-{r_2}^2}{2\ (F_2-F_1)}\\C&=\frac{{r_1}^2F_2-{r_2}^2F_1}{{r_1}^2-{r_2}^2}\end{aligned}\right\}\tag{4-69}$$

在正轴等积圆锥投影中，除标准纬线上各种变形均为零之外，其余点上均有长度变形和角度变形。长度变形的绝对值和角度变形随离开标准纬线越远而愈大。为保持等积条件（$m\cdot n=1$），故任一点上的经纬线长度比均互为倒数。在正轴等积切圆锥投影中，除标准纬线上无长度变形外，其余点的纬线长度比均大于1，经线长度比均小于1。在正轴等积割圆锥投影中，两标准纬线间的纬线长度比均大于1，经线长度比均小于1。

正轴等积圆锥投影常被用于编制中纬度地区、沿纬线延伸的制图区域的行政区划图、人口密度图及社会经济地图等。例如，我国出版的1∶800万、1∶600万和1∶400万的《中华人民共和国地图》就是采用标准纬线为 $B_1=25°$、$B_2=47°$ 的正轴等积割圆锥投影。

4.5.4 正轴等距圆锥投影

正轴等距圆锥投影通常是指沿经线方向的距离保持不变，即 $m=1$ 的投影。再顾及式（4-54）可知 $-\mathrm{d}\rho=M\mathrm{d}B$，积分可得正轴等距圆锥投影纬线展开半径表达式，即

$$\rho=C-S\tag{4-70}$$

其中：$S=\int_0^B M\mathrm{d}B$ 为赤道到某纬线(B)的经线弧长，可从《制图用表》中查取；C 为积分常数。当 $B=0°$ 时 $S=0$，可得 $\rho=C$。可见，C 的几何意义为赤道的展开半径。

将式(4-70)代入式(4-54)和(4-55)，可得正轴等距圆锥投影的变形公式，即

$$\left.\begin{aligned}&m=1,\ n=\frac{\alpha\rho}{r}=\frac{\alpha\ (C-S)}{r}\\&P=n\\&\sin\frac{\omega}{2}=\frac{|m-n|}{m+n}\end{aligned}\right\}\tag{4-71}$$

在正轴等距圆锥投影的投影公式（4-70）、(4-71）中的两个参数 α 和 C，需要根据投影方式来确定。下面举例说明其确定方式。

一、正轴等距切圆锥投影

设单标准纬线的纬度为 B_0，由式（4-70），并顾及到正轴切圆锥投影的 α_0 和 ρ_0，可按式（4-62）和（4-61）确定，可得 α 和 C 的表达式，即

$$\left.\begin{aligned}\alpha&=\sin B_0\\C&=N_0\operatorname{ctg}B_0+S_0\end{aligned}\right\}\tag{4-72}$$

二、正轴等距割圆锥投影

设两标准纬线的纬度为 B_1、B_2（相应的纬圈半径为 r_1、r_2），显然有 $n_1=n_2=1$。将式（4-

71）代入该条件，可得以 α、C 为未知数的二元一次方程组，联立求解可得 α 和 C 的表达式，即

$$\left.\begin{aligned}\alpha&=\frac{r_1-r_2}{S_2-S_1}\\C&=\frac{r_1S_2-r_2S_1}{r_1-r_2}\end{aligned}\right\}\tag{4-73}$$

在正轴等距圆锥投影中，除沿经线方向保持长度比为 1 和在标准纬线上没有变形外，在其余各点上的长度变形、面积变形和角度变形均同时存在，并且，长度变形和面积变形的绝对值及角度变形均随离开标准纬线愈远而愈大。对于正轴等距切圆锥投影，标准纬线之外的纬线长度变形和面积变形均为正；对于正轴等距割圆锥投影，两标准纬线之内的纬线长度变形和面积变形均为负，而在两标准纬线之外的纬线长度变形和面积变形均为正。等距圆锥投影虽然同时具有长度、面积和角度变形，但变形都比较小。它的角度变形小于等积投影，面积变形小于等角投影。

等距圆锥投影，因其变形介于等角圆锥和等积圆锥投影之间，故常被用于对方向和面积变形要求不太严格的一般性地图。例如，前苏联出版的 1∶250 万苏联全图就采用 $B_1=47°$、$B_2=62°$ 的正轴等距割圆锥投影。我国出版的《河北省地图集》中，其省图就采用 $B_1=38°$、$B_2=41°$ 的正轴等距割圆锥投影。

4.5.5 斜轴和横轴圆锥投影

正轴投影具有经线形状简单、计算和应用方便等优点，故被广泛应用。但是，有时为了使变形情况更为良好，或者使投影符合某一特定条件，常需采用横轴或斜轴投影。例如，当制图区域沿经线延伸（或沿某个小圆延伸）时，显然采用横轴（或斜轴）圆锥投影较为适宜。

在采用横轴或斜轴投影时，经纬线投影后将变为复杂的曲线。若仍仅用大地经纬度（L，B）来表示点位，将使投影公式的推导与投影计算变得困难。由于横轴和斜轴投影一般多用于小比例尺地图，故可把地球椭球体看作球体。因此，若选用球面极坐标（A，Z）来代替经纬度（L，B），则可沿用正轴投影公式来进行横轴和斜轴投影的计算，而毋须另行推导其投影公式。下面我们首先来介绍球面极坐标系及其与大地坐标系的关系，然后再简单介绍如何利用正轴投影公式进行横轴与斜轴投影的计算。

在图 4-11 中，P 为地球的极点，Q（B_0，L_0）为球面极坐标系的极点，常称之为“新极”。显然，球面上任意点 K 的位置可用大圆弧 QK 和该大圆弧的方位角 A 来确定。其中，大圆弧 QK 称为 K 点相对于新极 Q 的天顶距（用 Z 表示），而方位角 A 则由过新极 Q 的经线北方向开始按顺时针度量。天顶距 Z 和方位角 A 即为球面极坐标系的坐标元素。

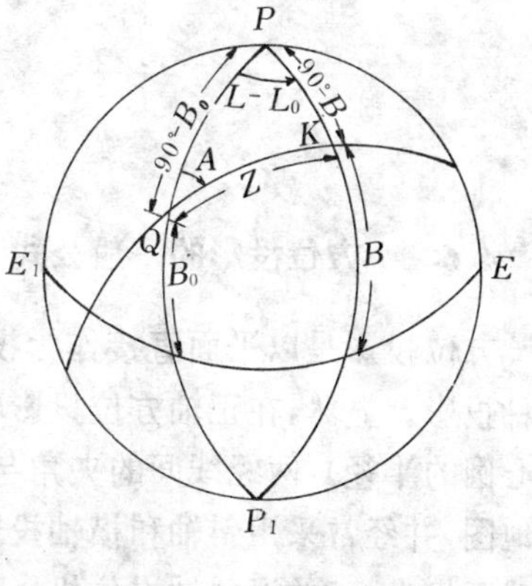

图 4-11 球面极坐标

根据球面三角形边的余弦公式和余切公式，从球面三角形 PQK 可以得到大地经纬度（L，B）与球面极坐标（Z，A）之间的关系式，即

$$\left.\begin{aligned}&\cos Z=\sin B\sin B_0+\cos B\cos B_0\cos(L-L_0)\\&\operatorname{ctg}A=\operatorname{tg}B\cos B_0\csc(L-L_0)-\sin B_0\operatorname{ctg}(L-L_0)\end{aligned}\right\}\tag{4-74}$$

将球面极坐标与大地经纬度对比，不难看出，新极 Q 相应于地球的北（或南）极，方位角（A）相应于经差（$L-L_0$），天顶距 Z 相应于纬度（B），过新极的大圆（称为垂直圈）相当于经圈，垂直于垂直圈的小圆（称为等高圈）相当于纬圈。因此，当视地球椭球体为球体时，正轴投影和横轴投影分别为斜轴投影在新极与地极重合或新极位于赤道上的特例。在正轴投影的情况下，由于 $B_0=90°$，顾及式（4-74）并设 $l=L-L_0$，可得

$$\begin{aligned}\cos Z&=\sin B\\ \mathrm{ctg}A&=-\mathrm{ctg}l\end{aligned}\qquad 即\qquad \left.\begin{aligned}Z&=90°-B\\ A&=-l\end{aligned}\right\}\tag{4-75}$$

由此可见，在正轴投影公式中，若以 $90°-Z$ 代替 B，$-A$ 代替 l，即可得到以球面极坐标表示的正轴投影公式（其中，A 与 l 符号相反是由于度量角度的方向相反）。由于相对于新极而言，斜轴投影就是新极下的正轴投影，故可用以球面极坐标表示的正轴投影公式来进行斜轴投影计算。

因此，在用球面极坐标计算地图投影时，首先要根据需要确定地球球体半径 R 和新极 Q，然后按规定的密度将制图区域内各经纬线的交点的地理坐标（B，L）用式（4-74）换算为新极 Q（B_0，L_0）下的球面极坐标（Z，A），再把 $-A$ 视为 l_1、把 $90°-Z$ 视为 B，应用正轴投影公式进行计算。

还应指出，在上面的讨论中并未涉及投影的性质和投影方式，故上面述及的球面极坐标计算地图投影的理论和方法适用于各种类型的横轴和斜轴投影。

现将上面述及的理论和方法应用于圆锥投影，可以看出：垂直圈的表象为由新极出发的一束射线，等高圈投影后为以新极为心的同心圆弧，且两者处处正交，其长度比（μ_1，μ_2）即为极值长度比。仿照正轴圆锥投影公式，并规定 δ 与 A 的度量方向相一致，则不难写出斜轴圆锥投影的一般公式，即

$$\left.\begin{aligned}&极坐标公式：\begin{cases}\delta=\alpha A\\ \rho=f\ (Z)\end{cases}\\ &变形公式：\begin{cases}\mu_1=\dfrac{\mathrm{d}\rho}{R\mathrm{d}Z},\ \mu_2=\dfrac{\alpha\rho}{R\sin Z}\\ P=\dfrac{\alpha\rho}{R^2\sin Z}\dfrac{\mathrm{d}\rho}{\mathrm{d}Z}\\ \sin\dfrac{\omega}{2}=\dfrac{|\mu_1-\mu_2|}{\mu_1+\mu_2}\end{cases}\end{aligned}\right\}\tag{4-76}$$

§4.6 方位投影

4.6.1 方位投影的一般公式

方位投影是以平面直接作为投影面，按某种条件将地球表面上的经纬线投影到平面上的一种投影。显然，在正轴方位投影中，纬线的投影为同心圆，经线为由极点发出的一束直线（即同心圆的半径），两经线间的夹角与经差相等（即圆锥系数 $\alpha=1$）。由于方位投影多用于小比例尺地图，并经常采用斜轴和横轴投影，故在本节中，我们将地球椭球体视为球体（半径为 R），应用球面极坐标，并以斜轴方位投影为研究对象，而把正轴和横轴方位投影作为其特例。在斜轴方位投影中，等高圈的投影为同心圆，垂直圈投影后为同心圆的半径，两垂直圈投影之间的夹角与实地方位角相等，如图 4-12(a)。根据这个关系我们来推导方位投影的一般公式。

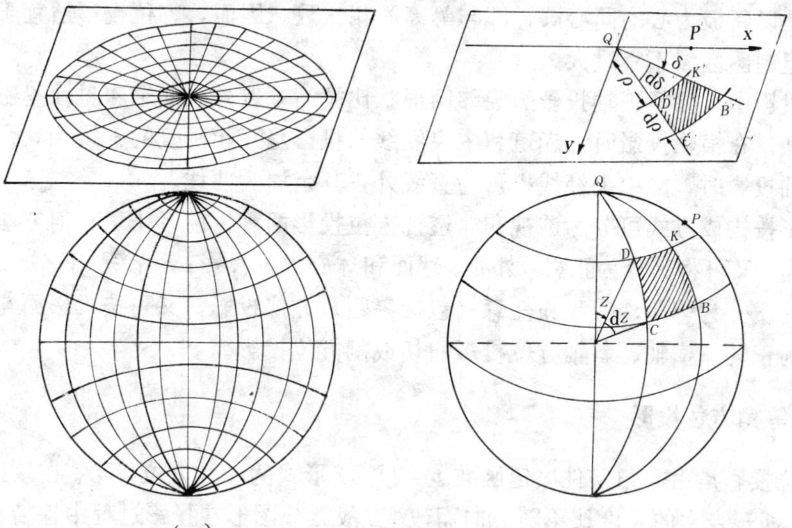

（a）　　　　　　　　　　　　　　　　　　　（b）

图 4-12　方位投影的原理

如图 4-12(b)，设 Q 为新极(即投影中心)，QP、QK 分别为过地极 P 和球面上某点 K 的垂直圈，其投影为直线 $Q'P'$、$Q'K'$，两垂直圈夹角(即过 K 点的垂直圈之方位角)为 A，其投影为 δ；K 点的天顶距为 Z，与之对应的弧 QD 的投影为 ρ。显然，方位投影的一般公式为

$$\left.\begin{aligned}\delta&=A\\ \rho&=f\ (Z)\end{aligned}\right\}\tag{4-77}$$

由 $\delta=A$ 可知，各种类型的方位投影具有一个共同特性，即由投影中心到任何一点的方位角保持大小不变形。

若取 $Q'P'$ 为 x 轴，过 Q' 且垂直于 $Q'P'$ 之直线为 y 轴，则方位投影的直角公式为

$$\left.\begin{aligned}x&=\rho\cos\delta\\ y&=\rho\sin\delta\end{aligned}\right\}\tag{4-78}$$

现在再来推导方位投影的变形公式。在图 4-12 (b) 中，设 $KBCD$ 是地球球面上由垂直圈和等高圈围成的微分梯形，其投影为 $K'B'C'D'$。垂直圈 QK 和 QD 的夹角为 $\mathrm{d}A$，其投影为 $\mathrm{d}\delta$，微分弧 KB 的中心角为 $\mathrm{d}Z$，其投影为 $\mathrm{d}\rho$。若以 μ_1、μ_2 对应表示垂直圈和等高圈的长度比，则根据长度比的定义，由图 4-12 (b)，并顾及到方位投影中垂直圈与等高圈相互正交，它的长度比 μ_1、μ_2 即为极值长度比，以及 $\mathrm{d}\delta=\mathrm{d}A$，则可得到方位投影的变形公式，即

$$\left.\begin{aligned}\mu_1&=\frac{K'B'}{KB}=\frac{\mathrm{d}\rho}{R\mathrm{d}Z}\\ \mu_2&=\frac{K'D'}{KD}=\frac{\rho}{R\sin Z}\frac{\mathrm{d}\delta}{\mathrm{d}A}=\frac{\rho}{R\sin Z}\\ P&=\mu_1\mu_2=\frac{\rho}{R^2\sin Z}\frac{\mathrm{d}\rho}{\mathrm{d}Z}\\ \sin\frac{\omega}{2}&=\frac{|\mu_1-\mu_2|}{\mu_1+\mu_2}\end{aligned}\right\}\tag{4-79}$$

若将式(4-77)、(4-78)、(4-79)与式(4-52)、(4-53)、(4-54)、(4-55)相对照可以看出，后面各式是前面对应各式在 $\alpha=1$ 时的特例。这恰恰说明方位投影是圆锥投影在 $\alpha=1$ 时的特例。

在式（4-79）中，长度比、面积比和最大角度变形都仅是天顶距 Z 的函数，故方位投影的等变形线是以新极为心的同心圆，即与等高圈相一致。因而，方位投影适宜于制作圆形区域的地图，但制图区域不宜过大。

在方位投影中，除了正轴投影的经纬网形状比较简单以外，横轴和斜轴投影的经纬网形状均比较复杂。在横轴投影时，赤道和中央经线的投影呈互相垂直的直线，其余经纬线均为曲线。在斜轴投影时，除中央经线投影为直线外，其余均为曲线。

方位投影按构成方式可分为透视和非透视方位投影两种。前者采用几何方法构成。根据视点位置不同，又可将其分为正射、外心、球面和球心方位投影；后者是用解析方法构成。它既可按投影性质分为等角、等积和任意（包括等距）方位投影，又可按投影面与地球球面的相关位置分为正轴、横轴、斜轴方位投影和切或割方位投影。

4.6.2 等角方位投影

等角方位投影是由等角条件决定函数 $\rho=f(Z)$ 形式的一种方位投影。在该投影中，由于无角度变形，即一点上的长度比不随方向而改变，故微分图形在投影过程中保持形状相似，即微分圆投影后仍为圆。

由等角条件 $\mu_1=\mu_2$，应用式（4-79）可得：$d\rho/(RdZ)=\rho/(R\sin Z)$，即 $d\rho/\rho=dZ/\sin Z$，积分可得等角方位投影的展开半径 ρ 的表达式，即

$$\rho=C\mathrm{tg}\,\frac{Z}{2} \tag{4-80}$$

式中：C 为积分常数。当 $Z=90°$时 $\rho=C$。可见，C 的几何意义为赤道的展开半径。

在方位投影中，由于 $\alpha=1$，故仅有一个待定参数 C。它仍可根据投影方式来确定。为了求定参数 C，可指定投影平面割于天顶距为 Z_0 的等高圈。此时，$\mu_0=1$，再由式（4-79）可知：$\mu_0=\rho_0/(R\sin Z_0)=1$，顾及式（4-80），则有

$$C=\rho_0/\mathrm{tg}\,\frac{Z_0}{2}=2R\cos^2\frac{Z_0}{2} \tag{4-81}$$

将其代入式（4-80），有

$$\rho=2R\cos^2\frac{Z_0}{2}\mathrm{tg}\,\frac{Z}{2} \tag{4-82}$$

事实上，上列各投影公式适合于各种等角方位投影。等角切方位投影和正轴、横轴等角方位投影公式都是上列各投影公式的特例。在上列各投影公式中，若取 $Z_0=0$，即得等角切方位投影公式；若取 $B_0=0°$，即新极选在赤道上，即为横轴方位投影公式；若取 $A=l$、$Z=90°-B$，则可得用地理坐标表示的正轴等角方位投影公式。

等角方位投影实际上是一种视点（新极）在球面上的透视方位投影，故亦称之为球面投影。

等角方位投影，因其具有等角性质而在应用上有一定的价值。在某些欧洲国家曾用它作为大比例尺地形图的数学基础。正轴等角方位投影常用于编制两极地区的航海图、航空图和南北半球的气象气候图。美国提出用“通用极球面（UPS）投影”编制两极地区的地图（图 4-13），而它的实质就是正轴等角割方位投影，极点的长度比为 0.994。

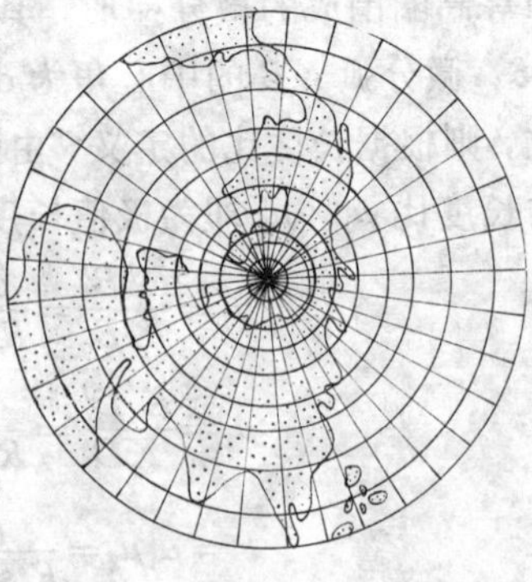

图 4-13　UPS 投影编制的北极地图

4.6.3 等积方位投影

等积方位投影是由等积条件决定函数 $\rho=f(Z)$ 形式的一种方位投影。在该投影中，由于保持面积没有变形，故 $P=\mu_1\mu_2=1$。将此等积条件应用于式（4-79），可得 $\rho d\rho/(R^2\sin Z dZ)=1$，即

$$\rho d\rho=R^2\sin Z dZ \tag{4-83}$$

对此式积分可得等积方位投影展开半径表达式，即

$$\frac{\rho^2}{2}=C-R^2\cos Z \tag{4-84}$$

式中：C 为积分常数，有待于按投影方式来确定。由于等积割方位投影应用很少，故仅就等积切方位投影进行讨论。

在切方位投影中，若 $Z=0$，则 $\rho=0$，应用式（4-84）可得 $C=R^2$，因而在等积切方位投影中，有

$$\rho=2R\sin\frac{Z}{2} \tag{4-85}$$

毋庸赘述，正轴或横轴等积切方位投影公式是上列投影公式在 $Z=90°-B$ 和 $A=l$ 或 $Z_0=B_0=0°$ 时的特例。

等积切方位投影亦称兰勃脱（Lambert）等积方位投影。它的变形随远离投影中心而增大，垂直圈长度比大于1，等高圈长度比小于1，且两者互为倒数，以保持面积比恒等于1。

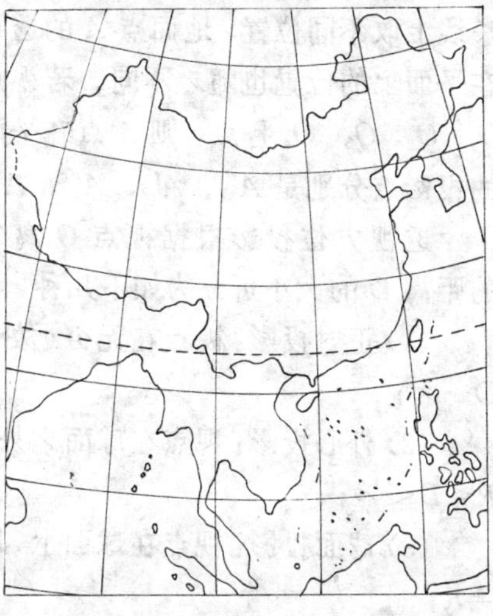

图 4-14 斜轴等积方位投影的中国全图

等积方位投影是小比例尺地图上应用比较广泛的一种投影。其中，横轴等积方位投影主要用于编制东西半球图，投影中心常取 $B_0=0°$ 和 $L_0=70°E$ 或 110°W。斜轴等积方位投影常用来编制水陆半球图（$B_0=\pm45°$，$L_0=0°$ 或 180°）和各大洲图。在编制中国全图时，为了反映我国版图的全貌及同四邻的关系，南海诸岛不作插图，此时常用斜轴等积方位投影，其投影中心取 $B_0=30°N$ 和 $L_0=105°E$，如图 4-14 所示。

4.6.4 等距方位投影

等距方位投影通常是沿垂直圈的长度比为1，即 $\mu_1=1$。以此等距条件可确定函数 $\rho=f(Z)$ 的形式。由式（4-79）可得 $\mu_1=d\rho/(RdZ)=1$，即 $d\rho=RdZ$。对此式积分可得等距方位投影展开半径表达式，即

$$\rho=RZ+C \tag{4-86}$$

式中：C 为积分常数。由于等距割方位投影应用不多，故仍仅就切投影的情况进行讨论。

在切方位投影中，当 $Z=0°$ 时 $\rho=0$，故有 $C=0$。因而，在等距切方位投影中有

$$\rho=RZ \tag{4-87}$$

等距切方位投影亦称波斯托（Postel）等距方位投影。该投影的变形也是随远离投影中心而渐增，并且长度变形、面积变形和角度变形处处同时存在，但变形值比较适中。其面积变形小于等角投影，角度变形小于等积投影。另外，等距切方位投影有一个重要特点，即从投影中心向任何地点的距离和方位角都是正确的。

等距方位投影也是应用比较广泛的一种投影。其中，正轴等距切方位投影常用来编制南北半球地图，横轴等距方位投影常被用于编制东西半球图；斜轴等距切方位投影除常用于编制东南亚地区图和中华人民共和国挂图外，更常用于编制以航空中心站、地震观测站或气象观测站等为投影中心的特种地图，以便使得由中心点至各地的距离和方位角均与实地相一致。

4.6.5 透视方位投影

透视方位投影除具有方位投影的一般特性外，还具有地面点与相应的投影点之间保持一定的透视关系。透视投影应有固定的视点，它通常位于垂直于投影平面的地球球体直径或其延长线上，如图 4-15 (a) 所示。显然，视点在地球球体直径或其延长线上取不同位置，地面点 A 的透视点在平面上的位置也随之不同。若视点取 O_1、O_2、O_3、O_4 各点，则 A 点在平面上的投影点分别是 A'_1、A'_2、A'_3、A'_4。

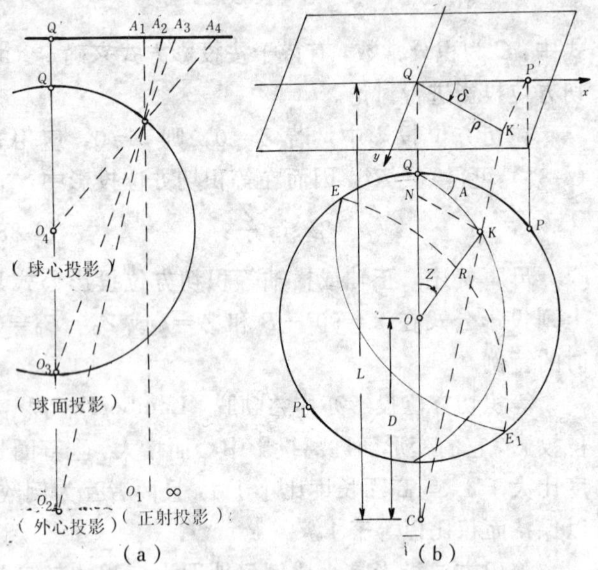

图 4-15 透视方位投影的类别与原理

透视方位投影根据视点 O 离球心的距离 D 的大小可分为如下几种，即

(1) 正射投影：视点在无穷远处，即 $D\to\infty$；

(2) 外心投影：视点在球面之外，即 $R<D<\infty$；

(3) 球面投影：视点在球面上，即 $D=R$；

(4) 球心投影：视点在球心上，即 $D=0$。

此外，根据投影面与地球面的相关位置，即根据投影中心 Q 的纬度 B_0 之不同，透视方位投影亦有正轴（$B_0=90°$）、横轴（$B_0=0°$）和斜轴（$0°<B_0<90°$）以及切投影和割投影之分。

现在我们来推导透视方位投影的一般公式。在图 4-15 (b) 中，设视点 C 距球心的距离为 D，距投影面的距离为 L；Q 为新极，即投影中心，它的投影为 Q'；K 为球面上任意一点，其投影为 K'；大圆弧 QK 的投影为极距 ρ，其方位角 A 的投影为 δ。设过新极 Q 和地极 P 的垂直圈 QP 的投影 $Q'P'$ 为 x 轴，过 Q' 并与 $Q'P'$ 垂直的直线为 y 轴，则由图 4-15 (b) 并顾及到直角 $\triangle Q'CK'$ 和 $\triangle NCK$ 相似，以及 $NK=R\sin Z$ 和 $NO=R\cos Z$，则有：$\delta=A$ 及 $Q'K'/NK=Q'C/NC$，即 $\rho/R\sin Z=L/(R\cos Z+D)$。由此可得透视方位投影的一般公式，即

$$\left.\begin{aligned}&\delta=A\\&\rho=\frac{LR\sin Z}{D+R\cos Z}\end{aligned}\right\}\tag{4-88}$$

而 ρ 的微分形式为

$$\mathrm{d}\rho=\frac{LR(R+D\cos Z)}{(D+R\cos Z)^2}\mathrm{d}Z\tag{4-89}$$

将式 (4-88)、(4-89) 应用于式 (4-79)，即得透视方位投影的变形公式，即

$$\left.\begin{aligned}\mu_1&=\frac{L\ (R+D\cos Z)}{(D+R\cos Z)^2}\\ \mu_2&=\frac{L}{D+R\cos Z}\\ P&=\frac{L^2\ (R+D\cos Z)}{(D+R\cos Z)^3}\\ \sin\frac{\omega}{2}&=\frac{|\mu_1-\mu_2|}{\mu_1+\mu_2}\end{aligned}\right\}\tag{4-90}$$

在式（4-88）和（4-90）中，若取 $L=D+R$，则得透视切方位投影公式；若取 $L<D+R$，则得透视割方位投影公式；若分别以 $D\to\infty$、$L\to\infty$，$D=0$、$L=R$，$D=R$、$L=2R$ 代入上式，即可对应得到正射、球心、球面透视切方位投影的公式。若再将球面透视切方位投影公式与式（4-82）相对照，即可发现两者在 $Z_0=0°$时完全相同，这说明球面透视方位投影就是等角切方位投影。

透视方位投影已逐渐广泛应用。由于正射投影的视点在无穷远处，这恰与人类自地球观察天体的情况相似，故常用于编制星球图。球心投影具有任何大圆投影后均为直线，故很容易用图解法求出大圆航线上各点的经纬度，并将其转绘到其他航行图上。外心投影在制作富于立体感的地图中应用较多。近代因航天技术的发展，使外心投影基本公式成为空间透视投影的基础，在研究空间像片的数学模型中得到了新的应用。

§4.7 圆柱投影

4.7.1 正轴圆柱投影的一般公式

圆柱投影是以圆柱面作为辅助投影面，按某种条件将地球椭球体面上的经纬线投影到圆柱面上，并沿圆柱母线切开展成平面的一种投影。由图 4-16 可以看出，在正轴圆柱投影中，纬圈在圆柱面上的投影仍为圆，各纬圈的投影均平行于赤道面。经线的投影与圆柱的母线相一致，其间距与赤道上的弧长相等。当将投影后的圆柱面沿其母线切开展成平面后，经线和纬线为相互正交的两组平行直线，且经线的间隔与相应的经差成正比。与此类似，在斜轴圆柱投影中，垂直圈和等高圈投影后为相互正交的两组平行线，且垂直圈的间隔与相应的方位角差成正比。

在正轴圆柱投影中，设某一经线投影为 x 轴，赤道投影为 y 轴，两者的交点为原点，如图 4-16 所示。根据正轴圆柱投影的特点，即可写出该投影的基本方程，即

$$\left.\begin{aligned}x&=f\ (B)\\ y&=\alpha l\end{aligned}\right\}\tag{4-91}$$

式中：α 为一常数。由此可见，圆柱投影主要是要决定函数 x 的具体形式和常数 α。

现在来推导该投影的变形公式。在图 4-16 中，$ABCD$ 为地球椭球体面上一微分梯形，$A'B'C'D'$ 为其在平面上的投影。显然有

$$\left.\begin{aligned}m&=\frac{A'B'}{AB}=\frac{\mathrm{d}x}{M\mathrm{d}B}\\ n&=\frac{A'D'}{AD}=\frac{\mathrm{d}y}{r\mathrm{d}L}=\frac{\alpha}{r}=\frac{\alpha}{N\cos B}\end{aligned}\right\}\tag{4-92}$$

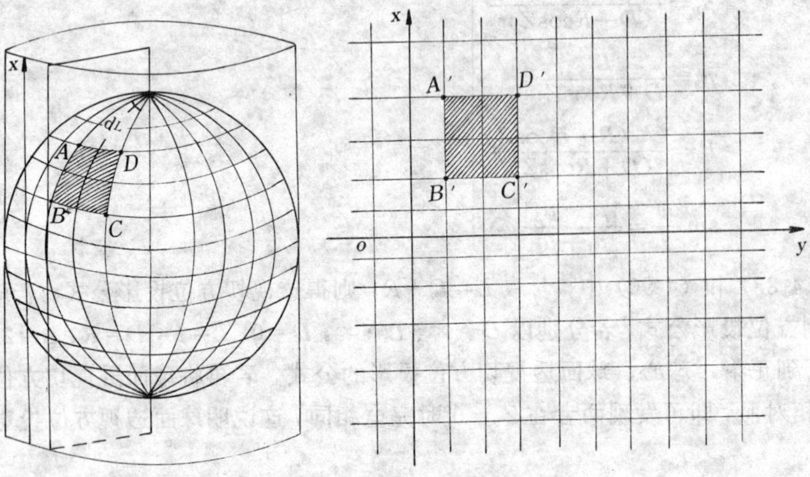

图 4-16　正轴圆柱投影的原理

由于投影后经纬线相互正交，故面积比和最大角度变形公式为

$$\left.\begin{aligned}P&=mn=\frac{\alpha}{MN\cos B}\frac{\mathrm{d}x}{\mathrm{d}B}\\ \sin\frac{\omega}{2}&=\frac{|m-n|}{m+n}\end{aligned}\right\}\tag{4-93}$$

上列各投影公式中参数 α 可用投影方式来决定。设圆柱割于纬度为 B_0 的纬圈上，则有：$n_0=\alpha/(N_0\cos B_0)=1$。由此可得

$$\alpha=r_0=N_0\cos B_0\tag{4-94}$$

由此可见参数 α 的几何意义是标准纬圈的半径。并且，当 $B_0=0°$时，即为切圆柱的情况。此时，α 的几何意义为地球椭球体的长半径。

由上列各投影公式可以看出，在正轴圆柱投影中，各种变形均为纬度 B 的函数，而与经度 L 无关，即等变形线与纬线相一致。故正轴圆柱投影适宜于制作沿纬线延伸，尤其是赤道附近或两侧地区的地图。

4.7.2　正轴等角圆柱投影

等角圆柱投影是按等角条件来决定函数 $x=f(B)$ 具体形式的一种圆柱投影。在正轴圆柱投影中，其等角条件为 $m=n$，将其应用于式(4-92)，则有：$\mathrm{d}x/(M\mathrm{d}B)=\alpha/r$，即 $\mathrm{d}x=\frac{\alpha M}{r}\mathrm{d}B$。对该式两边积分可得函数 $x=f(B)$ 的表达式，即 $x=\alpha\int_0^B\frac{M}{r}\mathrm{d}B+C$。利用式(4-57)，则有

$$x=\alpha\ln U+C\tag{4-95}$$

式中：C 为积分常数；函数 $U=\mathrm{tg}\left(\frac{\pi}{4}+\frac{B}{2}\right)\Big/\mathrm{tg}^e\left(\frac{\pi}{4}+\frac{\psi}{2}\right)$，而 $\sin\psi=e\sin B$。

在正轴圆柱投影中，因赤道投影为 y 轴，即 $B=0°$时 $x=0$，且 $U=1$，于是有 $C=0$。再顾及到 $\alpha=r_0$ 和 $y=\alpha l$，则有

$$\left.\begin{aligned}x&=\frac{r_0}{\mathrm{mod}}\lg U\\ y&=r_0 l\end{aligned}\right\}\tag{4-96}$$

式中：mod 为对数的模，即 mod＝1/ln10＝0.434 294 48。

将式（4-96）应用于式（4-92）和（4-93），可得正轴等角圆柱投影的变形公式，即

$$\left.\begin{aligned}&\omega=0\\&m=n=\frac{r_0}{r}\\&P=n^2\end{aligned}\right\}\qquad(4\text{-}97)$$

等角圆柱投影系荷兰人墨卡托所创建，故亦称墨卡托投影。正轴墨卡托投影具有一个独特的性质，即：椭球体面上两点间的等方位曲线（即等角航线）投影后为一条直线。形成该性质的原因是很显然的，这是由于椭球体面的等方位曲线，在等角投影后仍应保持方位角处处相等，而对于投影面上的一组平行经线来说，只有直线上的方位角才能处处相等。正是由于正轴墨卡托投影具有这种特性，它被广泛地用于编制航海图和航空图。在这种地图上，只要以直线连接航线的起迄点，即得等角航线。再在图上量取该直线的方位角，始终按此方向航行，即可到达终点。应该指出，虽然对于领航来说等角航线十分方便，但等角航线不是最短航线。在地球球面上两点间的最短航线是大圆航线，它在地球椭球面上为大地线，在球面上为大圆弧。在图 4-17 中，从非洲的好望角到澳大利亚的墨尔本之间的等角航线(图上的实直线)要比大圆航线（图上的虚弧线）约长 917km。我们已经知道，大圆航线在球心投影的地图上呈直线，故为了趋利避害，在远洋航行时，常借助球心投影地图，将其上的大圆航线转绘到正轴墨卡托投影的地图上，然后将大圆航线分成若干段，每一段连成直线。这样，就每段

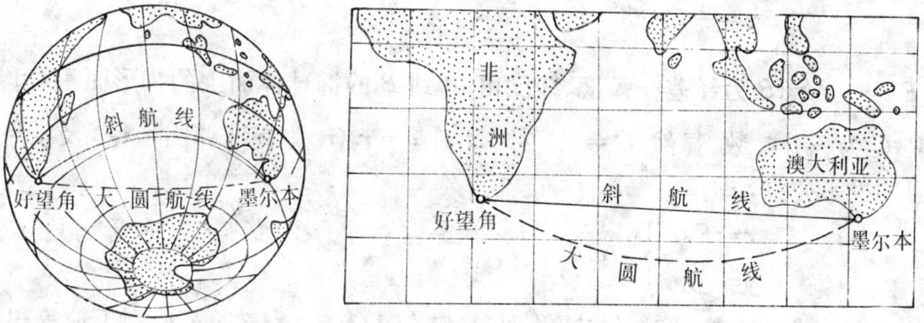

图 4-17　从好望角到墨尔本的等角航线和大圆航线

而言是按等角航线航行，领航十分方便，但就全航线而言，却又是大致按大圆航线航行的。

另外，墨卡托投影还经常用来编制诸如时区图、人造地球卫星轨道图等专用地图和赤道附近（例如：印度尼西亚、赤道非洲、南美洲等）地区的各种比例尺地图。

4.7.3　正轴等距圆柱投影

由等距条件 $m=1$，并顾及式（4-92），则有 $m=\mathrm{d}x/(M\mathrm{d}B)=1$，移项积分后可得

$$x=S+C\qquad(4\text{-}98)$$

式中：$S=\int_0^B M\mathrm{d}B$ 为由赤道到纬度 B 的子午线弧长；C 为积分常数。由于在正轴圆柱投影中，赤道的投影为 y 轴，即 $B=0°$ 时 $x=0, S=0$，故 $C=0$。再顾及到 $\alpha=r_0$（r_0 为标准纬圈的半径）及 $y=r_0l$，则可得正轴等距圆柱投影公式，即

$$\left.\begin{array}{l} x=S \\ y=r_0 l \end{array}\right\} \tag{4-99}$$

将式（4-99）代入式（4-92）和（4-93），并顾及到 $m=1$，即可得正轴等距圆柱投影的变形公式，即

$$\left.\begin{array}{l} m=1,\ n=r_0/r \\ P=r_0/r \\ \sin\dfrac{\omega}{2}=\dfrac{|1-n|}{1+n} \end{array}\right\} \tag{4-100}$$

在正轴等距切圆柱投影中，若将地球视为半径是 R 的球体，则有

$$\left.\begin{array}{l} x=RB \\ y=Rl \end{array}\right\} \tag{4-101}$$

即投影后的经纬网成为正方形方格，故该投影又称之为方格投影。利用这种方格经纬网，可极方便而准确地量算点位的地理坐标或按地理坐标确定点位。方格投影的变形适中，图上表象的轮廓也较好，故常用于编制小比例尺世界地图。

4.7.4 正轴等积圆柱投影

由正轴圆柱投影的等积条件 $mn=1$，并顾及式（4-92），则有：$mn=\dfrac{\mathrm{d}x}{M\mathrm{d}B}\dfrac{\alpha}{r}=1$，即 $\mathrm{d}x=\dfrac{1}{\alpha}Mr\mathrm{d}B$。对此式两边积分可得

$$x=\frac{1}{\alpha}F+C \tag{4-102}$$

式中：$F=\int_0^B Mr\mathrm{d}B$ 为经差一弧度、纬度由 0° 到 B 的椭球体面上的梯形面积，可从《制图用表》中查取；C 为积分常数。显然，$C=0$。再顾及到 $\alpha=r_0$（r_0 为标准纬圈半径）及 $y=r_0 l$，则得正轴等积圆柱投影公式，即

$$\left.\begin{array}{l} x=F/r_0 \\ y=r_0 l \end{array}\right\} \tag{4-103}$$

将式（4-103）代入式（4-93），并顾及到 $m=1/n$ 和 $n=r_0/r$，即可得到正轴等积圆柱投影的变形公式，即

$$\left.\begin{array}{l} m=1/n,\ n=r_0/r \\ P=1 \\ \sin\dfrac{\omega}{2}=\dfrac{|1-n^2|}{1+n^2} \end{array}\right\} \tag{4-104}$$

本投影存在着长度变形和角度变形，并且角度变形随着纬度增高而变大，但保持着图上面积对比的正确关系，故常用于编制低纬度地带某些地理现象分布图。

4.7.5 斜轴与横轴圆柱投影

当制图区域沿某一大圆方向伸展或沿经线伸展时，采用正轴圆柱投影将使变形增大且分布不合理。此时，应考虑采用斜轴或横轴圆柱投影。

在斜轴与横轴圆柱投影中，通常将地球椭球视为球体（半径为 R）和应用球面极坐标（A，Z），而新极 Q（B_0，L_0）可选在通过制图区域延伸方向大圆的天顶。此时，垂直圈投影成为

一组平行直线，间隔与方位角差成正比；等高圈投影也为一组平行直线，且与垂直圈投影相互正交。等变形线与等高圈投影相一致，主方向与垂直圈和等高圈的投影重合。而经纬线投影一般为曲线，仅通过新极 Q 的经线投影为直线，且为其余经纬线投影的对称轴，此即中央直经线。

与前述类似，若以方位角（$-A$）代替经差（l），以天顶距（Z）代替 $90°-B$，应用各正轴圆柱公式，即可得到相应的斜轴圆柱投影公式。而横轴圆柱投影又是斜轴圆柱投影在新极位于 $B_0=0°$ 和 $L_0=90°$（经度从中央经线起算）时的特例。

在斜轴与横轴圆柱投影中，应用较多的仍属斜轴与横轴等角圆柱投影，它们也称斜轴与横轴墨卡托投影。横轴墨卡托投影常用于制图区域沿经线伸展的地图。斜轴墨卡托投影具有这样一个优点，即在以某大圆线为轴线、宽为30°以内的带状区域内，各大圆弧几乎皆被投影为一些直线，故该投影被广泛应用于编制长途飞行的航行图。

当将地球视作椭球体时，横切墨卡托投影即为高斯-克吕格投影，横割墨卡托投影即为通用墨卡托（UTM）投影。

4.7.6 高斯-克吕格投影

高斯-克吕格投影的实质是分带等角横切椭圆柱投影。这一设想是德国高斯（C. F. Gauss）首先提出并进行探讨，由克吕格（J. H. L. Krüger）进一步研究而完成的，故称之为高斯-克吕格投影，简称高斯投影。

一、高斯投影的建立条件

从几何意义上讲，高斯投影是假设一个椭圆柱横切在地球椭球面的一条子午线（即中央经线）上，椭圆柱的中心轴通过椭球体的中心，然后按等角条件将中央经线两侧各一定经差范围内的区域投影到椭圆柱面上，再将椭圆柱沿母线切开展成平面，即得本投影（图 4-18）。实际上，高斯投影是根据下面 3 个条件建立起来的，即

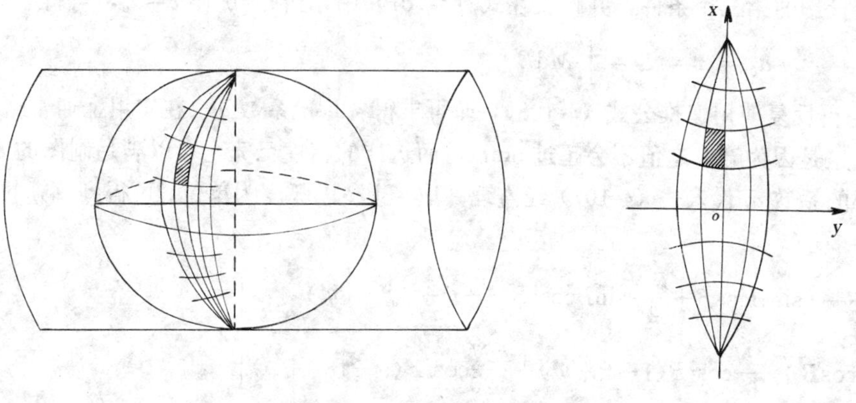

图 4-18 高斯投影的几何意义

（1）中央经线和赤道被投影成互相垂直的直线，且为其他经纬线投影的对称轴；

（2）投影后无角度变形；

（3）中央经线投影后保持长度不变。

若设中央经线的投影为纵轴（x），赤道投影为横轴（y），它们的交点为原点，即可构成高斯投影中的平面直角坐标系，简称高斯坐标系。在该坐标系中，若投影的基本方程表示为

$$\left.\begin{aligned}x&=f_1\ (B,\ L)\\y&=f_2\ (B,\ L)\end{aligned}\right\}\tag{4-105}$$

则上述的三个高斯投影条件可用数学语言表述为：

(1) x 坐标是经差 l（$l=L-L_0$）的偶函数，y 坐标是经差 l 的奇函数；

(2) 投影应满足等角条件，即

$$\left.\begin{aligned}\frac{\partial x}{\partial l}&=-\frac{r}{M}\frac{\partial y}{\partial B}\\\frac{\partial y}{\partial l}&=+\frac{r}{M}\frac{\partial x}{\partial B}\end{aligned}\right\}\tag{4-106}$$

(3) 当 $l=0$ 时，$x=S=\int_0^B M\mathrm{d}B$。

下面就根据这 3 个条件来推导高斯投影的公式，即投影的坐标公式、长度比公式、面积比公式和子午线收敛角公式。

二、高斯坐标的正算公式

所谓高斯坐标的正算，就是根据大地坐标（B，L）计算高斯坐标（x，y）。

根据高斯投影的第一个条件和奇、偶函数的性质，可写出投影坐标的级数形式表达式：

$$\left.\begin{aligned}x&=a_0+a_2l^2+a_4l^4+a_6l^6+\cdots\\y&=a_1l+a_3l^3+a_5l^5+a_7l^7+\cdots\end{aligned}\right\}\tag{4-107}$$

式中：a_i（$i=0$，1，2，3，…，下同）为待定系数，它们是纬度 B 的函数，其值可以利用高斯投影第二个条件，即等角条件来确定。

为此，对式（4-107）求一阶偏导数，将其代入式（4-106），并通过对比系数及概括可得待定系数 a_i 的递推公式，即

$$a_{i+1}=\frac{(-1)^i}{i+1}\frac{r}{M}\frac{\mathrm{d}a_i}{\mathrm{d}B}\tag{4-108}$$

再利用高斯投影的第三个条件，并顾及在式（4-107）中，当 $l=0$ 时 $x=a_0$，可得

$$a_0=x=S=\int_0^B M\mathrm{d}B\tag{4-109}$$

求出 a_0 后，再反复使用递推公式（4-108），即可求得各待定系数 a_i。在实用上通常略去 l^5 以后的各项，这是因为略去之值不会超过 5mm，而这样的精度已完全可以满足制图的要求。

将求得的系数 a_i 代入式（4-107）经整理并取经差 l 以弧度为单位，可得到高斯投影的正算公式，即

$$\left.\begin{aligned}x&=S+\frac{l^2N}{2}\sin B\cos B+\frac{l^4N}{24}\sin B\cos^3B(5-t^2+9\eta^2+4\eta^4)\\y&=lN\cos B+\frac{l^3N}{6}\cos^3B(1-t^2+\eta^2)+\frac{l^5N}{120}\cos^5B(5-18t^2+t^4)\end{aligned}\right\}\tag{4-110}$$

式中：$S=\int_0^B M\mathrm{d}B$；$\eta=e'\cos B$；$t=\mathrm{tg}B$。

三、高斯投影的变形公式

由高斯投影的等角性质可知，投影后的经纬线相正交，其长度比相等。设其长度比为 μ，则面积比 $P=\mu^2$。由此可见，推导高斯投影的变形公式仅需推导其长度变形公式即可。

由式（4-26）和（4-12）可知：$\mu^2=G/r^2=[(\partial x/\partial l)^2+(\partial y/\partial l)^2]/r^2$。对式（4-107）求

关于 l 的偏导数，将其代入上式，并顾及到已求出的系数 a_i，经整理可得 $\mu^2=1+\cos^2B(1+\eta^2)l^2+\frac{1}{3}\cos^4B(2-t^2)l^4+\cdots$将此式两边开方，利用级数展开式 $\sqrt{1+Z}=1+\frac{1}{2}Z-\frac{1}{8}Z^2+\cdots$，并略去 l^4 以后各项，经整理可得长度比公式，即

$$\mu=1+\frac{l^2}{2}\cos^2B(1+\eta^2)+\frac{l^4}{24}\cos^4B(5-4t^2) \tag{4-111}$$

式中：l 以弧度为单位。由长度比公式（4-111）可以看出，高斯投影的变形规律为：

(1) 当 $l=0°$时 $\mu=1$，即中央经线上无长度变形；

(2) 在同一纬线上长度变形随经差 l 的增大而逐渐增大；

(3) 在同一经线上长度变形随纬度 B 的减小而增大，在赤道处为最大；

(4) 长度变形恒为正值，即除中央经线外，其他线段投影后均变长；

(5) 由 $\cos B\leqslant1$，其平方值随纬度变化很小，而 μ 约与经差 l 平方成正比，故离开中央经线越远变形增长越快。因此，当将高斯投影应用于地形图数学基础时需要按一定经差分带投影。表 4-2 中列出了用式（4-111）计算出的在经差 3°范围内的长度变形值。

表 4-2 经差 3°范围内的长度变形值

ν_μ (‰) B / l	0°	10°	20°	30°	40°	50°	60°	70°	80°	90°
0°	0.00	0.00	0.00	0.00	0.00	0.00	0.00	0.00	0.00	0.00
1°	0.15	0.14	0.13	0.12	0.09	0.06	0.04	0.02	0.00	0.00
1.5°	0.35	0.33	0.30	0.26	0.20	0.14	0.09	0.04	0.01	0.00
2°	0.61	0.59	0.54	0.46	0.36	0.25	0.15	0.07	0.02	0.00
3°	1.38	1.34	1.21	1.03	0.81	0.57	0.34	0.16	0.04	0.00

四、子午线收敛角 γ 的计算公式

子午线收敛角对地图定向和野外用图都有重要作用，故需推导它的计算公式。

我们知道，某点的子午线收敛角 γ 是从过该点的经线的切线方向量至 x 轴正向的锐角，而某点上经线的方位角 ψ_m 是从 x 轴正向顺时针量至经线切线方向的夹角。由此可见，子午线收敛角 γ 与经线方位角 ψ_m 或等值反号，或两式之和为 360°。由式（4-16）可知

$$\mathrm{tg}\gamma=-\mathrm{tg}\psi_m=-\frac{\partial y}{\partial B}\Big/\frac{\partial x}{\partial B} \tag{4-112}$$

但是，由于在式（4-107）中，对 l 求偏导数显然要比对 B 求偏导数方便，所以根据等角条件式（4-106）可将式（4-112）改写为

$$\mathrm{tg}\gamma=\frac{\partial x}{\partial l}\Big/\frac{\partial y}{\partial l} \tag{4-113}$$

将式（4-107）的偏导数代入上式，并顾及到已求出的系数 a_i，可得 $\mathrm{tg}\gamma=l\sin B+\frac{l^3}{3}\sin B\cos^2B\cdot(1+t^2+3\eta^2+2\eta^4)+\cdots$。由于 γ 角甚小，为计算方便可利用 $\gamma=\mathrm{tg}\gamma-\frac{1}{3}\mathrm{tg}^3\gamma+\frac{1}{5}\mathrm{tg}^5\gamma-\cdots$展开并略去 η^4 项及其以后各项，最后可得以秒计的子午线收敛角 γ''的计算公式，即

$$\gamma''=l''\sin B+\frac{l''^3}{3\rho''^2}\sin B\cos^2B(1+3\eta^2) \tag{4-114}$$

五、高斯投影的应用

由于高斯投影具有等角性质和采用分带投影，使得图上的方向正确，图上形状与实地基

本相似，长度变形和面积变形可控制在允许范围之内，故常被用来作为地形图的数学基础。1949年中华人民共和国成立以后，就确定该投影为我国地形图系列中的1∶50万—1∶1万以及更大比例尺地形图的数学基础。朝鲜、蒙古、前苏联以及美国、英国、加拿大、法国等国家的局部地区均采用该投影作为大比例尺地形图的数学基础。下面就将高斯投影用作地形图数学基础时的几个问题简述如下。

1. 投影分带和带间连接

由对式（4-111）的分析可知，高斯投影的长度变形和面积变形随离开中央经线而急剧增大，为了保证地形图应有的精度，常采用按经线分带后逐带投影的方法以限制其投影变形在允许范围之内。

分带的带宽应根据地形图的精度来确定。由表4-1可知，对于我国所处的中纬度地带，经差3°和1.5°的边经线上的最大长度变形约为0.1%和0.03%。再根据地形图的精度要求，可推知1∶50万—1∶2.5万地形图宜采用6°分带，而1∶1万及更大比例尺地形图宜采用3°分带。若有特殊需要也可以采用1°.5分带或任意分带。

采用6°分带时，是从零子午线起，自西向东（先东半球后西半球）每隔经差6°分为一带，将全球分为60个投影带，其带号依次为1，2，3，…，60。据此可知，带号 n_6 与中央经线的经度 L_0 的关系为

$$L^\circ_0=6^\circ n_6-3^\circ \quad \text{（对于东半球）} \qquad (4\text{-}115)$$

利用上式可根据带号求中央经线的经度 L_0。若要根据带内某点以度为单位的经度 L° 求该点所在的投影带的带号时，可利用下式，即

$$n_6=\mathrm{int}\left(\frac{L^\circ}{6^\circ}\right)+1 \quad \text{（对于东半球）} \qquad (4\text{-}116)$$

式中：int为取整数函数的符号。

采用3°分带时，是从东经1°.5开始，自西向东每隔3°分为一带，将全球分为120个投影带，其带号依次为1，2，3，…，120。由此可知带号 n_3 与中央经线的经度 L_0 的关系式为

$$L^\circ_0=3^\circ n_3 \quad \text{（对于东半球）} \qquad (4\text{-}117)$$

同样，利用上式可根据带号 n_3 求中央经线的经度 L_0，而根据某点以度为单位的经度 L° 求该点所在的投影带的带号的公式为

$$n_3=\mathrm{int}\left(\frac{L^\circ-1^\circ.5}{3^\circ}\right)+1 \quad \text{（对于东半球）} \qquad (4\text{-}118)$$

应该指出，3°分带时从东经1°.5开始分带的目的是为了使6°带的中央子午线和边界线均为3°分带的中央子午线。

分带投影的结果不仅限制了变形，而且由于各带按同一方式进行投影，故只要计算出一带内各图廓点的高斯坐标值即可全球通用。并且，由于每带的高斯坐标值关于坐标轴为对称，故每带的坐标值又仅需计算第一象限之值即可，从而大大减小了计算工作量，为高斯投影的应用创造了有利条件。

但是，由于各带独立投影的结果形成了各带坐标相互独立而不联系，于是给两带邻接处地形图的应用带来不便。为了解决这一矛盾，通常采用在两带的邻接处的一定范围内进行重叠投影。例如：我国的《1∶2.5万、1∶5万、1∶10万地形图图式》规定，每投影带的西边缘经差30′以内的各图幅及东边缘经差7′.5以内（1∶2.5万）或15′以内（1∶5万）或30′以内（1∶10万）的图幅均进行双重投影，即在上述规定的范围内的图幅，应既具有本带的坐标网，又具有邻带的坐标网，从而使相邻图幅的坐标统一起来。

2. 高斯坐标值的构成

如前所述，高斯坐标系是以中央经线投影为 x 轴，赤道投影为 y 轴，其交点为坐标原点而建立起来的，x、y 值将会出现负值，这将给测绘作业带来不便。由于我国疆域全位于北半球，故 x 值均为正值。为避免 y 值出现负值，可将每带的纵坐标轴向西平移 500km。

另外，由于分带投影的结果，对于每一个坐标值（x，y），各个投影带中均有一点与此坐标值相对应。为了使高斯坐标值与地面点形成一一对应关系，规定在横坐标值 y 之前冠以带号，以表明该点所在的投影带。

例如：在 6°投影带第 20 带内有 A、B 两点，按式（4-110）计算得到的横坐标值分别为：$y_A=245863.7\text{m}$，$y_B=-168474.8\text{m}$；纵轴西移500km后其横坐标值分别为：$y_A=745\,863.7\text{m}$，$y_B=331\,525.2\text{m}$；冠以带号后，即为：$y_A=20\,745\,863.7\text{m}$，$y_B=20\,331\,525.2\text{m}$。

在此还应指出：

(1) 为把按式（4-110）计算所得的横坐标值与移轴加带号后的横坐标值相区别，常称前者为高斯坐标的自然值，而称后者为高斯坐标的通用值，或直称其为高斯坐标值；

(2) 对于带宽≤6°的高斯投影，纵轴西移 500km 后，高斯横坐标值的千米数一定为三位数，即可避免带号与坐标值相混淆；

(3) 由于我国的疆域位于 6°分带的第 13—23 带和 3°分带的第 25—45 带内，故对于我国来说，带号 24 是区分高斯坐标值是按 6°分带或按 3°分带的界限。

最后，应该讲述一下通用墨卡托（UTM）投影。通用墨卡托投影与高斯投影同属于分带横轴等角椭圆柱投影，差别仅在于高斯投影是切投影，而通用墨卡托投影是割投影，即椭圆柱割于对称于中央经线的两个等高圈上，从而改善了在低纬度的变形。在这两条标准等高圈上长度比为 1，而中央经线上的长度比规定为 0.999 6。因此，只要将高斯坐标的自然值及长度比乘以 0.999 6 即得通用墨卡托投影时相应的坐标和长度比，而子午线收敛角完全相同。通用墨卡托投影是目前世界上应用十分广泛的一种投影。美国、日本、加拿大、泰国、阿富汗、巴西、法国、瑞士等约 80 个国家和地区用它作为地形图的数学基础。

§4.8 伪投影

前面介绍的圆锥投影、方位投影、圆柱投影同属于几何投影，即均可设想有一个可展曲面或平面作为辅助投影面将其投影到平面上。但本节介绍的伪圆锥投影、伪圆柱投影、伪方位投影却不是借助于辅助投影面而得到，而是在圆锥投影、圆柱投影、方位投影的基础上，对其经纬线的形状运用一定的数学条件加以改造而得到的。这些带“伪”字的投影与不带“伪”字的投影相比较，其经纬线的形状有一个共同特点，即：它们的纬线投影的形状相同，而经线的投影形状不同，由原来的直线变成对称于中央直经线的一系列曲线。

4.8.1 伪圆柱投影

伪圆柱投影的纬线投影的形状与圆柱投影相同，仍为平行直线族，但经线投影则不同，除中央经线为直线外，其余经线均为对称于中央经线的曲线。由于平行直线族与任意曲线族不可能处处正交，即投影后的经纬线不可能处处正交，故按变形性质而言，伪圆柱投影只有等积投影和任意投影，而无等角投影。虽然，伪圆柱投影的经线形状可以为任意曲线，但通常选择为正弦曲线和椭圆曲线两种。下面介绍几种经线形状为这两种曲线的伪圆柱投影。

一、桑逊（Sanson）投影

桑逊投影是一种经线为正弦曲线的等积伪圆柱投影。其纬线投影为间隔相等的平行直线，经线为对称于中央经线的正弦曲线。在每一条纬线上的经线间隔相等，如图 4-19 所示。

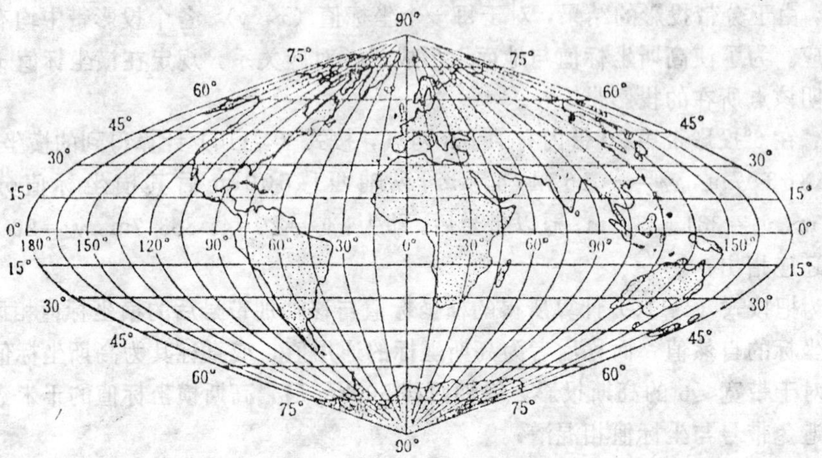

图 4-19　桑逊投影的世界地图

桑逊投影的所有纬线长度比均等于 1，即 $n=1$；中央经线长度比等于 1，即 $m_0=1$；其余经线长度比均大于 1。赤道和中央经线投影后为两条没有变形的正交直线，且离开这两条直线越远其变形越大。故桑逊投影适合于制作赤道附近南北延伸地区的地图，例如：非洲地图（其中央经线选为东经 20°）。该投影也曾用于制作世界地图。

二、爱凯特（Eckert）投影

由图 4-19 可见，桑逊投影在高纬度地区经线密集。在南北两极处边界经线投影与中央经线的夹角为 72°20′，即以 144°40′的角来表示实际上为 360°的角，其误差显然很大。为克服这一缺点，爱凯特规定经线在极点不交于一点，而交于一条直线，该直线称为“极线”，并规定其长度等于赤道半周长的投影，且同中央经线在南北两极间的长度相等，如图 4-20。利用本投影编制小比例尺地图的效果要比桑逊投影好些。

图 4-20　爱凯特投影的世界地图

三、摩尔魏德（Mollweide）投影

摩尔魏德投影是一种经线形状为椭圆曲线的等积伪圆柱投影。该投影规定离开中央经线±90°的经线投影后合成一个圆，该圆的竖直直径即为中央经线的投影，圆的水平直径及其延长线则与赤道投影相重合。该圆的面积等于地球表面积的一半，即该圆的半径等于地球平均半径 R 的 $\sqrt{2}$ 倍。其他经线投影均为以中央经线为轴的椭圆。赤道投影长度是中央经线的投影的两倍，即 $4\sqrt{2}R$。在赤道上经线间隔相等。而纬线投影是间隔不等的平行直线，且间隔随离开赤道而逐渐缩小，如图 4-21 所示。

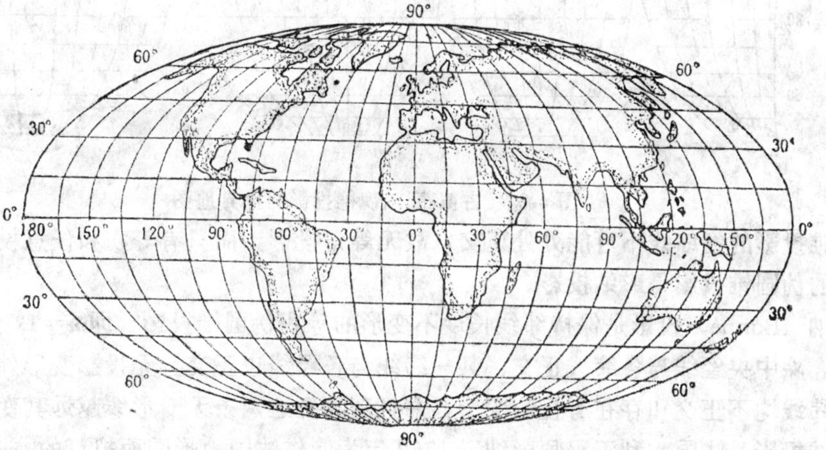

图 4-21　摩尔魏德投影的世界地图

摩尔魏德投影常被用于编制世界地图。另外，由于本投影具有等积和纬线为平行直线，且投影后的地球形状为椭圆等特点，故用它来编制全球自然地理景观的水平分布图尤为适宜。

四、古德（Goode）投影

前面介绍的几种伪圆柱投影的变形均随离开中央经线越远而变大。为了弥补这个缺点，美国学者古德提出了一种分瓣方法，即在地图上几个主要制图区域的中央都设立一条局部中央经线，从而将整个制图区域按经线分成几瓣，采用统一的主比例尺和经差、纬差相同的经纬网，再沿赤道将其连成一个整体。这样一来，每条中央经线两侧投影范围不宽，其变形也相应减小。这种分瓣方法可以分别用于桑逊投影、摩尔魏德投影以及其他伪圆柱投影。

古德的分瓣方法常被用于编制世界地图。若所编制的世界地图是以大陆为主，则应按各大陆的范围选择中央经线，而在大洋的适当处裂开；若所编制的世界地图是以大洋为主，则应按大洋范围选定中央经线，而在大陆的适当处分裂。

图 4-22 是将古德分瓣方法用于摩尔魏德投影（称之为古德-摩尔魏德投影）、以大陆为主的世界地图。其中北美洲大陆的中央经线为西经 100°；南美洲大陆中央经线是西经 60°；欧亚大陆的中央经线是东经 60°；非洲大陆的中央经线为东经 20°；大洋洲大陆的中央经线为东经 150°。

4.8.2　伪圆锥投影

在伪圆锥投影中，纬线形状类似于圆锥投影而为同心圆弧，圆心位于中央经线上。经线形状与圆锥投影不同，除中央经线投影为直线外，其余的经线均为对称于中央经线的曲线。由

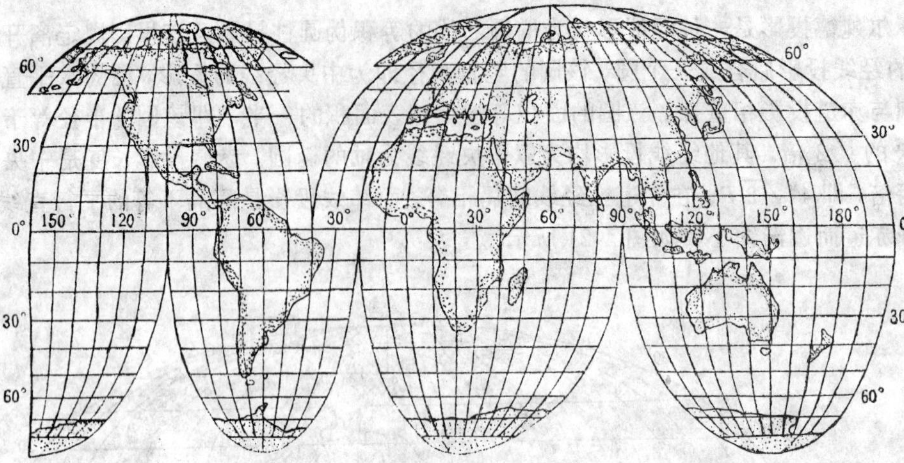

图 4-22 古德-摩尔魏德投影的世界地图

于伪圆锥投影的经纬线不可能处处正交，故无等角投影，而只有等积和任意投影。在实用上最常见的伪圆锥投影是彭纳投影。

彭纳（Bonne）投影是保持纬线长度不变形的等积伪圆锥投影，即 $n=1$，$P=1$。在彭纳投影中，除中央经线与各纬线正交、某一纬线与各经线也正交且无投影变形外，在其余各点上，经纬线均不正交和存在有投影变形，并且随离开这两条无变形线越远其变形愈大。

彭纳投影是法国水利工程师彭纳于 1752 年为制作法国地形图而拟订的，并因法国曾用它制作 1∶8 万地形图而著名。现在它主要用来编制小比例尺的大洲图。例如：我国出版的《世界地图集》中的亚洲政区图（图 4-23），英国《泰晤士世界地图集》中的澳大利亚与西南太平洋地图，都是采用彭纳投影。在其他国家出版的地图和地图集中，也常可看到用该投影来编制亚洲、欧洲、北美洲、南美洲和个别地区的地图。

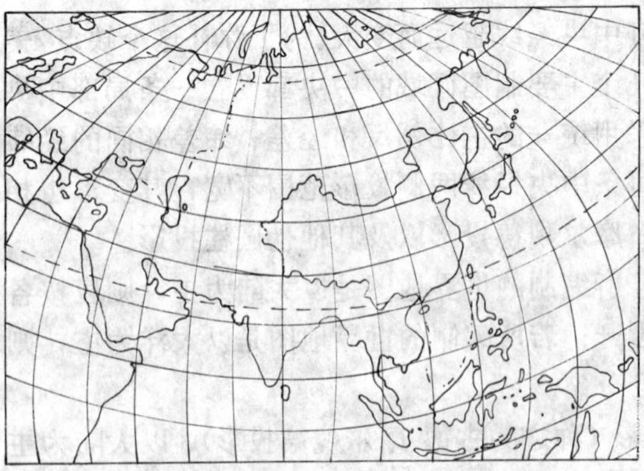

图 4-23 彭纳投影的亚洲政区图

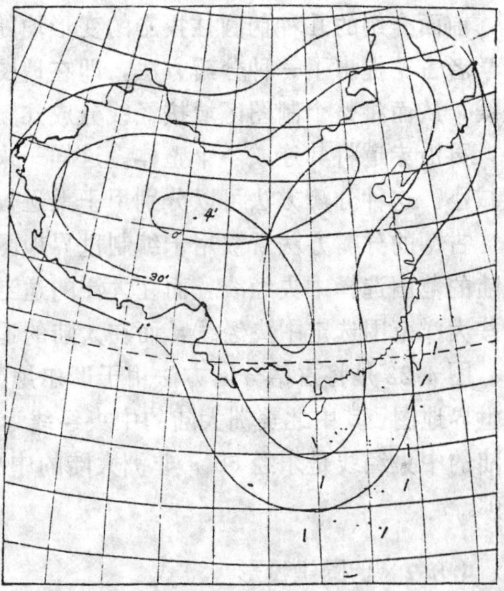

图 4-24 伪方位投影的中国全图

4.8.3 伪方位投影

在伪方位投影中，正常位置时的纬线投影为同心圆，经线投影为相交于纬线圆心且对称于中央经线的曲线。在横轴和斜轴投影中，等高圈的投影为同心圆，垂直圈投影为交于等高圈圆心且对称于中央经线的曲线，而经纬线通常为较复杂的曲线。

由于伪方位投影的等变形线可以被设计成椭圆形、卵形或其他形状，于是可使等变形线与制图区域的轮廓近似一致，这是伪方位投影所具有的突出特点。也正由于此，伪方位投影的应用以非正常位置为多。

图 4-24 是采用伪方位投影制作的中国全图。其中等值线是角度等变形线。由图可见，等变形线形状与中国疆域形状较好地符合，而且最大角度变形较小，全区域均可达到小比例尺地图中等量测精度的要求。

§4.9 多圆锥投影

在切圆锥投影中，离开标准纬线愈远其变形愈大。当制图区域包含纬差较大时，则边缘纬线处的变形将相当大。为了减少这种变形，可以把所有纬线都作为标准纬线，即假想有许多圆锥与地球面的各纬线相切，投影后将各个圆锥面同时展开，便得到多圆锥投影。在多圆锥投影中，中央经线投影为直线且保持长度不变，其余经线为对称于中央经线的曲线。赤道投影为直线，其余纬线为圆心均在中央经线上的同轴圆弧；各纬线投影后保持长度不变且与中央经线相正交。如图 4-25 所示。

在多圆锥投影中，应用较多的是普通多圆锥投影和改良多圆锥投影。

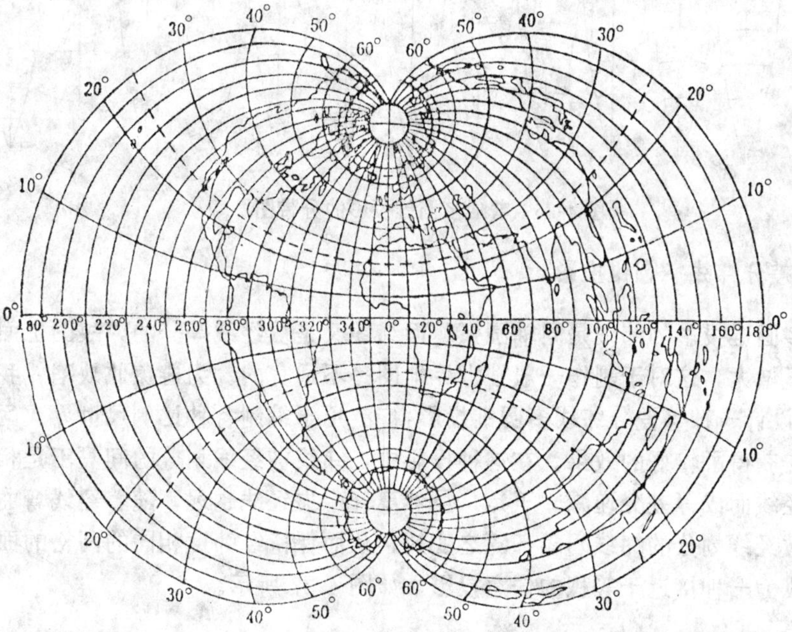

图 4-25 多圆锥投影的世界地图

4.9.1 普通多圆锥投影

普通多圆锥投影的条件是中央经线和每一条纬线投影后其长度比不变，即 $n=1$，$m_0=1$。

因此，在中央经线上纬线间隔相等，在所有纬线上经线间隔相等。普通多圆锥投影属于任意投影，除中央经线上的各点处没有变形外，其余各点处三种变形均同时存在，且随离开中央经线越远其变形越大。因此，这种投影适宜于制作南北方向延伸地区的地图。美国海岸大地测量局曾用此投影编制美国沿海地区的地图。

多圆锥投影的中央经线和所有纬线投影后无长度变形。若将整个地球按经线分成若干个窄带分别进行投影后，能合成球形而无多大误差。因此，该投影可以作为地球仪的数学基础。当制作半径为 R 的地球仪时，首先在图纸当中画一条长为 $2\pi R$ 的水平直线以代表赤道。将此直线等分为 12 或 18 等份，过每分段中点作关于水平直线为对称的垂直线，其长度为 πR，即为每带的中央经线。然后通过每分段的分点和该分段中央经线两端点画圆弧即得每带的边缘经线，再以 $R\mathrm{ctg}B$ 为半径、圆心位于中央经线或其延长线上，过中央经线上相应的各等纬度分点画圆弧，即得各纬线。最后，按经纬网格转绘其地图内容要素，即为地球仪的分带投影图，如图 4-26 所示。将此投影图剪贴到预先制好的地球仪胚胎上，就制成了地球仪。

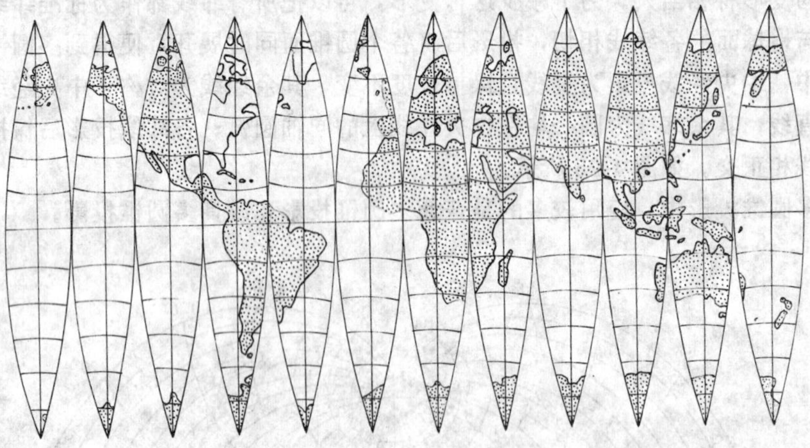

图 4-26　普通多圆锥投影的分带图

4.9.2　等差分纬线多圆锥投影

由于普通多圆锥投影的纬线是同轴圆弧，而纬线又是被经线等分的，故图上面积随离开中央经线而明显增大，这对于制作一般性世界地图是不适宜的。为避免此缺陷，我国制图工作者于 1963 年设计一种等差分纬线多圆锥投影，广泛用于编制各种比例尺世界政区图和其他类型世界地图，获得了较好的效果。在这种投影中，纬线被经线划分的间隔不是相等的，而是随远离中央经线而成等差分递减。于是，虽然离开中央经线越远，随着经线弯曲变大其长度也变长，但被经线划分的纬线间隔却随之变短，从而保持经纬度相同的网格的面积相差不大，使该投影成为一种接近于等积的任意投影，如图 4-27 所示。

4.9.3　改良多圆锥投影

改良多圆锥投影是由普通多圆锥投影经改良而成的。在过去，长时期内世界各国主要采用该投影作为百万分之一地图的数学基础，故该投影又称国际百万分之一地图投影。这种投影是将地球椭球面按百万分之一地图分幅，分成许多球面梯形，用普通多圆锥投影的原理将各幅分别投影。因此，该投影实际上是一种任意性质的多面体投影，在投影时应遵守如下原则：

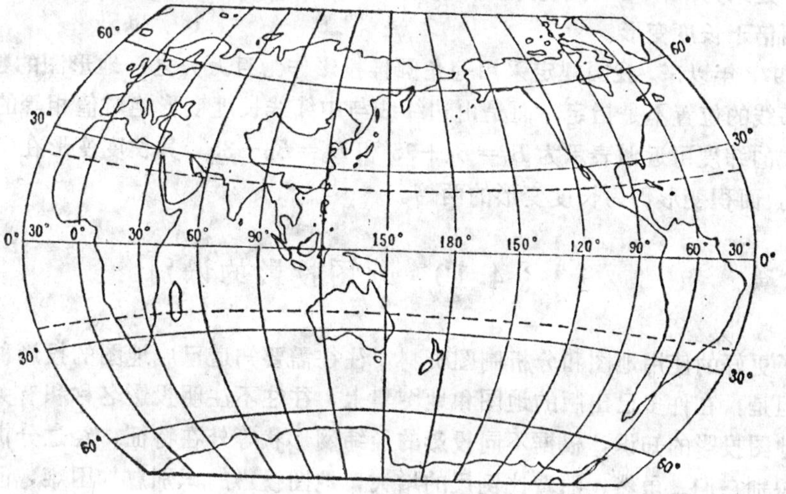

图 4-27 等差分纬线多圆锥投影的世界地图

(1) 对每幅百万分之一地图进行单独投影。而百万分之一地图图幅的划分方法是在纬度0°—60°范围内按纬差4°、经差6°分幅；在纬度60°—76°范围内，按纬差4°、经差12°分幅；在纬度76°—88°范围内按纬差4°、经差24°分幅；纬度88°—90°为一幅图（采用极球面投影）。经纬网密度为1°×1°；

(2) 各经线投影均为直线，各纬线投影为同轴圆弧，圆心位于中央经线或其延长线上，其展开半径为 $\rho=N\cdot\operatorname{ctg}B$；

(3) 南、北边纬线上无长度变形；离中央经线±2°(纬度60°—76°的图幅为±4°，纬度76°—88°的图幅为±8°）的经线上无长度变形。

在该投影中，长度、角度、面积变形同时存在，但各变形均很微小，变形的最大值在中央经线上。在全球的各百万分之一图幅中，最大长度变形为－0.061%；面积变形约为长度变形的两倍；角度变形最大不超过5′，中等纬度的图幅不超过3′。由此可见，无论哪幅地图精度都是很高的。

百万分之一地图具有一定的国际性，在同一时期内各国编制出版的百万分之一地图应采用相同的规格，即地图投影、分幅编号、图式规范等应基本一致，从而促使该比例尺地图得到较广泛的应用和交流。

1962年前各国主要采用改良多圆锥投影作为百万分之一地图的数学基础，它是国际地图专门委员会于1909年在伦敦召开的会议和1913年在巴黎召开的会议上讨论决定并建议各国采用的。我国在1956年编制的百万分之一地图及1949年以前编制的单色百万分之一地图均是采用这种投影。

为了使世界百万分之一地图与世界百万分之一航空图在数学基础上能更好地协调一致，1962年联合国于波恩举行的国际地图技术会议通过了百万分之一地图制图规范，建议用等角圆锥投影代替改良多圆锥投影作为百万分之一地图的数学基础。该投影也是对每幅百万分之一地图进行单独投影，其分幅方法，除纬度84°—88°按纬差4°和经差36°分幅外，其余与改良多圆锥投影相同。该投影是割圆锥投影，规定每幅图有两条标准纬线，其纬度为 $B_1=B_S+40'$ 和 $B_2=B_N-40'$。其投影变形极其微小，且不同位置图幅的变形值几乎相同。长度变形在一幅图的中纬处约为－0.027%，在边纬处约为＋0.037%（北面）及＋0.034%（南面）。而面积变形约两倍于长度变形。

自1978年以来，我国规定采用等角圆锥投影作为百万分之一地形图的数学基础，但投影的标准纬线的位置不是指定，而是由边纬线与中纬线长度变形绝对值相等的条件推求的。两标准纬线的纬度可近似表示为$B_1=B_S+35'$和$B_2=B_N-35'$。其长度变形在中纬和边纬处为±0.030%，面积变形仍为长度变形的两倍。

§4.10 地图投影的识别

为了更好的使用地图和分析制图资料，往往需要知道已成地图的投影种类和变形性质与大小。但是，在许多已出版的地图和地图集上，往往不注明投影名称和有关说明。因此，必须运用地图投影的知识，根据不同投影的经纬网形状等外在特征，经过分析、推断和必要的量算来识别它们。虽然，随着比例尺的增大，地图投影的识别愈加困难，但由于大中比例尺地形图往往属于国家系列地形图，其投影类型和变形特征一般易于查知，故地图投影的识别，主要是对小比例尺地图而言。

识别地图投影并没有一定的工作模式，往往要视具体资料而灵活进行。一般说来，较完整地识别一个投影，可以从以下几方面考虑。

1. 确定投影系统

即判定投影属于圆锥、圆柱、方位或伪圆柱、伪圆锥、伪方位、多圆锥等系统。

经纬线的形状和经纬网的其他特征是判定地图投影系统的主要依据。如果能够肯定投影的经纬线形状，利用表4-3不难判定投影的系统。

表4-3 地图投影识别简表

纬线形状	经线形状	其他特征	投影名称
平行直线	与纬线垂直的平行直线，其间距与经差成正比	等纬差的经线等长	正轴等距圆柱投影
		等纬差的经线随纬度增加而增大	正轴等角圆柱投影、透视圆柱投影
		等纬差的经线随纬度增加而缩短	正轴等积圆柱投影
	正弦曲线	中央经线与赤道为互相垂直的直线，且为其他经纬线的对称轴	桑逊投影、爱凯特正弦投影
	椭圆曲线		摩尔魏德投影、横轴正射投影
	任意曲线		其他伪圆柱投影
同心圆	放射直线束	两经线间夹角等于经差	正轴方位投影
同心圆弧		两经线间夹角小于经差	正轴圆锥投影
	任意曲线	中央经线为其他经线的对称轴	彭纳投影
同心圆			正轴伪方位投影
同轴圆弧		中央经线与赤道垂直	多圆锥投影
非同心圆	圆弧		球形投影、斜轴球面投影
双曲线	平行直线		横轴球心投影
抛物线	直线束	大圆投影为直线	斜轴球心投影
各种曲线	各种曲线		其他横轴、斜轴投影

所谓经纬线形状是指经纬线是直线还是曲线；对于直线应判定是直线束还是平行直线；对于曲线应判定是圆曲线还是椭圆曲线、双曲线、正弦曲线或其他曲线；对于圆曲线还应进一步判定是同心圆弧还是同轴圆弧或是同心圆或非同心圆。

一般说来，对于直线用目视的方法即可判定，而曲线的类型则需要通过试验或简单的量测来判定。例如，为判定某曲线是否为圆弧线，可以用一片透明纸蒙在地图上，在该曲线上定出 3 个以上的点，然后沿曲线移动透明纸，若所定的几个点处处与曲线吻合，即可断定该曲线为圆弧线。而同心圆弧与同轴圆弧的判定可以量测相邻圆弧间的垂直距离。若该距离处处相等则为同心圆弧，否则为非同心圆弧。对于非同心圆弧，若各圆心的轨迹为一直线则为同轴圆弧。同心圆弧与同心圆所不同的仅在于两经线的夹角小于经差（同心圆弧）或与经差相等（同心圆）。对此，非经过量测是难以区别的。如图 4-28，经线 AC、BD 之经差 $\Delta L=30°$，作直线 $AE/\!/BD$，量测$\angle CAE$。若$\angle CAE=30°$，则为正轴方位投影；若$\angle CAE<30°$，则为正轴圆锥投影。

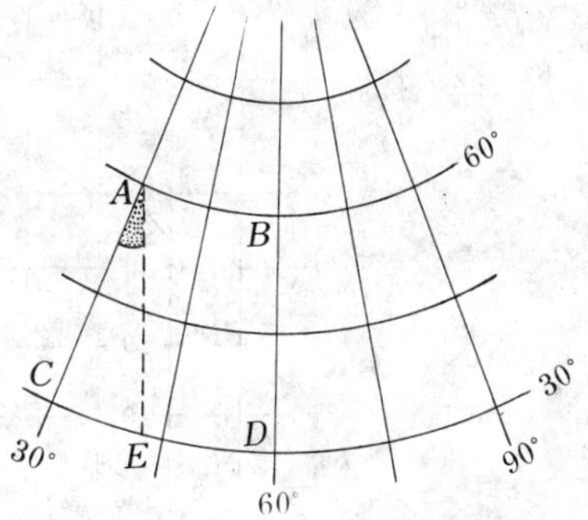

图 4-28　两经线夹角的量测

2. 确定投影的变形性质

即判定投影是属于等角、等积、等距或是任意投影。

确定投影的变形性质可根据投影系统，并通过简单的量算和观察经纬网格的变化来判定。

当投影系统确定之后，有些投影的变形性质之判定就变得比较容易。例如：伪圆柱或伪圆锥投影肯定不会是等角投影，而球面投影则肯定是等角投影。

分析经纬网形状是判定投影性质的主要手段。在此首先应掌握这样几条规则，即：经纬线的交角不是直角，则肯定不是等角投影；同纬度带内同经差构成的球面梯形在图上显得面积大小悬殊，则肯定不是等积投影；在直经线上若被纬线所截的同纬差线段长度不同，则不会是沿经线（或垂直圈）的等距投影。

对于某些投影可以通过观察经纬线网格的变化而判定其变形性质。例如：方位投影在正轴时，可以察看纬线间隔的大小；横轴时，可以察看中央经线上纬线间隔和赤道上经线的间隔；斜轴时，察看中央经线上的纬线间隔；如图 4-29 所示，由方位投影的变形规律可知，自投影中心沿大圆的间隔相等者为等距投影；逐渐缩小者可能是等积投影；显著缩小者可能是正射投影；逐渐增大者可能是球面投影；明显增大者则是球心投影。对于正轴圆柱投影，可以观察其纬线的间隔。如图 4-30 所示，由赤道至两极间隔显著缩小者可能是等积投影；显著增大者可能为等角投影；间隔不变者则为等距投影。对于正轴圆锥投影，可沿经线

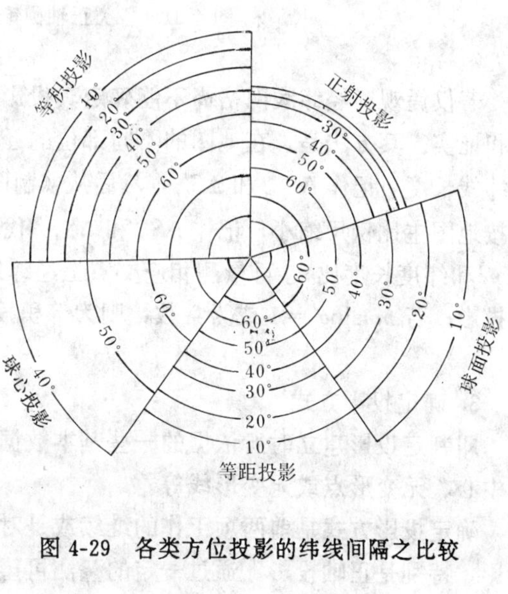

图 4-29　各类方位投影的纬线间隔之比较

察看纬差相等的纬线间隔，从地图中心向南北方向均逐渐增大者为等角投影；逐渐缩小者为等积投影；间隔相等者为等距投影，如图 4-31 所示。

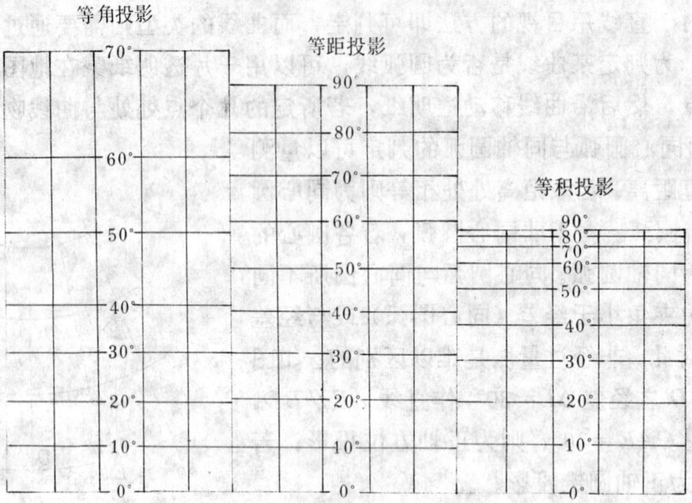

图 4-30　各类正轴圆柱投影的纬线间隔之比较

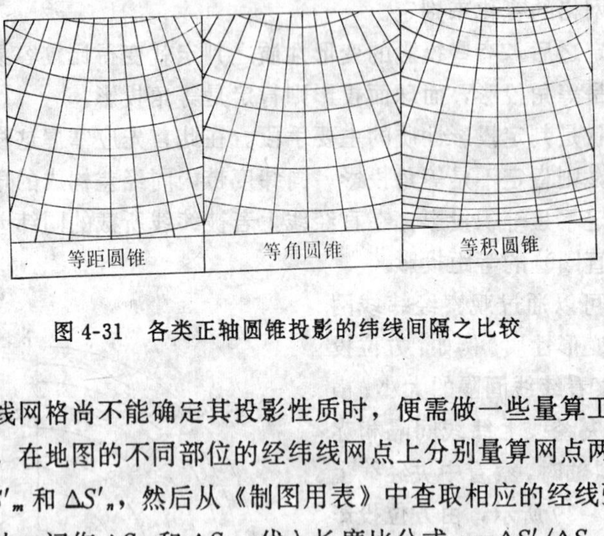

图 4-31　各类正轴圆锥投影的纬线间隔之比较

若仅凭观察经纬线网格尚不能确定其投影性质时，便需做一些量算工作，以便进一步分析和证实。其方法是，在地图的不同部位的经纬线网点上分别量算网点两侧等长的一段经线和纬线长度，记作 $\Delta S'_m$ 和 $\Delta S'_n$，然后从《制图用表》中查取相应的经线弧长和纬线弧长值，并按地图主比例尺缩小，记作 ΔS_m 和 ΔS_n，代入长度比公式 $\mu=\Delta S'/\Delta S$，计算出经线的长度比 m 和纬度长度比 n。再量测相应交点上经纬线的交角 θ'。若 $\theta'=90°$ 且 $m=n$，则可判定为等角投影；若 $mn\sin\theta'=1$ 或为常数，则为等积投影；若 $m=1$ 或为常数，则为沿经线的等距投影。

3. 确定投影方式

即判定投影建立时所依据的一些基本数据，如投影常数、标准纬圈（等高圈）的位置、投影中心、无变形点或无变形线等。

确定投影方式是前两项工作的继续或是对初步结论正确性的验证。对于形式比较简单的投影，特别是正轴投影，通过一定的量测可望取得较理想的结果。例如：欲求定正轴圆锥投影标准纬线的纬度，可量算纬线间隔发生相反变化附近的各纬线的长度比，绘出纬线的变形变化曲线，图解求定标准纬线的纬度。图 4-32 即为图解求定双标准纬线的示例。正轴圆柱投影的标准纬线也可以利用此法确定，并且由于其变形以赤道为对称轴而使标准纬线的确定要比圆锥投影简单。对于方位投影，主要应确定其投影中心。显然，投影中心必在中央直经线上。量算中央直经线上各点的长度比，绘出变形曲线图，根据变形对称于投影中心的特性，即可求定投影中心与标准等高圈的位置。

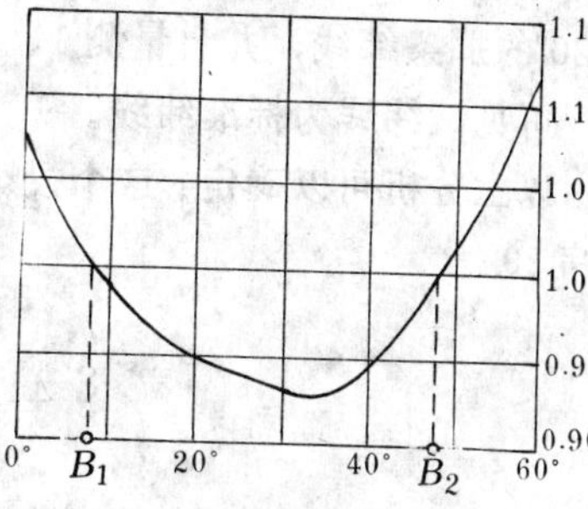

图 4-32 求定标准纬线的图解法

综合上述，在投影的判定中，运用所掌握的各类投影特点的知识，参考投影分类表，借鉴各类投影的标准图，配合一定的量算与绘出变形变化图进行分析研究，是判定一个投影所必需和行之有效的方法。

现举一个判定投影的实例，其制图区域是南美洲，如图 4-33 所示。

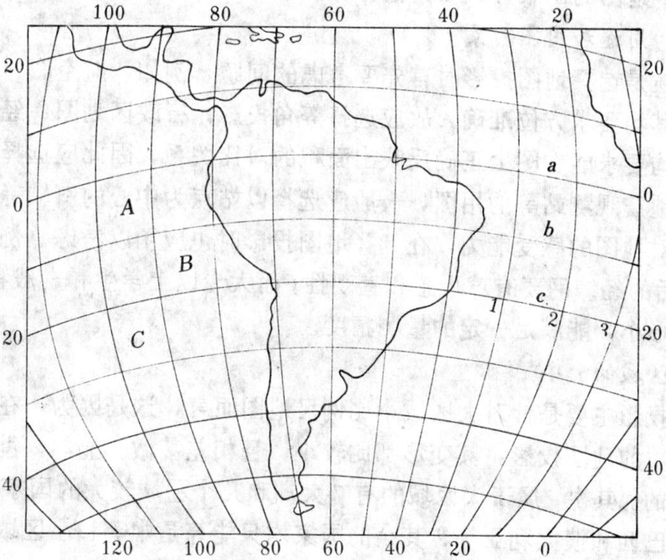

图 4-33 地图投影识别的示例

首先来察看经纬网形状。通过观察可知，除西经 60°的经线为直线外，其余经纬线均为曲线，显然中央经线是西经 60°的经线。通过试验和量测可以发现，各纬线均为圆弧线，且两纬线间的距离基本相等，故纬线为一组同心圆弧。同时还发现经线不是圆弧线。由表 4-2 可知，纬线为同心圆，经线为一般曲线的投影，可能是彭纳投影和正轴伪方位投影。再量测同纬线上的经线间隔，可发现其间隔相等。由于伪方位投影不存在各经线等分纬线的特点，而彭纳投影恰具有该特点，故可初步确定该投影为彭纳投影。

下面再用彭纳投影的特点来验证。在彭纳投影中，$P=1$，$n=1$，且中央经线上各等纬差线段相等，以及存在着一条切纬线，它与各经线均正交，即在该纬线上 $m=n=1$。通过量测图上 A、B、C 三块面积和 a、b、c 三段纬线长度，可以证实 $P=1$，$n=1$；通过量测中央经线上各等纬差线段，可以证实其彼此相等；通过观察可以发现与各经线交角最接近于直角的是南纬 20°的那条纬线，并且量测 1、2、3 各点的经线长度比可得 $m=1$，即在该纬线上有 $m=n=1$，可见该纬线为标准纬线。

由以上分析可以确定：这个投影为彭纳投影，中央经线的经度为西经 60°，标准纬线纬度为南纬 20°。

§4.11 地图投影的选择

地图投影是地图的数学基础。地图投影的选择是否合适，会直接影响地图的精度和实用价值。因此，应根据各种投影的性质、经纬网的形状和特点，针对所编地图的具体要求，选择最合适的投影。

国家基本比例尺地形图的地图投影是由国家测绘主管部门研究制订，并在一定时期内保持相对固定。因此，这里仅讨论编制中、小比例尺的各种地图时的地图投影选择问题。

影响地图投影选择的因素很多，主要有：地图的用途和用图对象，制图区域的大小、形状和地理位置，地图的出版方式和其他特殊要求等。下面择要加以叙述。

一、地图的用途和用图对象

地图的用途是选择地图投影时首先要考虑的问题。例如，航空图、航海图、天气图、军用地图等，因其均要求方位准确，故应选择等角投影；行政区划图、经济地图、地理现象分布图等，因其均要求能在图上正确反映出面积的对比关系，因此应选择等积投影。城市防空站、雷达站、地震观测站等的用图，一般应选择以站点为中心的斜轴等距方位投影。

用图对象对地图的感受能力，在选择地图投影时也应予以考虑。例如：中小学生使用的地图，其投影后的经纬网要有球形感和直观性；而大专以上学生和一般科技人员使用的地图，则要求投影变形小，能满足一定的量测精度。

二、制图区域的大小

选择地图投影主要是针对大区域小比例尺地图而言，这是因为，在不太大的区域内，无论使用什么性质的地图投影，其变形都比较小，且相差甚微。显然，世界地图和半球图是应首先加以讨论的。其次，属于大区域的有 7 大洲和几个疆域较大的国家，如前苏联、加拿大、中国、美国、巴西和澳大利亚等，其余的国家均只能算是中等和小区域。

对于世界地图可用的投影很多，但最常用主要趋向于三个系统，即正圆柱、伪圆柱和广义多圆锥三类投影。当前国外有人主张，世界地图最好采用圆柱和伪圆柱投影。这是因为它们的纬线为平行于赤道的直线，这对于研究地理现象的纬向地带性是很重要的，但缺点是在高纬度变形太大。在世界地图集中，常用墨卡托投影绘制世界航线图与世界时区图，以利用其方向正确和图形相似的特点。在地理书刊中，特别是中小学教科书和通俗读物中，常采用摩尔魏德投影绘制世界地图，以便使投影后的经纬网具有椭球感。我国出版的世界地图多采用广义多圆锥系统的等差分纬线多圆锥投影，这十分有利于将中国图形安排在地图中部以及表现同邻国间的对比关系。

半球图，一般都属于一览性地图。东西两半球图常选用横轴等积方位投影或等距方位投影。水半球和陆半球图一般选用斜轴等积方位投影，其投影中心分别选在 $B_0=45°$、$L_0=0°$和 $B_0=-45°$、$L_0=180°$。南、北两半球图常选用正轴等角或等距方位投影。

对于大洲图，除非洲外，均常选用斜轴等积方位投影。非洲可选用横轴等积方位投影、等角圆柱投影或桑逊投影。

世界上几个面积最大的国家大都在南北半球中纬度地区沿纬线延伸，故多选用等距或等积正轴多圆锥投影。而制作中国全图，以选用等积或等距斜方位投影为宜。

三、制图区域的形状和地理位置

制图区域的轮廓形状，也是影响投影选择的重要因素。在此，有一条公认的原则，即投影的等变形线与制图区域的轮廓线基本上一致的投影，应是这一区域最合适的地图投影。因此，若制图区域近于圆形，宜采用正轴（中心点在两极附近）、横轴（中心点在赤道附近）或斜轴的方位投影。当制图区域沿纬线延伸且在中纬或高纬地区时，如中国、美国、前苏联等，宜使用正轴圆锥投影。当制图区域是沿经线延伸时，如智利、阿根廷和瑞典，可选用横轴圆柱投影或多圆锥投影。对于任意方向延伸的地区，若沿大圆分布，则可考虑选用斜轴圆柱投影；若沿小圆延伸，可考虑选用斜轴圆锥投影。

另外，在选择地图投影时，还应考虑到地图出版方式或其他特殊要求。

影响投影选择的因素很多，且相互影响和相互制约。因此，在为某一具体地图选择设计投影时，应辩证地考虑各种因素的影响，研究其中哪些因素是主导因素，以便为该地区选择最适宜的投影方案。

§4.12 地图投影的变换

地图投影变换是地图投影学的一个重要组成部分。它主要研究将一种地图投影下点的坐标变换为另一种地图投影下对应坐标的理论和方法。

在编图作业中，当原始编图资料与新编地图所用的投影相同时，它们之间的变换仅是相似变换，即比例尺的缩放；但当两者相异时，地图投影之间的变换问题就决非易事。在常规编图作业中，通常采用照相晒蓝分割拼贴法、格网转绘法、纠正仪转绘法等来解决不同投影间地图内容的转绘问题。这些方法的共同特点是未建立两投影间的严格的数学关系式，大量的点都只是一种近似变换。这些方法均有工序繁、速度慢、精度低的缺点，尤其是不能适应自动化的要求。在制图自动化作业中，必须提供从一种地图投影变换为另一种地图投影的数学方法，否则就无法实现制图自动化。

地图投影变换的实质，就是建立两个平面场之间点的一一对应关系。假定原始资料上点的坐标为 (x, y)，新编地图上点的坐标为 (X, Y)，则对应投影点间坐标变换的基本方程为：

$$\left.\begin{aligned} X &= F_1(x, y) \\ Y &= F_2(x, y) \end{aligned}\right\} \tag{4-119}$$

式中：F_1、F_2 为制图区域内的单值连续函数。而地图投影变换的实质就是确定函数 F_1、F_2 的具体表达式。在目前，解决这一问题的常用方法有以下两种基本方法，即解析变换法和数值变换法。

一、解析变换法

解析变换法是一种严密的变换方法，它不受制图区域大小的影响。但是，它仅能在原投影和新投影的投影方程均为已知的条件下应用。由于采用的计算方法不同，它又可分为：

1. 反解变换法

反解变换法是一种过渡的方法，亦称间接变换法。它是根据原地图投影方程

$$\left.\begin{aligned}x&=f_1\ (B,\ L)\\y&=f_2\ (B,\ L)\end{aligned}\right\}\tag{4-120}$$

反解出经纬度（L，B）的函数表达式，即

$$\left.\begin{aligned}B&=B\ (x,\ y)\\L&=L\ (x,\ y)\end{aligned}\right\}\tag{4-121}$$

将点在原投影下的坐标（x，y）代入上式，求出对应的经纬度（L，B），再将其代入新编地图的投影方程

$$\left.\begin{aligned}X&=\Phi_1\ (B,\ L)\\Y&=\Phi_2\ (B,\ L)\end{aligned}\right\}\tag{4-122}$$

即新投影下的坐标（X，Y）。

2. 正解变换法

正解变换法亦称直接变换法。此法不需要反解出原投影中的地理坐标 B，L，而是将式（4-120）和（4-122）联立求解，以得到用原投影坐标（x，y）来表示新编地图投影点的坐标（X，Y）的解析表达式。

3. 综合变换法

这是一种将反解变换法与正解变换法结合在一起的一种变换法。通常是根据原投影方程反解出纬度 B，然后根据 B、y，求得两投影的变换关系式。

二、数值变换法

在制图实践中，往往碰到原地图资料的投影方程为未知，或虽然两投影方程为已知，但其变换关系式不易求得时，可采用多项式逼近的近似方法求得两投影间的变换关系，这种方法称为数值变换法。数值变换法是根据两投影间的若干离散点，用数值逼近的理论和方法来建立两投影之间的关系式。

设原投影与新投影之间存在着式（4-119）的变换关系，将该式展开成多项式，并取至三次方项，即得

$$\left.\begin{aligned}X&=a_{00}+a_{10}x+a_{01}y+a_{20}x^2+a_{11}xy+a_{02}y^2+a_{30}x^3+a_{21}x^2y+a_{12}xy^2+a_{03}y^3\\Y&=b_{00}+b_{10}x+b_{01}y+b_{20}x^2+b_{11}xy+b_{02}y^2+b_{30}x^3+b_{21}x^2y+b_{12}xy^2+b_{03}y^3\end{aligned}\right\}\tag{4-123}$$

式中：a_{ij}和 b_{ij}为待定系数。为求定它们，需要在两投影中选定与待定系数个数相应的对应点，通过量测或计算，求出它们的坐标（x_i，y_i）和（X_i，Y_i），将其代入（4-123）式，以组成线性方程组，即可求得待定系数 a_{ij}和 b_{ij}。有了待定系数之值，式（4-123）即为两投影间的变换式。式（4-123）中之所以取至三次项，是由于从二次多项式变为三次多项式时能明显地提高逼近精度，但进一步增加多项式的次数将显著增加计算工作量，但对提高逼近精度的效果却不大。当式（4-123）取至三次项时，应选取的对应点应为 10 个。但是，为了提高系数 a_{ij}和 b_{ij}的逼近精度，可选用 10 个以上的对应点，并根据最小二乘法的原理对数据进行平差处理，以提高其逼近精度。

第五章　地图的制图综合

§5.1　制图综合的概述

5.1.1　制图综合的概念

地图是以缩小的形式来显示客观世界的。因而，任何地图都不可能表示出地表上的全部物体和现象，只能根据地图的用途、比例尺和制图区域的特点，将制图对象中的规律性和典型特征，以概括和抽象的形式表示出来，舍掉那些对该地图来说是次要的和非本质的事物，这个过程就称为制图综合。

制图综合的过程就是解决地图表象与复杂的客观世界之间矛盾的过程。为此而提出的一些方法、概念和理论，经过多年的实践总结和系统研究，就形成了指导地图编制的制图综合概念和理论。

制图综合是地图编制的核心问题之一。地图作品的质量好坏，以及能否符合地图用途的要求，都与制图综合的运用有着密切的联系。制图综合的质量直接影响着地图的质量。同样的制图资料，正确的制图综合能反映客观现象之间的有机联系，反之则会歪曲现象的本质。所以，制图综合一直是地图学家重视研究的理论和实践问题。

5.1.2　制图综合的手段

制图综合是通过概括和选取的手段来实现的。

概括　指的是对制图对象形状、数量和质量特征方面的化简，通过去掉轮廓形状的碎部代之以总的形体特征，缩减分类和分级的数量以减少制图对象间的差别。例如：去掉居民地外部轮廓的细小转折，去掉等高线或其他轮廓图形上的小弯曲，把区分为各种类的森林（如松、柏、杉、枞、枫、榆、桐等）合并为含义更为广泛的森林（针叶林和阔叶林等）。

选取　指的是从大量的制图对象中选出较大的或较重要的表示在地图上，而舍去次要的，甚至于可以根据需要把某一类或某一级的制图对象全部舍去。

概括和选取在意义上是有明显区别的。概括是去掉制图对象总体中的细部以及类别、等级的合并，其目的在于突出地反映物体的基本特征；而选取通常是对单个或一类物体而言的，即它们在新编图上应当表示或舍弃。

概括和选取又是相互联系的。概括是通过选取来实现的。例如：概括等高线图形时要考虑谷地的去掉或保留，这对该谷地来说是舍或取的问题，而对总体形态来说又是概括问题。因此，在研究制图综合时，总是把选取作为基础。制图综合方面的论著也大多以选取作为研究的重点。

5.1.3 制图综合的类别

从对制图对象大小、重要程度、表达方法和读图效果出发，可把制图综合区分为比例综合、目的综合和感受综合三种。

比例综合　由于地图比例尺缩小而引起图形的缩小，一部分图形会小到不能清晰表达的程度，从而产生选取和概括的必要，这种综合称为比例综合。

目的综合　制图对象的重要性并不完全取决于图形的大小。因此，制图对象的选取和概括也不能完全由比例综合而定，还要根据制图者对制图对象重要性的认识来确定，这种随制图者对制图对象的认识而转移的制图综合称为目的综合。

感受综合　制图综合不能仅从制图者的角度进行研究，还应从用图者的实际感受出发来研究用图者读图时的感受过程，这称之为感受综合。感受综合有两部分组成，即记忆综合和消除综合。人类的记忆力是有限的，不可能记住所看到的全部细节，仅能记住富有表现力的或具有特殊标志的内容，而其他的细节则会逐渐模糊和遗忘。这种由记忆而自然育成的结果称之为记忆综合；在一定距离上观察地图时，看到的往往是比较大的、鲜明突出的目标，而小的、颜色淡的符号则会视而不见。这种对部分图形的自然消除称之为消除综合。

我国过去编制地图时比较强调目的综合，即由制图者对客观事物的认识来确定制图综合的标准，这就造成了制图综合的任意性和缺乏客观标准。地图制图学的发展趋势必然是制图综合过程的规格化和标准化。特别是计算机地图制图方法的发展，更要求用解析的方法来认识和描述客观世界，这就要求在制图综合中大量地引用数学方法。比例综合比较容易运用数学方法来描述，所以多数制图学家都比较注重比例综合数学方法的研究。实际上，制图学家面临的挑战是如何使计算机地图制图过程智能化和使制图综合模式化。表示在地图上的信息与实际的信息总量相比，尽管是十分有限的，但就是这一部分信息还不能完全被读图者所接受，而使地图的作用还远远没有全部发挥出来，感受综合的研究将有助于提高地图信息的利用率，更有效地发挥地图的作用。感受综合的理论已经成为制图综合理论的重要内容，已经越来越引起地图学家们的重视。

5.1.4 制图综合的科学性与创造性

制图综合是一个科学的抽象过程，也是一个创造性的劳动过程，其主要表现如下：

(1) 制图综合不是简单的“取”或“舍”，而是建立在分析和归纳的基础上的规律之体现。这些规律是经过科学的思维而概括出来的。在科学的思维和规律的表达中，体现了制图人员的知识和技术水平。知识越丰富，对制图对象的认识越深刻，则越容易找出事物联系的各个方面，并能用适当的符号和图形将其表示在图上。例如，对等高线的综合，不只是去掉或夸大一些等高线的弯曲，而是通过地质构造、地貌形态的分析及其对河流发育特点的研究，经过综合后才能正确地反映出该区域的地表形态特征。

(2) 制图综合是一个科学抽象的过程。制图者对制图对象的制图综合是通过对制图对象的选取、化简、分类、分级以及不断地用总概念去代替个别概念等来实现的。通过这个科学抽象的过程可以把地理事物的规律性突出出来，然后，再用地图符号系统将其表现在地图上。

(3) 解决图面上因缩小表示制图对象而产生的各种矛盾。例如：地图内容的详细性与易读性就是制图者所面临的矛盾。为解决这一矛盾，就必须缩小一部分地图符号；或改变表示方法；或适当地应用色彩效果；或减少地图的内容等，使地图既有丰富的内容又具有必要的清晰易读性。又如，地图的几何精确性与地理适应性的矛盾是制图者面临的另一个矛盾。随着地图比例尺的缩小，图上非比例符号之间的争位矛盾将逐渐加强。这就需要根据地图的用途、比例尺和要素之间的关系，通过制图人员创造性地运用其专业知识和制图技巧，对两者之间的关系加以科学的协调。

总之，编绘地图时，要通过各种方法来处理地图上出现的各种矛盾，可以充分发挥制图人员的丰富知识和熟练技巧。制图作品的优劣，在很大程度上取决于创造性的制图综合质量的好坏。

综上所述，我们可以说，制图综合的实质就在于用科学的概括与选取的手段，在地图上正确、明显、深刻地反映出制图区域地理事物的类型特征和典型特点。

§5.2 影响制图综合的基本因素

影响制图综合的因素是多方面的，其中最主要的有：地图的用途与主题、地图比例尺和制图区域地理特点等三个方面。

5.2.1 地图的用途与主题对制图综合的影响

地图的用途与主题决定地图的内容和表示方法，因而在很大程度上也影响了制图综合，这在专题地图上表现得特别明显。

例如：图 5-1 (a)、(b) 是比例尺相同的同一地区地图。图 5-1 (a) 是教学参考图，图 5-1 (b) 是地势图。由于两者用途和对象不同，地图内容的制图综合程度就有很大差别。由于教学挂图要便于远距离阅读，所以要求粗大、醒目的符号和注记，表示的内容势必概略。参考性用图，一般不要求远距离阅读，故使用的符号和注记可以略小些，表示的内容就可以详细些。

又如：同一制图区域的 1∶25 万区域地质图和地形图，由于制图主题不同则地图的内容和制图综合的程度将大不相同。1∶25 万地形图是国家基本比例尺地形图之一，供科学研究和参考分析之用。在这类地图上，要反映出一般的自然地理和社会经济方面的基本内容，各要素间的详细程度是相对平衡的；区域地质图是专题地图，它的第一层面上应主要反映地质要素，至于水系、地貌、居民地、交通网等则仅是作为地理底图要素而放在第二或第三层面。其中与地质要素密切相关的水系和地貌可以详细些，而社会经济要素则要进行较大的综合。

再如：居民地的选取在不同用途的专题地图上将有不同的标准。在行政区划图上，首先考虑的是各行政区划中心；在人口图上则首先考虑居民地的人口数量；而在经济图上又应首先考虑居民地在工农业方面的重要性。

5.2.2 地图的比例尺对制图综合的影响

地图比例尺对制图综合有很大的影响。由于比例尺的缩小，同一制图区域在图上的面积随之缩小，因而图上能表示的要素数量必然相应减少。例如：实地 $1km^2$ 的面积，在 1∶1 000 地形图上为 $10\,000cm^2$，在 1∶1 万地形图上为 $100cm^2$，在 1∶10 万地形图上为 $1cm^2$，而在 1∶100 万地形图上就只有 $0.01cm^2$ 了。企图在比例尺如此悬殊的 4 幅图上表达同样数量的内容显然是不可能的。因此，随着地图比例尺的缩小，地图上要素的数量必将大大地减少，而且只能相应地表示其主要内容，同时还必须对这些内容做必要的概括。图 5-2 即为比例尺影响居民地制图综合的示例。

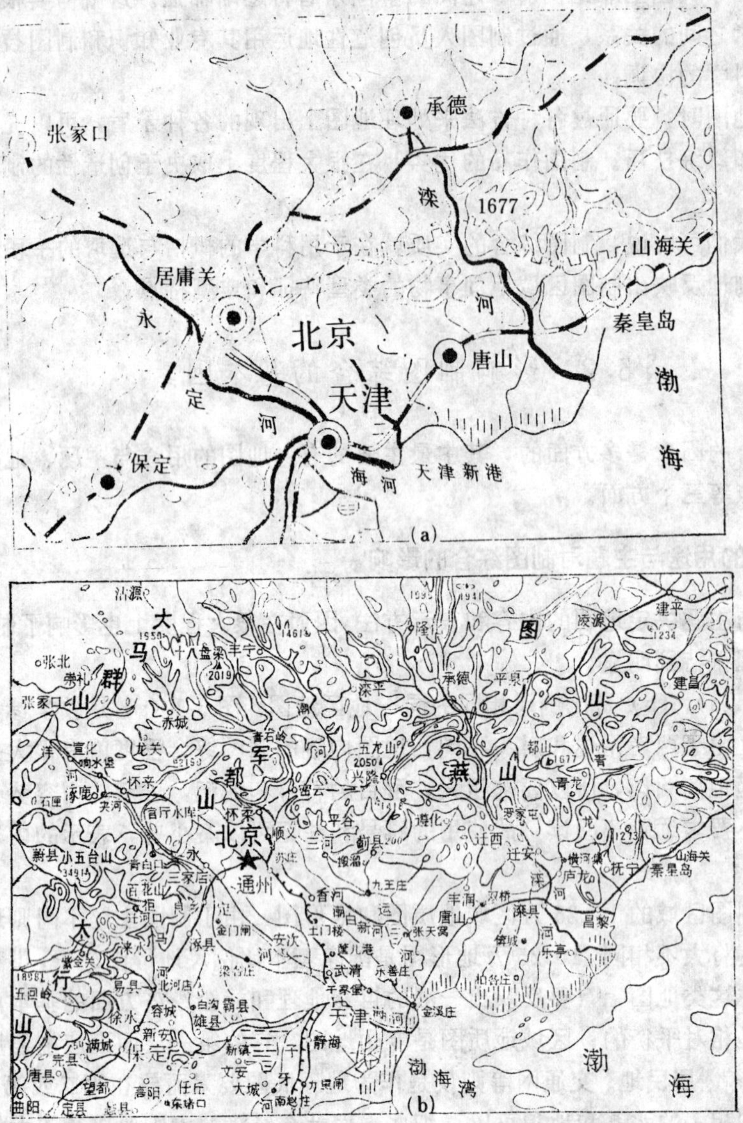

图 5-1 同一地区两种用途的地图之对比

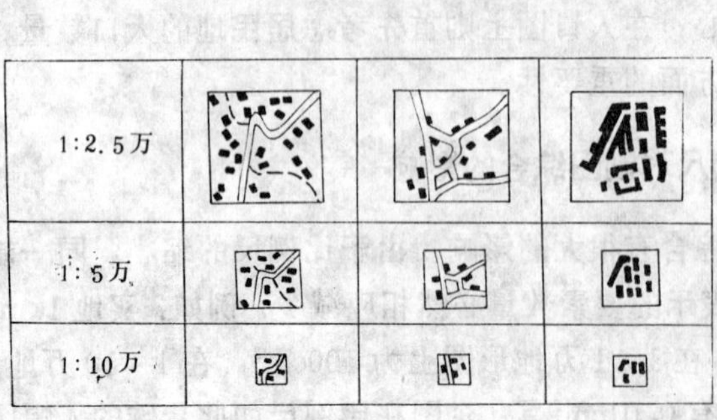

图 5-2 比例尺对居民地制图综合的影响

5.2.3 制图区域的地理特征对制图综合的影响

不同的制图区域往往具有不同的地面要素及其空间结构特点。因此，对于同一要素在不同制图区域中的重要性，亦将会得出不同的评价，从而对制图综合产生影响。例如：水资源对于干旱地区是极其宝贵的。因此，即使面积很小的湖泊也应予以选取；但在水网密布地区，图上面积小于 $4mm^2$ 的小湖泊一般均应舍去。又如：小的农村居民地，在人口稠密地区并无多大意义，一般不予选取；但在人口稀少地区，甚至连帐篷和独立小屋也需要在地图上显示出来。

以上所述的是影响制图综合的 3 个主要因素，它们之间是相互紧密联系的。例如：地图的主题和内容要受到地图比例尺的制约，而制图区域地理特征如何在地图上正确体现也和地图比例尺、地图用途有关。因此，在制图综合时，必须考虑各方面的因素，而不能仅单独考虑某一个因素。

此外，地图内容的表现形式、地图符号的形状和尺寸、制图资料的种类和质量等，均会对制图综合产生影响。例如：多色图上各要素可以相互交错而不影响地图的易读性，而在单色图上各要素的交错和区别将成为制图综合的难题；符号的形状和尺寸将直接影响地图的易读性和载负量；制图资料的详细程度和资料与所编图比例尺的比率等，显然会对制图综合的程度产生影响。还应指出：制图综合是由制图者完成的，制图者对客观现象的理解程度和恰当处理上述各影响因素的关系以及制图者的制图技巧，都肯定会对制图综合的程度和质量产生直接的影响。如果制图者对地理现象没有比较深刻的理解和具有一定的编图素养，要正确地进行制图综合是不可能的。随着地理研究中计量分析方法的应用，促使制图工作者必须以更多的数量指标作为制图综合的依据，以克服主观任意性、提高制图综合的效果与质量。

§5.3 制图综合的内容和主要方法

制图综合主要表现在内容的选取、形状的概括和制图对象的数量、质量特征的概括等几个方面。

5.3.1 内容的选取

内容的选取就是根据地图的主题、比例尺和用途等要求，从大量、繁杂的制图对象中选取对地图主题和用途来说是较为大型的、重要的、具有代表性的内容，而舍去那些与地图主题和用途关系较小或无关的内容。

内容选取主要表现在两个方面，即：选取地理要素中的主要类别和选取主要类别中的主要要素。例如：编制地势图时，应主要选取水系、地势，而居民地、交通网、境界等仅应适当表示。对于作为主要选取对象的水系而言，又要选取其中的干流及较重要的支流，以显示水系的类型及特征，而应舍去水系中的短小支流和季节性河流。

正确的选取，必须运用正确的方法和遵从合理的程序。

一、选取顺序

为了正确选取而避免陷入盲目和混乱状态，应按下列顺序进行。

1. 从整体到局部

选取制图对象时，应首先从全局着眼，而从局部入手，然后再从局部回到整体，以使局部和整体都得到正确的表示。例如，在选取河流时，先从制图区域整体出发进行河网密度的分区，规定不同密度区的选取标准，再分区逐一进行选取。最后，再回顾全局，看各部分选取的河流数量是否反映出各区的密度差别及河系的结构类型。

2. 从主要到次要

地图上的现象总有主次之分，在实施选取时要遵照从主要到次要的顺序。例如：在地形图上进行居民地综合时，必须按方位物→主要街道→次要街道→街区等顺序来进行选取。只有这样才能正确处理好地图内容的主次及各要素间的联系和制约关系。

3. 从高级到低级

制图综合时必须首先对制图对象进行分类和分级。对同类不同等级制图对象进行选取时，必须按从高级到低级的顺序来进行。例如：选取道路时，应按铁路→公路→大车路→乡村路→小路的顺序进行选取，以保证高级的优先入选。

4. 从大到小

对同一要素而言，制图对象总有大小之别。为了保证大的优先入选，应按从大到小的顺序进行选取。

总之，编图时应该首先选取高级的、大型的、重要的以及对其他要素有制约作用的物体，然后再依次选取较低级的、小型的、次要的物体。这样才能保证地图上的制图内容主次关系明确，既有相当丰富的内容，又使地图有适当的载负量和必要的清晰易读性。

二、选取方法

为了使各幅图间的内容或同一幅图上各区域的内容的表达程度协调一致，并使地图具有适当的载负量，必须拟定出选取的统一标准，其基本方法有资格法、定额法和根式定律法，等等。

1. 资格法

资格法是按事先规定的数量或质量指标进行选取的方法。凡达到指标的就取，达不到指标的就舍。例如：以图上 1cm 长度作为河流的选取指标时，长度大于 1cm 的河流就予以选取，1cm 以下的河流则一般应舍去。又如，在选取居民地时，若规定只表示乡一级以上的居民地，则乡以下居民地一般均应舍去。在这两个例子中，前者是按数量指标进行选取，而后者则是按质量指标进行选取的。

资格法有标准明确、容易掌握和各图幅间容易协调一致等优点，故在编图中得到了广泛的应用。但是，资格法也有缺点。其一是资格法具有一定的片面性。这是由于仅用一个数量或质量指标是无法全面衡量制图对象重要性的。例如：同样长度的一条小河在水网发达地区和干旱地区，其意义显然是不同的。其二，资格法体现不出选取后地图容量，很难掌握各地区的图面载负量。

2. 定额法

定额法是按事先规定的单位面积内应选取的数量来进行选取的方法。在拟定定额时，应全面考虑制图对象的意义、区域面积、分布特点、符号规格及字体大小等因素，同时还要以制图对象本身的特征为基础。例如：地图上单位面积内表示居民地数量应以该区域内居民地的分布密度为基础。

定额法有利于保证地图既具有相当丰富的内容，又不会使地图上内容过多而影响易读性。但是，定额法也有缺点，即：单纯依靠数量定额来选取物体，就难以保证数量指标与质量指标间的一致性。例如：编制省一级的行政区划图时，若从质量指标出发要求乡一级以上的居民地都要表示在地图上。但是，若按数量定额选取的结果，往往会出现这样的情况，即：在居民地稀小地区内选完乡以上之后还要选大量乡以下的小居民地，而在居民地稠密地区将会连乡以上的居民地也无法全被取上，从而造成了质量标准的不统一。

在制图实践中，常将资格法和定额法结合使用，而达到取其两法之优点，克服两法之缺点的效果，即：对不同的区域确定不同的选取资格，或对不同的区域确定不同的定额。

例如：在河流选取时，可先按河网密度将制图区域分为稀疏区、中等密度区、稠密区，然后再规定各密度区河流的选取比率依次为 0.63、0.78、0.91，相应的长度选取标准依次为 1.5—1.3cm、1.4—0.6cm、0.7—0.5cm。

3. 根式定律法

根式定律法又称平方根法，它是德国地图学家托普费尔（F. Töpfer）首先提出的。他认为：新编地图与资料地图某类制图物体数量之比，同两者比例尺分母之比的平方根有着密切关系。

地图比例尺固然是影响制图综合前后物体数量变化的重要因素，但不是唯一因素，还应考虑地图符号尺寸、制图物体重要性等因素的影响。因此，在托普费尔平方根法原理基础上，顾及到这些因素的影响，形成了目前使用的扩展公式，即

$$N_b = N_a E F \sqrt{\frac{M_a}{M_b}} \tag{5-1}$$

式中：N_b 为新编地图上应选取的物体数；N_a 为资料地图上原有的物体数；M_a 为资料地图的比例尺分母；M_b 为新编地图的比例尺分母；E 为物体重要性系数；F 为符号的尺度系数。

平方根法在本世纪 60 年代提出后，很快引起了各国地图工作者的重视，在争论和试验中逐渐趋于完善。目前，它以简单易行和逼近现实地图的优点，成为当代制图综合中最有希望的模式之一。

5.3.2 制图对象形状的概括

形状概括是通过删除、夸大、合并和分割的方法，对图形的内部结构和外部轮廓加以简化，使得在图形尺寸缩小后仍能突出其典型特征。

一、删除与夸大

删除即舍去那些小于图解尺寸而无法清晰表示的碎部图形。如河流、等高线、森林轮廓上的小弯曲，居民地轮廓上的小凸凹等，如图 5-3 所示。

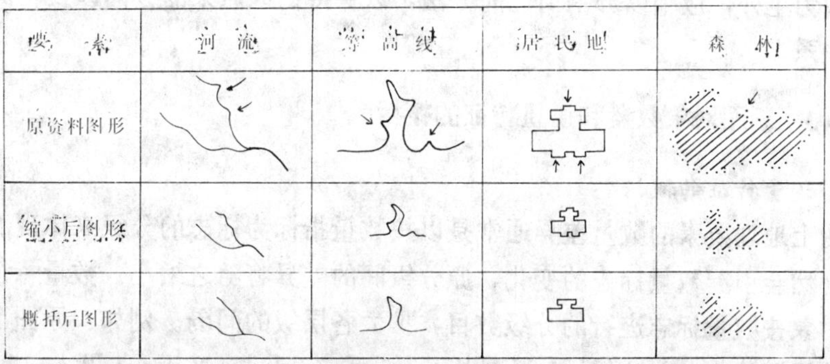

图 5-3 图形概括时的删除

单纯以删除方法来实现图形的简化，有时会有损于制图对象特征的表示。例如：一条微

弯曲较多的河流，如果机械地按指标进行概括，微小的弯曲可能被全部删除，使河流变得平直而失去微弯曲较多的特征。因此，在删除大量细小弯曲的同时，应适当夸大具有特征的小弯曲，如图 5-4 所示。

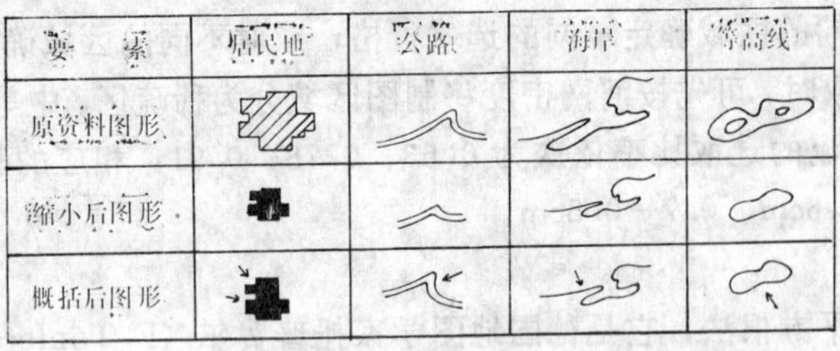

图 5-4　图形概括时的夸大

二、合并与分割

随着地图比例尺的缩小，制图对象的图形及间隔也可能缩小到不易辨认。此时，可采用合并同类物体图形细部的方法来反映制图对象的主要特征。例如：概括城镇式居民地平面图形时，应舍去次要街巷、合并街区；在概括森林时，当两块森林的图上间隔很小时，可合并成一个大的轮廓范围，如图 5-5 所示。

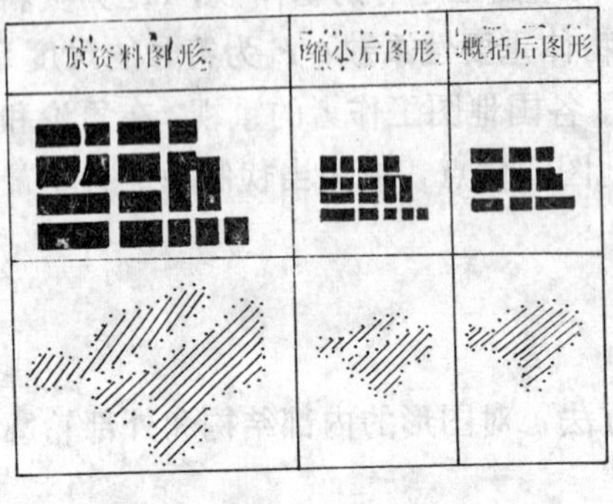

图 5-5　图形概括时的合并

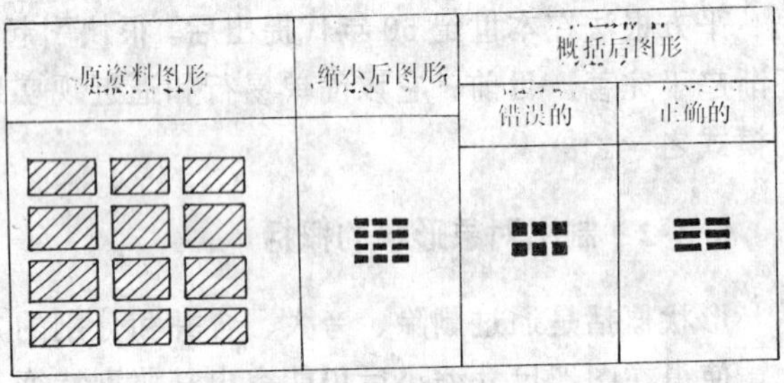

图 5-6　图形概括时的分割

单纯采用合并的方法进行图形的简化，有时会歪曲图形的方向与形状的特征。此时，应在合并的同时采用分割的方法进行简化。如图 5-6 所示。在进行居民地概括时，除了以合并街区的方法为主外，应辅以分割街区的方法，以保持街区原来的方向以及不同方向上街道数量的对比关系。

5.3.3　制图对象数量和质量特征的概括

一、数量特征的概括

地图上地理要素的数量差异通常是以按数量指标为标志的分级来体现的。随着地理要素的概括必然会引起数量标志的变化，原分级间的差异将随之缩小。数量特征的概括就在于减少制图对象按数量标志进行的分级数目，扩大各层级的间隔。例如：原图上按人口数量将某一区域的居民地划分为八级：5 百人以下，5 百—2 千人，2 千—1 万人，1 万—2 万人，2 万—5 万人，5 万—10 万人，10 万—50 万人，50 万人以上。概括后可划分为五级：2 千人以下，2 千—1 万人，1 万—10 万人，10 万—50 万人，50 万人以上。

二、质量特征的概括

地图上地理要素的质量差异通常是以分类来体现的。随着地图比例尺的缩小和用途的改变，地图上能够表示的事物数量愈来愈少，各类间的差异也将愈来愈少，这就需要按质量特征进行概括。质量特征的概括表现在以概括的分类代替详细的分类，以减少物体间的质量差异，以综合的质量概念代替局部的质量概念。例如：在1∶5万地形图上，沼泽地可区别为能通行和不能通行两类，但在1∶100万图上则不加区分而统称为沼泽。

§5.4　制图综合研究的现代发展

制图综合的概念引进到地图学中并不太久。在1921年，艾克特（M. Eckert）首次运用并叙述了制图综合的概念。他指出：制图综合的实质在于取舍和概括，对其起作用的主要是地图的用途。但是，他认为制图综合是个主观的过程，由于缺乏规律性，只有依靠制图人员的技能。直到60年代，许多国家的制图学家都赞同这个观点。但是，前苏联的制图学家则认为制图综合必须运用辩证唯物主义的相互联系和相互制约与发展的观点，来认识制图现象的实质和空间分布特征。多年来，经过国内外无数制图学家对制图综合的研究，总结出了制图综合的规律和法则，形成了一定的理论体系。现在从以下几个方面来阐述制图综合研究的现代发展。

5.4.1　制图综合研究的数学方法之应用与发展

将制图综合看作客观过程的观点，导致对制图综合数学基础的研究。确定地图各要素的制图综合的数量指标，是克服制图综合的主观性，提高地图科学价值的重要途径。研究制图综合的数学模型也是计算机自动选取和综合的基础。

找到一种相对简单而又符合地图要素实际分布情况的制图综合数学模型，用它作为确定选取标准的数学表达式，是许多地图学家孜孜不倦进行探索的目标。以及前述的平方根法和等比数列法和数理统计法、信息论方法等都是这类数学模型的代表。

等比数列法是由前苏联学者鲍罗金(A. M. Бородин)提出的一种用等比数列确定选取标准的方法。它建立在载负量分级的视觉试验基础之上，即：某要素视觉能辨认出的密度差异，在地图上是一个等比数列。等比数列法的规则是：将制图对象的大小或重要性用等比数列 A_i 表示，分布密度用等比数列 B_j 表示，则选取的间隔用与 A_i 和 B_j 有关的二维数列 C_{ij}表示，且当 $i=j$ 时，C_{ij}也是等比数列。等比数列法是根据制图对象本身的大小和所处的地理环境两个标志来衡量其重要性以决定取舍，而不需要对制图区域进行分区。它不仅决定了选取资格，而且决定了应该选取哪一个。因此，它比较简单易行、适应面广，具有完整的模式，对于应用计算机进行自动综合也有实际价值。

数理统计法是用数理统计方法找出各地理现象之间存在的相互联系和相互制约规律，根据其所表示的数学模式则可简单而迅速地获得所表示要素的数量指标。相关分析和回归分析是制图综合中常用的数理统计方法。我们可以用相关分析的方法研究某要素的实地密度与某种比例尺图上的选取数量之间是否存在的相关关系来确定选取指标数；也可以用回归分析的方法，在给定某要素密度值的情况下预测出某种比例尺地图上的选取数。

5.4.2　应用电子计算机进行自动选取和综合的研究

制图综合中数学方法的研究，为利用计算机进行自动选取和图形综合创造了条件。在应用数理统计方法确定制图综合指标时，可用计算机对所获得的大量数据资料进行处理、分类、分级和统计计算，确定选取定额和选取顺序，最后进行要素的自动选取。制图对象形状的自动概括是指计算机将线状符号和轮廓符号的小弯曲删除一些，从而突出形状的基本特征和典型特点，或合并一般的较小图形轮廓，夸大、移位有重要意义的微小图形轮廓。制图对象数量特征的自动概括是指计算机按一定的分级间隔或对原有的分级间隔进行合并或扩大分级指标，以减少制图对象的数量差别。制图对象质量特征的自动概括是指计算机将局部的质量概念转化为总体的质量概念，并以总体的符号取代局部质量的符号，以减少制图对象之间的质量差别。

国内外地图学者对利用计算机进行自动综合进行了大量的研究，并实现了某些单要素的自动综合。但是，对全要素制图综合整个过程的完全自动化还有一定困难。因为制图综合不只是简单的图形轮廓的简化和位移，还需反映各要素间的相互联系。它是一个需要考虑各种因素影响的一个复杂过程。正如瑞士地图学家布拉塞尔（E. Brassel）指出的：计算机地图制图综合是值得注意的智能挑战，我们不应期待容易地在短期内获得解答。

5.4.3 对制图综合新概念和新方法的探讨

制图综合是一个极为复杂的过程，对于这个过程我们还没有了解它的所有方面。近年来，国内外地图学家对制图综合的概念和方法提出了一些新的见解。例如：美国地图学家认为制图综合是一个选取、分级、简化和符号化的过程。我国地图学家指出，制图综合主要表现在两个方面：一是按地图比例尺综合；一是按地图的目的综合。两者既有区别又有联系，按地图比例尺综合主要表现在舍去图形的细小弯曲和小的地物，保持地物图形的主要特征和大的地物，其结果不可避免地要压缩地图的信息。按制图目的综合是突出典型的、主要的、本质的东西，揭示和突出最一般事物的规律，信息也有损失。按地图比例尺综合，注意力常在局部方面，容易忽略照顾到整个区域的地形结构。按地图目的综合所表示的是事物的主要方面和本质的东西，这是真正制图综合的含义。同时还指出：按地图目的综合可以是多平面和多级的。多平面制图综合，在第一层平面上被突出的是综合最多的信息部分；第二层平面上突出综合较少的部分；最后一层是综合最少的部分。多级综合的意思是把信息按详细程度和意义大小，将综合程度分成若干等级进行综合。我国也有学者从“信息结构”的观点来看制图综合，认为：这一复杂的过程由三类不同性质的信息流所构成，即构成自由的制图客体之间实质性联系的物质信息流和能量信息流，以及由这些刺激而引起的制图者主体的能动的意识信息流。前两者有流动的顺序性和层次性，表现出一种有序定构性。这种有序定构性既可以在不同层次上暴露不同的构象，也可以不同的角度呈现不同的表象。意识信息流的能动性在于它究竟能渗透到由它们两者融合而成的构成的哪一个序次、哪一个方位上，一旦这一意识信息流渗透到这一个序次或这一个方位上，它便会受到这一序次或这一方位的自在物质、能量信息流构体的模式化了的刺激，而能自动地建立起相应的形象模型。因此，制图者主体对客观世界的认识，才是影响制图综合的根本因素。

此外，地图感受综合的课题已越来越引起地图学家们的注意，过去只是研究制图综合对制作地图的作用和制图时应掌握与应用的规律，今后应重视地图使用时的综合规律的研究，以促进地图应用理论的发展。

第六章　普通地图

§6.1　普通地图的类型及其内容

普通地图是较全面地表示地面上自然地理和社会经济要素的基本特征、分布规律及其相互联系的地图。普通地图被广泛地应用于经济建设、国防建设和科学研究及文化教育等方面。普通地图应全面表示水系、地貌、居民地、交通网、境界和土质与植被等要素，而不突出表示其中的某一种要素。各要素在地图上的详细程度、精度、完备性、概括性及其表示方法，在很大程度上取决于地图的比例尺。一般地说，地图比例尺越大，表示的内容越详细。随着比例尺的缩小，内容的概括程度也相应增大。

6.1.1　普通地图的类型

普通地图按其比例尺和表示内容的详细程度可分为地形图和一览图两大类。

地形图是指比例尺大于1∶100万的大、中比例尺普通地图。地形图是实测图或根据实测地形图编绘而成。它们有统一的地图投影和统一的分幅与编号，作业严格按照测图规范、编图规范和图式进行。由于地形图内容详细、精度很高，所以可以进行图上量测和供野外实地使用，也能作为军事指挥、国家各项建设的基础资料和制作其他地图的基本依据。

一览图是指小比例尺普通地图，它的特点是地图内容概括、图形经过高度综合，反映的是广大区域地理现象的主要特征。一览图是由较大比例尺地图编绘而成，它没有统一的地图投影和分幅与编号系统，制图区域范围根据实际需要决定，因此有的幅面较大，有的幅面较小。一览图多用于研究区域的自然地理和社会经济的一般情况，也可作为编制专题地图的底图。

6.1.2　普通地图的内容

普通地图的内容包括数学要素、地理要素和图外要素三大类，如图6-1所示。

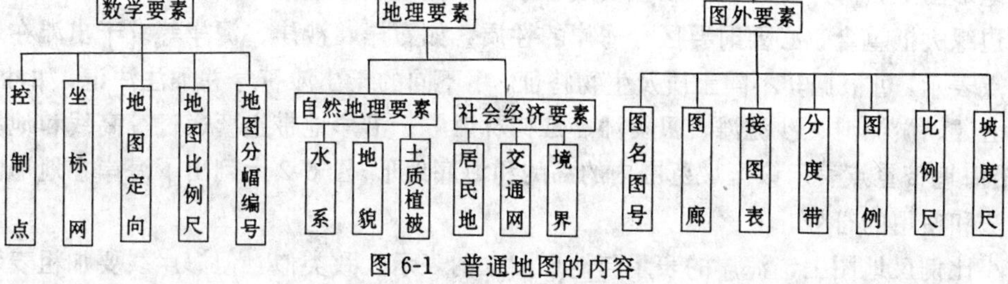

图6-1　普通地图的内容

§6.2 自然地理要素及其表示

自然地理要素包括海洋、陆地水系、地貌和土质与植被等。

6.2.1 海洋要素及其表示

普通地图上表示的海洋要素，主要包括海岸和海底地貌，有时也表示海流、潮流、海底底质以及冰界、海上航行标志等。

一、海岸

海水不停地升降，海水和陆地相互作用而形成的具有一定宽度的海边狭长地带称为海岸。

1. 海岸的结构

海岸由沿岸地带、潮浸地带和沿海地带三部分组成（图 6-2）。

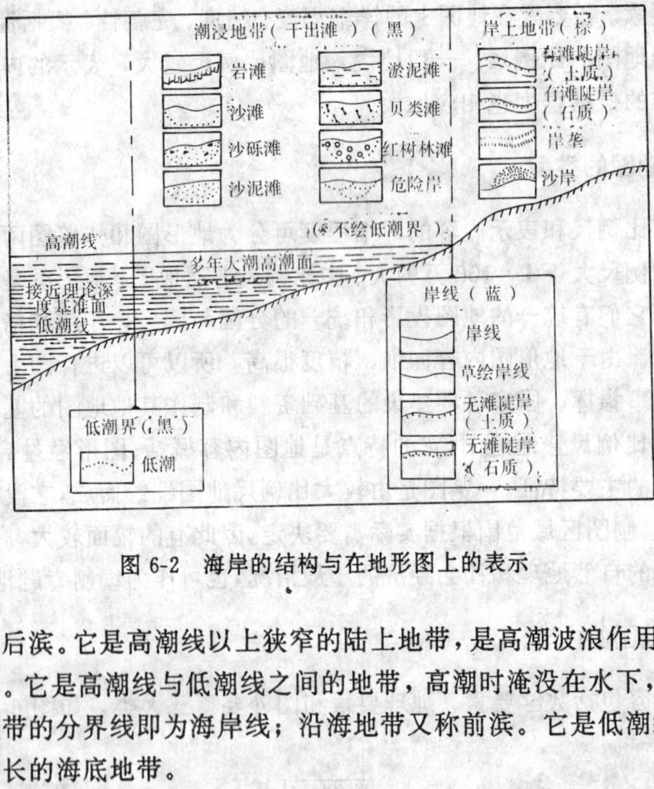

图 6-2 海岸的结构与在地形图上的表示

沿岸地带亦称后滨。它是高潮线以上狭窄的陆上地带，是高潮波浪作用过的陆地部分；潮浸地带又称干出滩。它是高潮线与低潮线之间的地带，高潮时淹没在水下，低潮时露出水面。沿岸地带和潮浸地带的分界线即为海岸线；沿海地带又称前滨。它是低潮线以下直至波浪作用的下限的一个狭长的海底地带。

2. 海岸的表示

在地形图上，海岸线通常是以蓝实线表示的。低潮线一般用点线概略绘出，其位置与干出滩的边缘大抵重合，必要时要区分海岸的性质，如石岸、沙岸、泥岸等。干出滩在地形图上应重点表示，可根据其不同土质及生物特征，用不同的干出滩符号并加注注记，如沙滩、沙砾滩、岩滩、淤泥滩、沙泥滩、贝类滩、红树林滩等。沿岸地带主要通过等高线和地貌符号表示。沿海地带重点表示该区域范围内的岛屿和海底地形。图 6-2 上列出了海岸在地形图上的表示方法和使用的符号。

在小比例尺地图上，海岸的表示与地形图上的表示大致类似，但海岸线要加粗表示，且表示的内容较为概略。

二、海底地貌

海底地貌与陆地地貌在成因和形态上虽然有所差别，但它们之间有着不可分割的联系。海岸地貌本应在普通地图上得到较详细的反映，但长期以来并没有得到应有的重视和表示。近些年来，随着我国海洋事业的发展，迫切需要对海底加深了解。因此，海底地貌的表示已成为普通地图上海域部分的重要内容。

1. 海底地貌的类型

根据海底地貌的基本轮廓可将其分为大陆架、大陆坡和大洋底等。

大陆架又称大陆棚或大陆台或大陆浅滩。它是大陆边缘在海水下的延伸部分，水深在200m以内，宽度几千米至几百千米不等。大陆架一般坡度平缓，水深变化小，地貌形态复杂多样，多水下三角洲、谷地、浅滩、岛礁、阶地等；大陆坡又称大陆斜坡。它是大陆架向海底的过渡倾斜地带，坡度较陡，最大可达20°以上，水深一般在200—2 500m。大陆坡常被海岸峡谷切割得较为破碎；大洋底又称大洋盆底或海盆。它是大陆坡以下的海底凹地，水深一般为2 500—6 000m，面积约占海域面积的80%，是海洋的主体部分。大洋底的地势一般起伏不大，但也有巨大的海底山脉、海沟、海原、海岭、海山等。

2. 海洋深度基准面

在我国的普通地图和海图上，陆地部分统一采用黄海平均海水面自下而上进行计算，而海洋部分则是根据海洋深度基准面自上而下进行计算的。

作为陆地高程起算面的黄海平均海水面，在解放后至1987年以前是根据青岛大港验潮站的1950—1956年潮汐资料推算而获得的，称为1956年黄海平均海水面；从1987年初开始启用的1985国家高程基准是用青岛大港验潮站的1952—1979年潮汐资料推算而获得的黄海平均海水面。

海洋深度基准面是根据长期验潮的数据所求得的理论上可能最低的潮面，也称理论深度基准面。深度基准面至平均海水面的高度称为平均海面高。地图上表明的海水深度是由深度基准面量至海底的深度。海面上的干出滩和干出礁的高度是从深度基准面向上计算的。

3. 海底地貌的表示

海底地貌可用水深注记、等深线、分层设色和晕渲等方法来表示。

水深注记是水深点深度注记的简称，它类似于陆地上的高程注记点。海图上的水深点注记不标点位，而是用注记整数的几何中心来代替。其中可靠的、新测的水深注记用斜体字，不可靠的、旧资料的水深注记用正体字；不足整米的小数用较小的字体注于整数后面偏下的位置，中间不用小数点。例如，53_5表示水深为53.5m。

等深线是从深度基准面起算的相邻等深点之连线。等深线的形式有两种：一是点线符号；二是细实线符号。点线符号的形式是根据不同的深度用不同的点线组合而成。优点是直观易读，缺点是描绘费时；细实线符号表示海底地貌较易为读者所接受，特别是结合水深注记，再配以等深线注记更能收到较好的效果。

在中、小比例尺地图上，有时采用明暗等深线法以增强等深线的立体效果，更多的则是采用分层设色法或晕渲法配合等深线表示海底地貌的起伏。

6.2.2 陆地水系及其表示

在地图制图学中通常把陆地上各水系物体的总合称为陆地水系，简称水系。水系是地理环境中最基本的要素之一，它对自然环境及人类的社会经济活动有很大的影响。水系对地貌的发育、土壤的形成、植被的分布和气候的变化等都有不同程度的影响，对居民地、道路的分布和工农业生产的配置等也有较大的影响。在军事上，水系物体通常是进攻的障碍和防守的屏障，也是空中和地面判定方位的重要目标。在编图时，水系常被看作是地形的“骨架”，对其他要素有一定的制约作用。因此，水系在地图上的表示具有很重要的意义。

水系包括：河流、运河和沟渠，井、泉和贮水池，湖泊、水库和池塘，以及水系的附属物等。

一、河流、运河和沟渠

(一) 河流

河流是地形的“骨架”，在水系中占有相当重要的地位。地图上的河流应能反映出河流的发育阶段、类型、长度、宽度、水流性质以及河网密度。

1. 河流的类型

(1) 河流按发育阶段可分为幼年河、壮年河和老年河。

幼年河多发育在地势较高的山地或高山地。河流的水流湍急，河道平直，河流比降大，下切侵蚀强烈，河谷横断面呈V形，急流、瀑布、壶穴随处可见；壮年河的流速较幼年河为缓，旁蚀作用加强，下蚀能力减弱，河谷逐渐扩展成河漫滩和河曲；老年河形成于平坦地区。河流的流速平缓，河流的作用主要是侧蚀和沉积，下蚀作用微弱，形成了宽广的谷底平原，河道两岸普遍出现河漫滩、河曲、汊流、辫流、牛轭湖等。一条大的河流常具有三个发育阶段，即：上游是幼年河，中游是壮年河，下游是老年河。

(2) 河流按河系的平面图形可分为树枝状河系、羽毛状河系、格子状河系、平行状河系、向心状河系、离心状河系、扇状河系、网状河系、迷宫状河系等。河流的主流和支流构成河系，它的形状与地质构造、基岩性质、地表形态、气候条件等有密切关系。

树枝状河系［图 6-3 (a)］的支流多且不规则，排列呈树枝状，主流与支流多呈锐角相交。这类河系常形成在低山丘陵、岩性均一和地层平展的地区。四川盆地的河系是典型的树枝状河系；羽毛状河系［图 6-3 (b)］的主流平直且粗壮，位于深谷低地，流向与山岭平行，支流短小而分布于两侧山坡上，且相互平行而对称，主支流交角近似直角，整个河系状如羽毛。此类河系多发育于山岭平行延伸且侧坡较陡的山区，如我国云南横断山脉和秦岭北坡分布较多；格子状河系［图 6-3 (c)］的主流与支流成直角或近似直角相交且构成格子状。此类河系多发育在以褶皱构造为基础的山区中，如我国的川东平行褶皱区、天山和闽浙丘陵等地分布较广；平行状河系［图 6-3 (d)］由平行排列的支流组合而成。河系的主支流多位于同一倾斜面上，河流的方向与倾斜面一致，支流较长，支流之间近似平行。此类河系多发育在平行褶皱地区或倾斜平缓的冲积平原上。如我国淮河流域的平行河系较为典型；辐合状河系又分为向心状河系和离心状河系。向心状河系［图 6-3 (e)］是由许多河流由四周高地向中心某处汇集而形成的。例如：塔里木盆地的河流就形成向心状河系；离心状河系［图 6-3 (f)］是由一处高地向四面八方呈放射流散而形成的。例如：台北火山地貌区的河流就形成离心状河系；扇状河系［图 6-3 (g)］是由主流分出许多支流呈簇状流散，多分布在山麓地带的冲积平原和沿海三角洲地带；网状河系［图 6-3 (h)］的河网稠密，主支流互相交错，汊流众多且与湖泊、沼泽相连，以主支流交织如网为其特征；迷宫状河系［图 6-3 (i)］的主支流分布不规则，显得十分散乱。此类河系多分布于冲积平原、沼泽及湖泊地区，以长江中游的荆江段最为典型。

2. 河流的表示

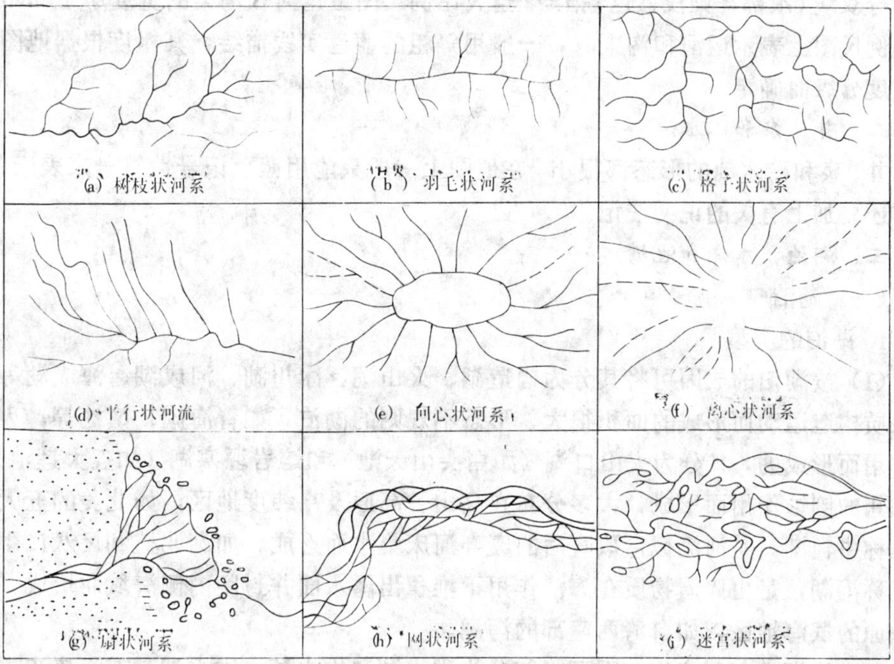

图 6-3 河系的类型

地图上的河流通常要表示出河流的大小、形状和水流状况。河流的长度一般依比例尺表示，而宽度则视比例尺而定。

在大比例尺地图上，当河流的宽度在图上大于 0.4mm 时可用依比例尺的蓝色双线（水部普染浅蓝色）表示；当河流宽度在图上小于 0.4mm 时可用不依比例尺的 0.1—0.4mm 蓝色单线描绘；为了单线河与双线河的衔接及美观的需要，可用不依比例尺的双线符号逐渐过渡到依比例尺的双线，如图 6-4 所示。

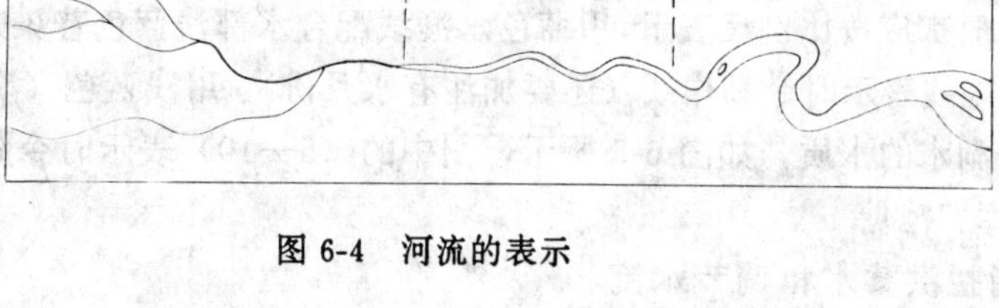

图 6-4 河流的表示

时令河是季节性有水的河流，用蓝色虚线表示；消失河段用蓝色点线表示；干河床属于一种地貌形态，用棕色虚线符号表示。

在中、小比例尺地图上的河流，则常采用另一种完全不依比例尺表示其宽度的深蓝色单线真形符号。它可以在不过分夸大河流宽度的情况下，使河流显得生动突出，能真实地反映出河床的收缩和扩张的情况。

（二）运河和沟渠

当在大比例尺图上表示运河和沟渠而宽度又大于图上的 0.4mm 时，可用依比例尺的蓝色平行双线（水部普染浅蓝色）描绘；当大比例尺图上运河和沟渠的宽度小于 0.4mm 或在中、小比例尺图上表示运河和沟渠时，一般用等粗的蓝色实线描绘，其粗度根据地图比例尺和实地宽度分级而确定。

二、井、泉和贮水池

井、泉和贮水池的形态都很小，在地图上一般只能用蓝色记号性符号来表示其分布位置，有的还要加上有关的说明注记。

三、湖泊、水库和池塘

（一）湖泊

1. 湖泊的类型

（1）按湖泊的成因可将其分为构造湖、火山湖、冰川湖、河成湖、海成湖等。构造湖是因地质构造运动而形成的面积很大、形态不规则的湖泊，如青海湖、滇池等；火山湖是因火山作用而形成的，又分为火山口湖（如白头山天池）和熔岩堰塞湖（如五大莲池）；冰川湖是因冰川的刨蚀作用而形成，大多分布在高山、高原及高纬度地区，如北美的五大湖等；河成湖又称牛轭湖，是河流截弯取直后的废弃河床集水而形成，如湖北监利尺八口牛轭湖；海成湖又称泻湖，是由碎屑物质在海浪作用下堆积出露水面并封闭内侧海域而形成，多分布在冲积平原的滨海地区，如台湾西南部的泻湖。

（2）按湖泊与河流的关系可将其分为进水湖和排水湖。进水湖是有河流流进而无河流流出的湖泊，如新疆的博斯腾湖；排水湖是河流发源处的水源湖，有河流流出而无河流流进，如白头山的天池。

（3）按湖水存贮情况可将其分为常年湖和时令湖。常年湖是指终年有水的湖泊；时令湖是指季节性有水的湖泊。

（4）按湖水的性质可将其分为淡水湖和咸水湖。淡水湖是指湖水含盐量不超过 0.03%的湖泊，如太湖等；咸水湖是指含盐量超过 0.03%的湖泊，其中，含盐量在 0.03%—0.10%的称为微咸湖，含盐量在 0.10%—2.47%的称为咸水湖，含盐量超过 2.47%的则称为盐湖；咸水湖多形成于干旱和半干旱地区，如青海察尔汗盐湖是我国最大的盐湖。

2. 湖泊的表示

在地图上要表示出湖泊的大小、形状、分布特点、水质和它与河流及其他要素的关系。地图上的湖泊一般都应按比例尺表示，用蓝色水涯线配合水部浅蓝色普染来区分陆地和水部。并且，常用蓝色虚线表示时令湖岸线（还要加注有水月份），用浅蓝色（淡水湖）和浅紫色（咸水湖）来区分湖水的水质，如图 6-5 所示，图中的（5—10）表示时令湖的有水月份。

（二）水库和池塘

水库是指拦洪蓄水和调节水流的水利工程建筑物。通常根据其贮水量等标志可分为大、中、小三种类型。池塘是由于低凹集水而形成的水池，有自然和人工的两大类。

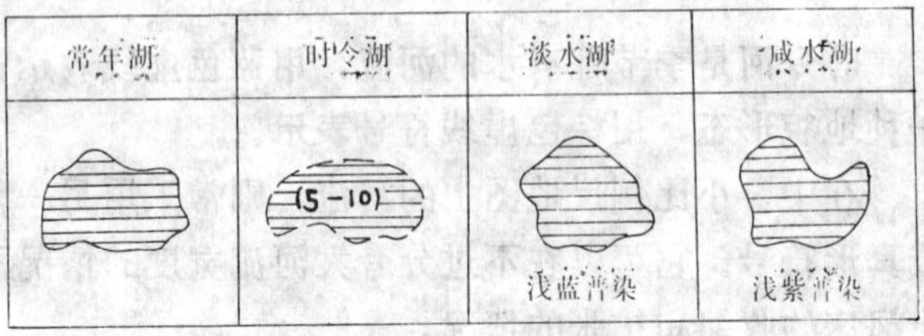

图 6-5　湖泊的表示

水库和池塘也是用蓝色水涯线配合水部普染浅蓝色来表示的。水库的大小能依比例尺表示时常用岸线与水坝符号配合描绘；不能依比例尺表示时，则要设计专门的水库符号，如图 6-6 所示。

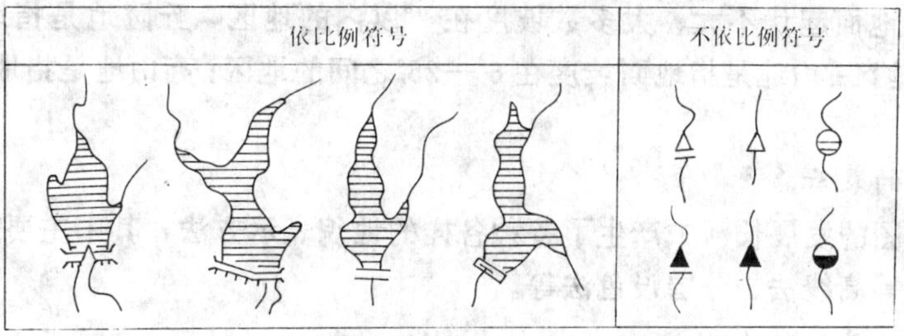

图 6-6　地图上常见的水库符号

四、水系的附属物

水系的附属物包括两大类：一类是自然形成的，如瀑布、石滩等；另一类是附属建筑物，如输水槽、倒虹吸、桥梁、渡口、徒涉场、水闸、跌水、滚水坝、拦水坝、码头、停泊场、水文站以及航行标志等。

水系的附属物在地形图上有的用半依比例符号表示，但大多均是非比例符号。自然形成的附属物和与水涯线联系密切的水工建筑物一般用蓝色符号表示，其他均用黑色描绘。

6.2.3　地貌及其表示

地貌是地球表面上高低起伏的总称，它是自然地理各要素中最重要的要素之一。它的高低起伏与走向在一定程度上决定着热量、水分的再分配，影响着水系的发育与形态，制约着植被和土壤的形成；对居民地、交通网也有较大的影响；在国防建设和军事行动上更有重要的意义。

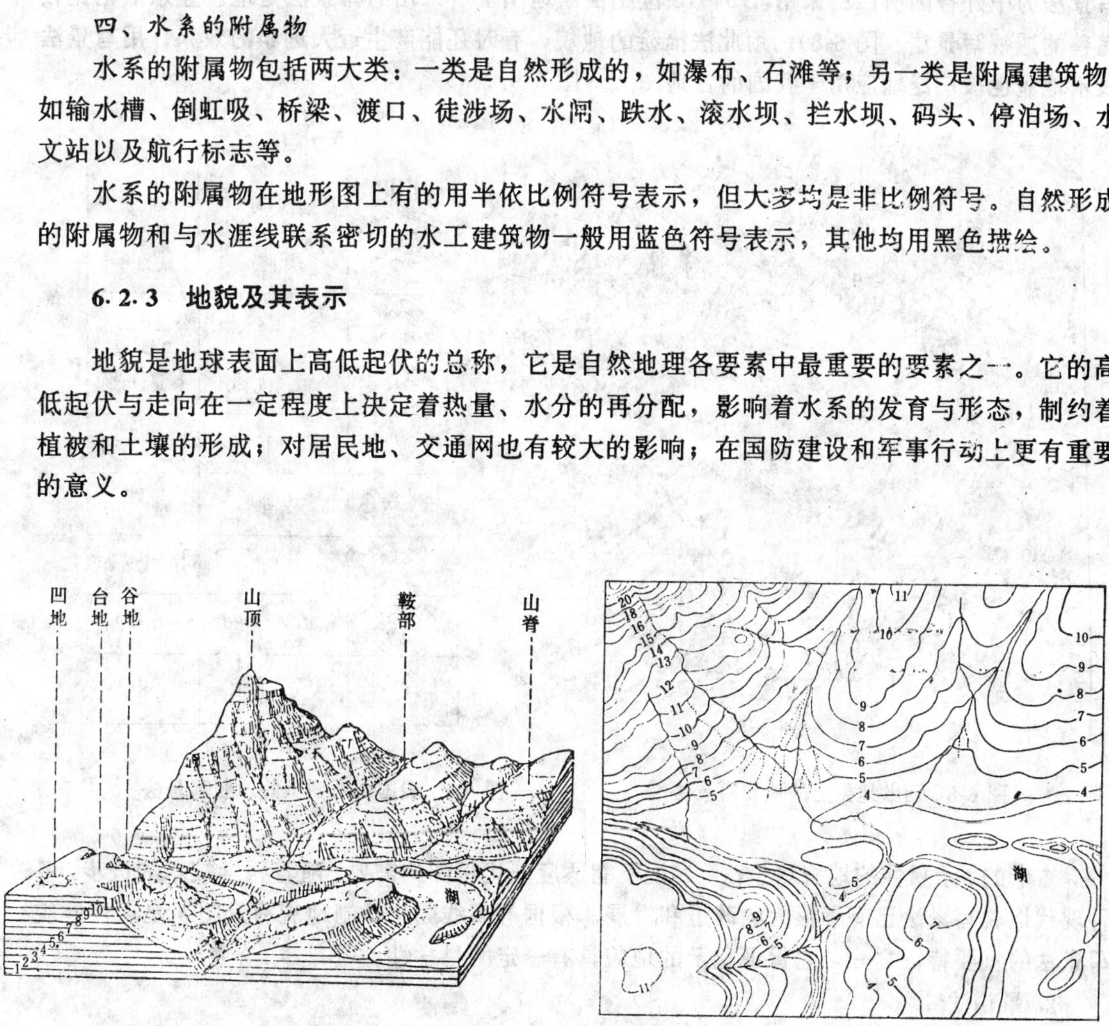

图 6-7　基本地形及其等高线表示

一、地貌的类型

地貌的形态虽然千变万化、千姿百态，但归纳起来，不外乎由山、盆地、山脊、山谷、鞍部等基本地形所组成，如图 6-7 所示。由基本地形的不同组合即构成各种不同的地貌类型，通常将其分为平原、丘陵、山地和高山地。

平原是指地面起伏不大、大多数坡度在 2°以内的地区，丘陵地是指地面坡度大多数在 2°—6°之间的地区；山地是指地面坡度在 6°—25°之间的地区；高山地是指地面坡度多数在 25°以上的地区。

二、地貌的表示

在地图制图的发展长河中产生了各种各样的地貌表示方法，其中主要有：写景法、晕渲法、晕渲法、等高线法、分层设色法等。

1. 写景法

写景法是以绘画写景的形式表示地貌起伏和分布位置的地貌表示方法。在 18 世纪以前，写景法为中外各国所广泛采用。15—18 世纪西欧地图上所采用的写景法是地貌显示法则比较完善的透视写景法（图 6-8）。用此法描绘的地貌，有时还能产生近大远小的效果。用写景法表示地貌也被广泛地应用于我国的古地图上（图 6-9）。

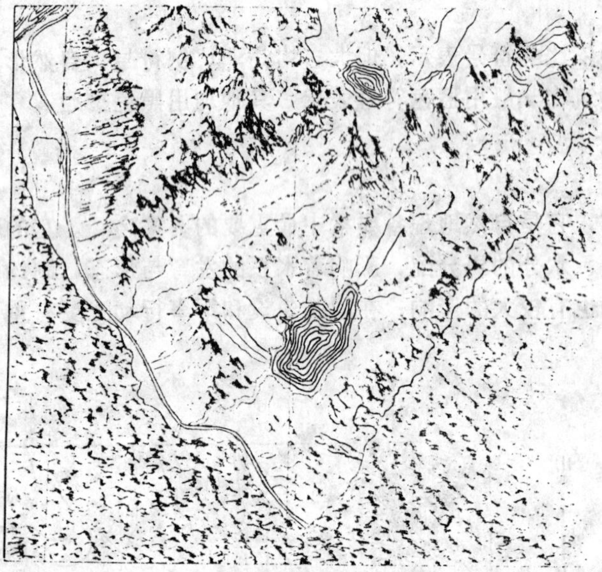

图 6-8　西欧地图上的地貌写景法

图 6-9　我国古地图上的地貌写景法

古老的、示意性的地貌写景法，远远不能适应现代用图的需要。随着科学技术的进步，各种现代地貌写景法已有了很大的改进和发展。根据等高线图来绘制地貌写景图，是现代地貌写景法的重要特征之一，它保证显示的地貌具有一定的科学性。

2. 晕渲法

晕渲法是沿地面斜坡方向布置晕线以反映地势起伏和分布范围的一种地貌表示方法，出现于 17 世纪初，为德国制图学家莱曼（J. G. Lehmann）于 1799 年首次采用（图 6-10）。

虽然晕渲法较写景法更能反映地貌的范围和山坡的坡度，但它却有描绘困难、坡度难以精确确定以及晕线会影响其他要素的表示等缺点。

3. 晕渲法

图 6-10　晕滃法

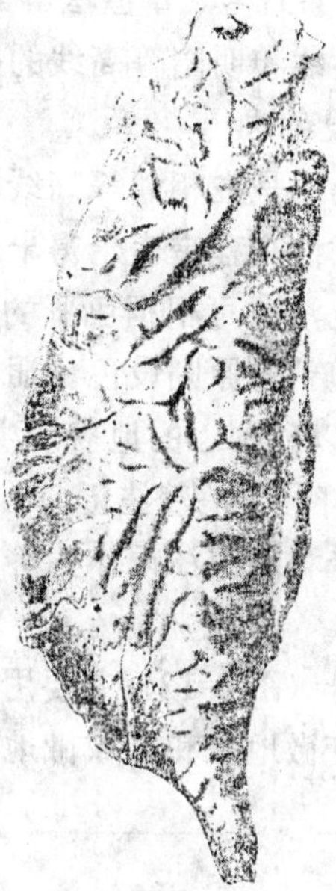

图 6-11　晕渲法

晕渲法（图 6-11）又称阴影法或光影法。它是根据假定光源对地面照射所产生的明暗程度，用浓淡的墨色或彩色沿斜坡渲绘其阴影，造成明暗对比，显示地貌的分布、起伏程度和形态特征。

晕渲法可以作为一种独立的地貌表示方法而用于小比例尺地图和专题地图，以显示全图地势的总体概念；也可以作为一种辅助方法，配合其他地貌表示方法（如等高线法），可以进一步增强地貌的立体效果。

晕渲法的制作较晕滃法要容易些，用以表示地貌的立体感也可得到较好的效果。但是，它只能表示地貌的概观，无法具体表达地面的高度和坡度。

4. 等高线法

地图上的等高线是地面上高程相等的相邻点所连成的闭合曲线在水平面上的投影。用等高线来表示地面起伏形态的方法，称为等高线法。

等高线起源于等深线。最早的等深线图是荷兰的布鲁因斯（P. Bruinss）于 1584 年绘制的斯帕尔内（Sparne）河的等深线图。具有等高线的地形图，最早是由法国工程师迪潘·特里尔（Dupain Triel）于 1791 年绘制的法国地形图。等高线法的广泛应用开始于 19 世纪后期，由于它的优越性而使其至今仍被公认为表示地貌的最好方法。

用等高线表示地貌是一种很科学的方法。等高线图可以反映出地面高程、山体、谷地、坡形、坡度、山脉走向等地貌基本形态及其变化（如图 6-7），能为用图者提供可靠的地貌信息。由等高线图可以量算出地面点的高程、地表面积、地面坡度、山体的体积和谷地的面积等。

但是，用等高线表示地貌也有两个明显的不足，即：其一，缺乏视觉上的立体效果；其二，两等高线间的微地貌无法表示，需要用地貌符号和地貌注记予以配合表示。

为了增强等高线表示法的立体效果，人们作了大量的探索和研究。归纳起来有两种做法，即：一是采用辅助方法与之配合，以弥补等高线表示法的立体效果较差的缺陷。例如：使用高程注记、地貌符号、晕渲法等最常用的补助方法；另一种是在等高线本身上下功夫。例如：采用粗细等高线和明暗等高线的手段来增强其立体效果。

5. 分层设色法

分层设色法是在相邻等高线间涂（印）不同深浅或不同色调的颜色来显示地貌起伏的方法。用它可以使高程带表示得十分明显，并使等高线表示的地貌具有一定的立体效果。

分层设色法既可根据色彩的视觉规律而采用“越高越亮”的原则设色，也可依据光照规律采用“越高越暗”的原则设色。通常运用比较广泛的是后者。这是由于随着高程增大所用颜色越暗，这既可以使图上的地貌产生起伏的视觉，又有利于平原、丘陵地区其他要素的表示。

6. 地貌符号与地貌注记

地貌符号和地貌注记作为等高线显示地貌的辅助方法和补充手段而被广泛地应用于地形图上。

地貌符号（图 6-12）主要用来表示等高线难以表示的地貌形态，它们可以被归纳为独立微地貌、激变微地貌和区域微地貌等。

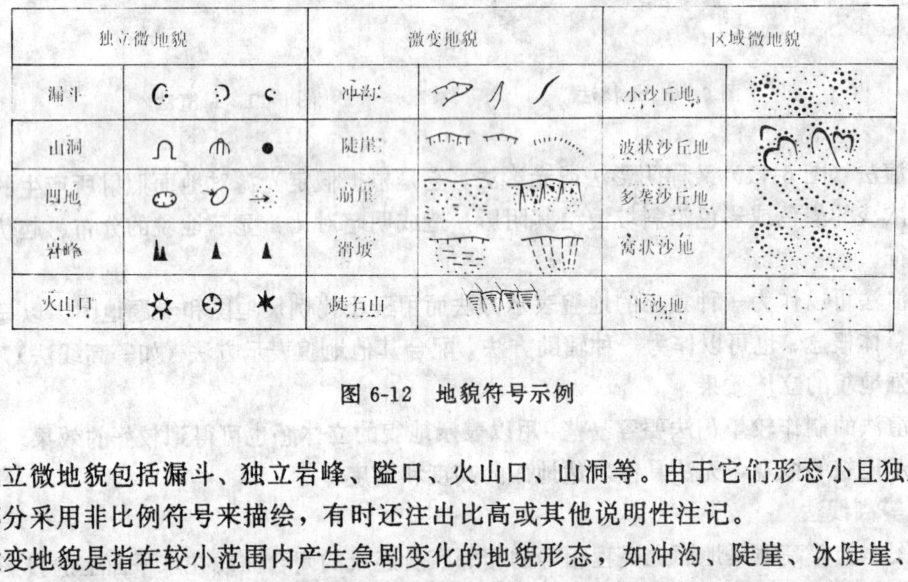

图 6-12　地貌符号示例

独立微地貌包括漏斗、独立岩峰、隘口、火山口、山洞等。由于它们形态小且独立分布，故大部分采用非比例符号来描绘，有时还注出比高或其他说明性注记。

激变地貌是指在较小范围内产生急剧变化的地貌形态，如冲沟、陡崖、冰陡崖、陡石山等，甚至还可以把崩崖、滑坡包括进去。它们大多数能依比例尺表示其分布范围、长度和上下边缘线的位置。

区域微地貌是指实地上高度甚小但成片分布的地貌形态，或仅表明地表面性质或状况的地貌状态。前者高度虽小，但总是有起伏的，如小草丘地、残丘地和沙丘地等；后者往往起伏甚微，只是表明土质的类型，故常列入土质之中，如平沙地、石块地、龟裂地等。

地貌注记分为高程注记、说明注记和名称注记。高程注记是指高程点的高程注记和等高线的高程注记。它可以作为等高线表示法的一种辅助手段，用以表示等高线不能显示的山头、凹地，从而增强等高线的量读性能。可以毫不夸张地说，没有高程注记的等高线图将失去大部分的意义；说明注记是为了说明地貌符号所代表物体的比高、宽度、性质等，与地貌符号配合使用；地貌名称注记包括山峰、山脉的名称注记等。

6.2.4 土质与植被的表示

土质是泛指地表覆盖层表面性质（不同于地理学中的土壤），植被则是地表植被覆盖的简称。它们是两个截然不同的概念，但由于它们都是地表覆盖层，在地图上的表示方法和综合特点又有很多相似之处，故在地图制图研究中常将它们放在一起来研究，称为土质与植被。

一、土质与植被的种类

根据地表覆盖层表面特征，结合植被的情况和通行程度等，土质可被区分为：沼泽地、沙地、沙砾地、戈壁滩、石块地、盐碱地、龟裂地等。

植被也区分为天然的和人工的两大类。天然植被包括森林、矮林、幼林、疏林、竹林、草本植被等。森林按品种可分为针叶林（松、杉、柏等）、阔叶林（桦、枫、栎等）和混合林。人工植被通常被区分为乔木的、灌木的和草本的等几类。乔木的包括苗圃、果园和其他种植地；灌木的包括茶树地、浆果园以及其他经济作物等；草本的包括忽布地和其他草本经济作物。稻田和旱田也常被归属于植被之中。

二、土质与植被的表示

土质与植被是一种面状分布的要素。它在地图上常用地类界表示其范围，用填绘符号或套印底色来区别其质量，再用说明注记和数字注记配合表示其质量与数量特征，如图6-13所示。植被中较重要的森林，常套印绿色，并在地类界内加绘侧视象形的说明符号，以区别森林的品种（针叶林、阔叶林），并用文字注记说明其树种（如枞、松、杉、桦等），再加注数字注记说明其数量特征（平均树高、平均胸径）。

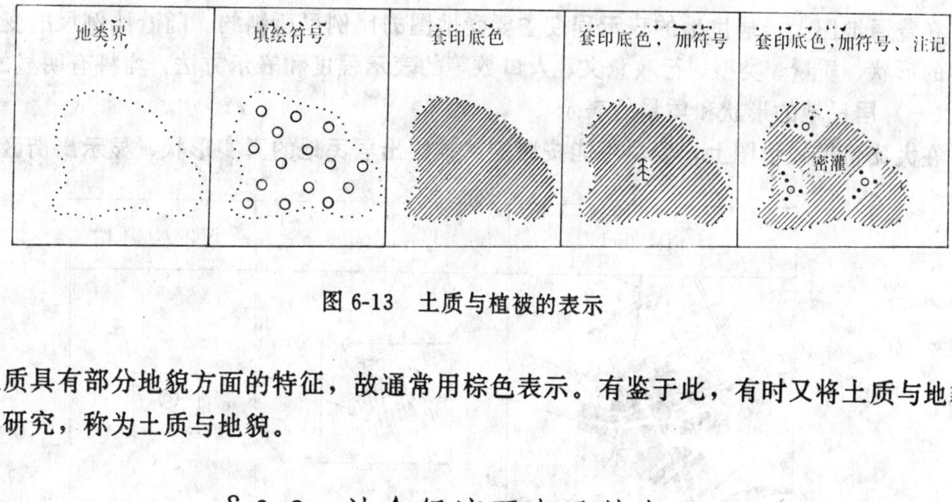

图6-13 土质与植被的表示

土质具有部分地貌方面的特征，故通常用棕色表示。有鉴于此，有时又将土质与地貌放在一起研究，称为土质与地貌。

§6.3 社会经济要素及其表示

普通地图上的社会经济要素主要包括居民地、交通网和境界等。

6.3.1 居民地及其表示

居民地是人类居住和进行各种活动的中心场所。从地图上居民地的类型及其分布的稠密程度、建筑物的性质可以反映出地区的经济、交通、文化的发达程度和行政意义。根据居民地的类型和分布，还可以研究地区历史的发展特点及居民地与自然条件的相互联系。在军事上，居民地常被作为防御阵地和进攻的目标。因此，居民地是普通地图上的一项重要内容，应表示出居民地的类型、形状、质量、行政意义和人口数等。

一、居民地的类型

居民地可分为城填式居民地和农村式居民地两大类。

城填式居民地包括城市、集镇、以及职工居住区、学校、疗养院和别墅式居民地等；农村式居民地包括村庄、农场、林场、窑洞、蒙古包及帐篷等。区别城镇与农村的主要依据是居民地的职业成分、居民数、居民密度、经济和文化意义等。

二、居民地的形状和质量

居民地的形状包括内部结构和外部轮廓。居民地内部结构，主要由街道网图形、街区形状、水域、种植地、绿化地、空旷地等组成。其中，街道网图形是显示居民地内部结构的最主要内容；居民地的外部轮廓是指街道网、街区和其他建筑物的分布范围，以及整个居民地的外围轮廓。

居民地的质量是指居民地内各种建筑物的质量特征。

三、居民地的行政等级

居民地按行政意义分级称为行政等级，表示居民地内驻有某一级行政机关。我国居民地的行政等级分为：首都，省、自治区、直辖市人民政府驻地，省辖市、自治州人民政府驻地，县、县级市、自治县、旗人民政府驻地，乡、镇人民政府驻地，村庄。过去曾将“地区”、“盟”作为一个行政等级，现在只作为省、自治区的派出机构，其行署所在地可按相当于省辖市一级标明。

四、居民地的表示

在普通地图上，居民地的表示程度主要受地图的比例尺所制约。随着比例尺的变化，居民地的形状、质量、类型、行政意义、人口数等的表示程度和表示方法，均将有明显的不同。

（一）居民地的形状和质量的表示

在大比例尺地形图上，要尽可能按比例尺描绘出居民地的真实形状，显示出街区和街道

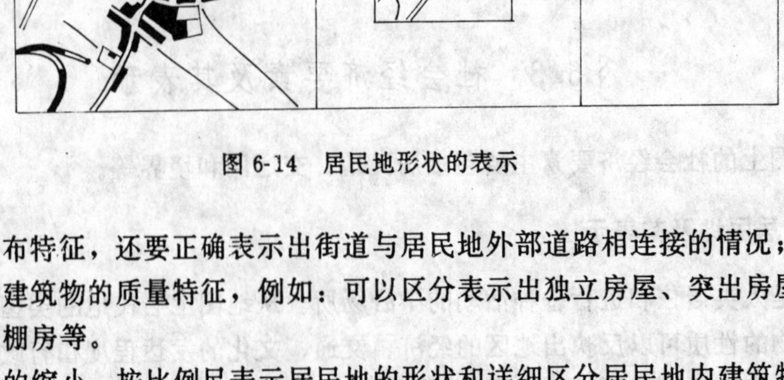

图 6-14　居民地形状的表示

的结构特点和分布特征，还要正确表示出街道与居民地外部道路相连接的情况；要尽可能详尽地区分出各种建筑物的质量特征，例如：可以区分表示出独立房屋、突出房屋、街区、破坏房屋及街区、棚房等。

随着比例尺的缩小，按比例尺表示居民地的形状和详细区分居民地内建筑物质量的可能

性随之减小。例如：在 1∶10 万地形图上开始不区分街区以及街区内建筑物的质量。在中、小比例尺地图上，居民地只能用套色或套色网线等方法表示居民地的外围轮廓图形，或用圈形符号表示居民地的位置，当然更无法区分居民地内建筑物的质量特征。

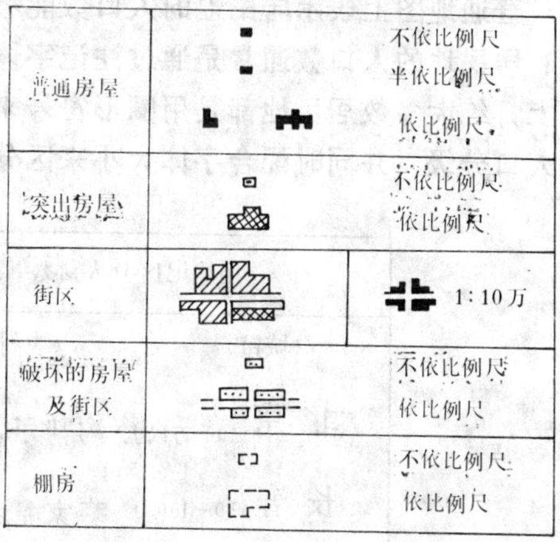

图 6-15 居民地质量特征的表示

图 6-14 和图 6-15 分别为我国地图上表示居民地形状和地形图上表示居民地质量特征的示例。

（二）居民地行政等级的表示

在普通地图上表示行政等级的常用方法有以下几种，即：

(1)在大比例尺地形图上，常通过名称注记的不同字体及字的大小来表示行政等级。一般是从高级到低级采用等线体→中等线体→宋体→细等线体，再配以字的大小来显示行政等级。这种方法明显易读、主次分明。

(2) 通过圈形符号的图形尺寸的变化来区分行政等级。这种方法常用在不需要表示人口数的地图上，其效果较好。如果居民地要同时表示行政意义和人口数时，常用注记的不同字体和大小来区分其行政等级，而用圈形符号的图形尺寸变化来区分其人口数。

(3) 在注记下方加绘辅助线来表示行政等级，常用于多个行政中心位于同一居民地的情况。例如：湖北的襄樊就是地区、市、县的驻地同在一个居民地的实例。此时，除用不同字体注出“襄樊市”和“襄樊县”两个注记外，还可在“襄樊市”下面加辅助线以表示它同时还是地区行署所在地。辅助线有两种形式：一种是利用粗、细、实、虚的变化来区分行政等级；另一种方法是在地名下加绘同级境界符号。

图 6-16 是我国地图上表示行政等级的几种常用方法。

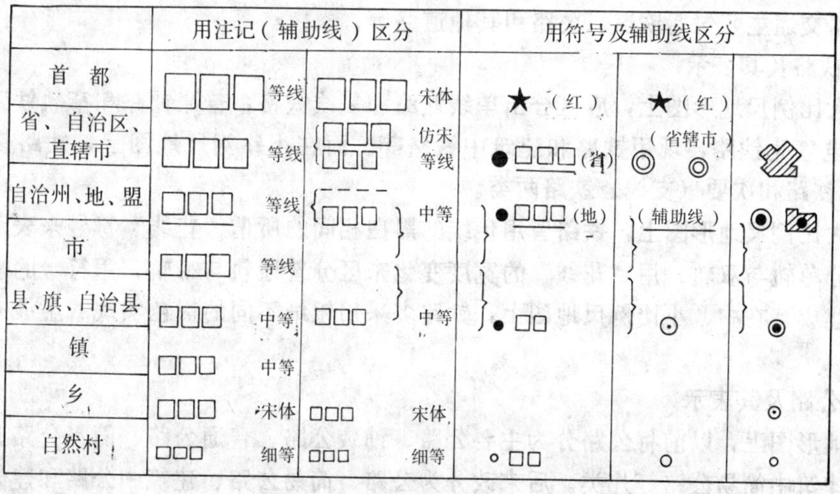

图 6-16 居民地行政等级的常用表示方法示例

（三）居民地人口数的表示

普通地图上表示居民地的人口数能够反映居民地的规模大小及经济发展状况。

居民地的人口数通常是通过注记字体、字大或圈形符号的变化来表示的。在小比例尺地图上，绝大多数居民地都是用圈形符号来表示的，这时多以圈形符号的图形和大小变化来表示人口分级，并同时配合字体大小来区分，如图 6-17 所示。

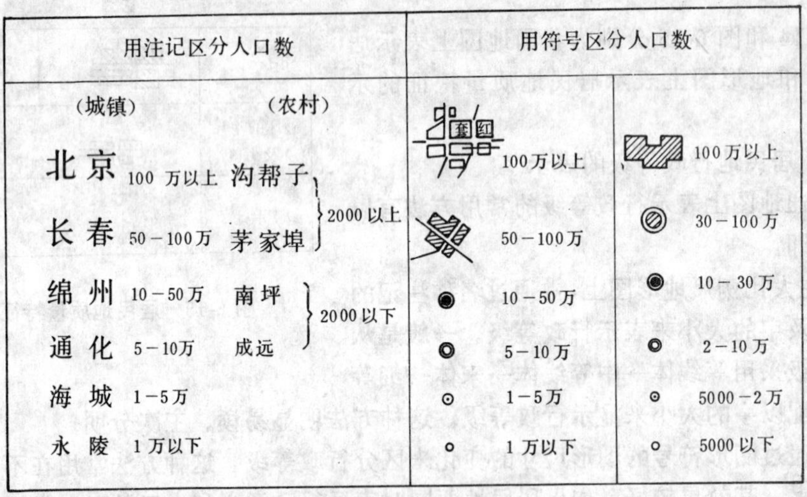

图 6-17 居民地人口数的常用表示方法示例

6.3.2 交通网及其表示

交通网是各种交通运输的总称。它包括陆路交通、空中交通和管线运输等。在普通地图上应正确表示出交通网的类型、等级、位置和形状、通行程度和输运能力以及与其他要素的关系等。

一、陆路交通

陆路交通主要包括铁道、公路和其他道路等。

1. 铁路及其表示

在大比例尺地形图上，应区分出单线铁路和复线铁路，普通铁路和窄轨铁路，普通牵引铁路和电气化铁路，现用铁路和建筑中铁路等。而在小比例尺地图上，铁路只区分为主要（干线）铁路和次要（支线）铁路两类。

在大比例尺地形图上，铁路皆用传统的黑白相间的所谓“花线”符号来表示，并用加辅助线区分单轨与双轨，用“花线”的宽度变化来区分普通轨与窄轨，用符号的变化来区分现用和未建成。在中、小比例尺地图上，铁路多采用粗细不同的黑色实线或虚线来区分铁路的类别。

2. 公路及其表示

在地形图上，以前将公路分为主要公路、铺装公路、普通公路、简易公路、建筑中普通公路和建筑中简易公路等几类。后来改分为公路、简易公路、建筑中公路和建筑中简易公路等几类。新图式依据交通部的标准，将公路划分为汽车专用公路和一级公路两大类。汽车专用公路包括高速公路、一级公路和部分专用的二级公路；一般公路包括二、三、四级公路。在地形图上，公路主要以双线符号表示，再配合符号宽、窄和线号的粗细、色彩变化以及说明注记等反映其等级、宽度、铺面性质等。

在小比例尺地图上，公路等级相应减少，符号也随之简化，一般多以实线描绘，配合线号的粗细和色彩的变化等来反映其等级。

3. 其他道路及其表示

其他道路是指公路以下的低级道路。在地形图上，将其分为大车路（现改为机耕路）、乡村路、小路、时令路和无定路等几类。根据其主次分别用实线、虚线、点线并配合线号的粗细来区分。

在小比例尺地图上，低级道路的表示将更为概括，例如：只分为大路和小路，而分别用实线和虚线表示。

二、水路交通

水路交通主要区分为内河航线和海洋航线。

内河航线在各种比例尺普通地图上均需表示。在大、中比例尺地图上，常用带箭头的短线表示河流通航的起迄点，用虚线表示大湖中的航线。在小比例尺地图上，有时用颜色表示河流的通航性质（即通航的河段和不通航的河段）。

海洋航线通常只在小比例尺地图上表示。航线符号有港口和航线两种标志组成。港口用铁锚符号表示，航线用蓝色虚线绘出。在航线上一般注有起迄港口的名称和航程。

三、空中交通

在普通地图上，空中交通是由图上表示的航空站体现出来的，一般不表示航空线。

我国规定，在地形图和小比例尺普通地图上均不表示航空站和任何航空标志。但是，国外的普通地图一般都详细地表示空中交通情况。

四、管线输运

管线主要是指输运货物（石油、天然气等）的管道、输送电能的输电线和输送电讯号的通讯线。

在地形图上，管线常用线状符号配合注记来表示。对于管线不仅要区分管道输运物质的种类，还要表示管道的线数、直径、泵位等；电力线应区分高压与低压线路。高压线路还要注明其电压；通讯线路要表示有方位意义的线杆。

在小于 1∶25 万的地图上，一般不表示管线要素。

6.3.3 境界及其表示

境界是区域范围之间的分界线。在普通地图上，境界被区分为政区境界和其他境界。

政区境界是政治区划境界之简称。政区包括政治区划和行政区划两种。政治区划主要指国家领土的划分，其界线为国界（包括独立国、保护国、殖民地、托管地的境界）。地区界也是一种政治区划界，例如巴拿马运河区界等。有些政治区划界存在着有争议的地段，故有已定和未定之分。行政区划是指国内行政区的划分，其界线统称为行政区划界。我国的行政区划界包括省、自治区、直辖市界，自治州、省辖市界，县、自治县、旗界等。

其他境界主要是指一些专门的界线，如停火线、禁区界、旅游区界和园林界等。

地图上的境界都是以不同结构、不同粗细与不同颜色的点线符号来表示的。主要境界线还可用加绘色带（晕边）来强调表示。

境界的描绘必须正确，以免引起各种领属的纠纷。尤其是政治区划界的描绘更应慎重、准确，要按有关规定描绘，并经过有关部门审批，才能出版发行。

§6.4 图外整饰要素及其表示

普通地图上的图外整饰要素是泛指内图廓以外的各种线划、注记、附表、附图、标记和文字说明等。其内容的详略将随比例尺不同而有所差异。一般说来，1∶50万—1∶2.5万的地形图的图外要素的内容比较丰富，而1∶1万及大于1∶1万的大比例尺地形图和1∶100万及小于1∶100万的一览图，其图外要素的内容比较概略，只是全部图外整饰内容的一部分。下面将按1∶50万—1∶2.5万地形图图外整饰要素的内容进行讨论。

按图外内容在地图上的位置不同可将其分为图廓间的整饰要素和图廓外整饰要素。图6-18是我国1∶5万地形图整饰的示例。

6.4.1 图廓间的整饰要素

地形图的图廓通常有内图廓、外图廓和分图廓。内图廓是图幅实际范围线，是细实线；外图廓是图幅的外围线，一般为粗实线，主要起装饰作用；分图廓绘在内、外图廓之间，也是细实线，与内、外图廓配合标绘分度线、标注经纬度和方里网注记。在大于等于1∶1万比例尺的地形图上一般不绘分图廓。

图廓间的整饰要素就是指内、外图廓间的整饰要素，包括内图廓四角的经纬度注记、分度带、方里网注记、界端注记等。

一、内图廓四角的经纬度注记与分度带

对于梯形分幅的地形图，内图廓线就是图幅的实际范围线，是由经纬线构成的。为表示图幅的地理位置，一般应在内图廓的四角标注经纬线的经纬度。为了构成地形图的经纬网，在外图廓和分图廓之间每隔经差或纬差1′绘出一条短线以构成分度带，以便在需要时借此在图内恢复经纬网。

二、方里网注记

在地形图上均绘有高斯坐标网格（或其他平面直角坐标格网），它们均以千米（公里）为单位标注，故又称为公里网或方里网。方里网线一般延长至分图廓。在内图廓和分图廓间的坐标格网线上方标注其坐标值（以千米为单位）。若图幅具有邻带坐标时，还要在外图廓的外侧绘出与邻带方里网相应的短线，并在其上标注相应的坐标值。

三、磁南点与磁北点

为了标明图幅的磁子午线方向，通常在图幅右半幅内选一条适中的纵坐标线，以它与南图廓线的交点为“磁南”点，从此点开始按实际磁偏角绘出磁子午线，它与北图廓线的交点即为“磁北”点，并在图廓间要分别将“磁南”和“磁北”标注在这两点附近。

四、界端注记

“界端”主要是指被内图廓截断的境界线、道路、水系、居民地等的“端点”。为了说明境界线两侧的政治行政区划名称、道路的通达情况、水系和居民地的名称等，均需在图廓间的“界端”处进行注记，称为界端注记。

五、接合图号

为了表明本图幅与相邻图幅的接合关系，一般应在外图廓四边中央部位断开，标注相应的邻图图号，称为接合图号。

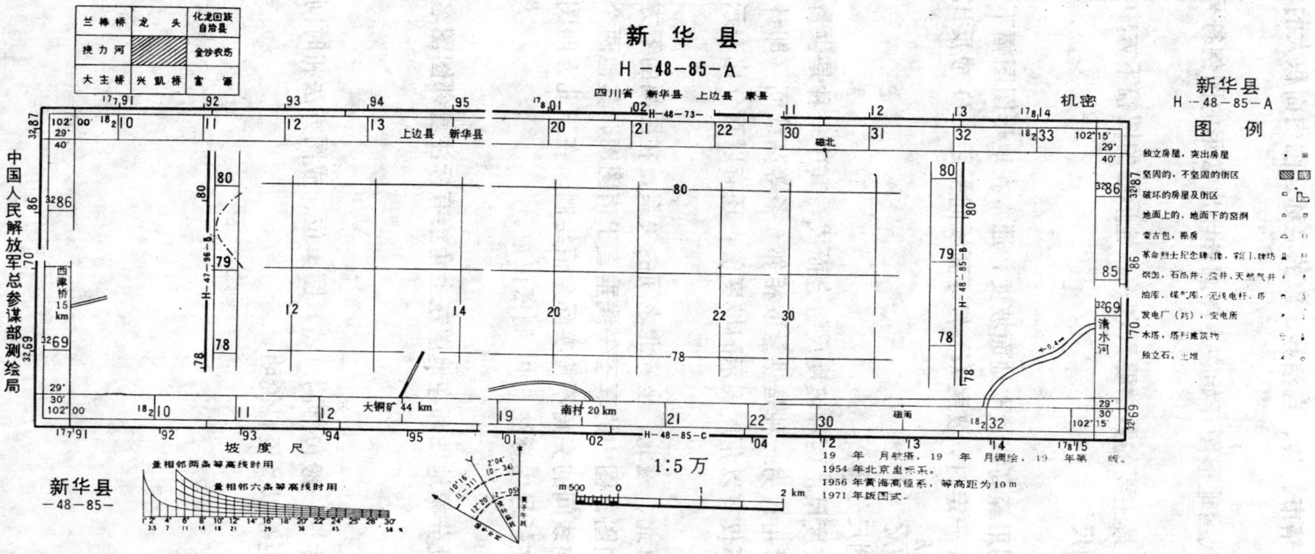

图 6-18　1∶5 万地形图的图外整饰

6.4.2 图廓外的整饰要素

图廓外的整饰要素包括：图名、图号、区域注记、图例、比例尺、坡度尺、三北方向图等以及说明性注记。

一、图名、图号、区域注记

在图幅的上方正中央通常要标注图名、图号，在图号下方还要标注本图幅包含的行政区划名称。图名要选择图内最著名的地理名称。区域注记须注出本图幅包含的省、自治区、直辖市，自治州、盟、省辖市、县、自治县、旗的名称。图内面积大的注在前面。

二、图例

自 1958 年以后，我国地形图开始在东图廓外印出常用的图例符号，以便于读图。

三、比例尺

比例尺是地形图上最主要的数学要素之一。地形图的图幅下方中央一般均绘有直线比例尺，并标注有数字比例尺。

四、坡度尺

为了在地形图上利用等高线量取地面坡度，通常在地形图图幅下方左侧绘有坡度尺。坡度尺是根据等高距（h）一定时，坡度（i）与等高线间平距（d）成反比的关系绘制而成的，即

$$i=\frac{h}{dM} \tag{6-1}$$

式中：M 为地形图比例尺分母。

我国地形图上的坡度尺由两种坡度尺组合而成，其中一种是供量取两相邻等高线间（即基本等高线间）坡度时用；另一种是供量取相邻 6 条等高线间（即计曲线间）坡度时用。坡度尺下方的坡度注记不仅有以角度表示的坡度值，还有以百分比表示的坡度值。

五、三北方向图

为了判明图幅的真北、磁北、坐标北之间的关系，在图幅的下方、坡度尺与比例尺之间的正中，绘有三北方向图。图中的真子午线垂直于南图廓，其他两个北方向应按实际的相关位置描绘，但三北方向线间的夹角不按实际角值绘制。在三北方向图上不仅要标注实际的六十进制偏角值，还要在括号内标注 6000 制密位数。

六、接图表

为了便于用图，凡分幅地图都在地图左上角绘有标注着邻图图名的图幅接合表，简称接图表。

七、说明性注记

地形图的说明性注记一般包括测（编）图单位、成图方法和时间、平面坐标系统和高程坐标系统、基本等高距等以及资料说明。

第七章 专题地图与地图集

§7.1 专题地图的概述

专题地图是为了某些专题需要而突出且完备地显示一种或几种自然现象或社会经济现象的地图。它主要由地理底图内容和专题内容所构成。地理底图内容用以显示制图要素的空间位置和区域地理背景，专题内容则是专题地图上表示的主题。

7.1.1 专题地图的基本特征

专题地图除具有地图的一般特征和作用外，与普通地图相比，还有下列一些特征：

(1) 专题地图主要显示普通地图要素中的某一种或某几种要素，或者普通地图中所没有的要素，而与专题内容或者关系不大或者无关的要素，则较小显示或不予显示；

(2) 专题地图所显示的各种现象往往是地面上不能直接观察到的（如人口密度、环境污染、地磁分布等），或者存在于空间而无法直接量测的（如气候的变迁），或者是不可重现的历史事件（如战役发展、历史演变等）；

(3) 专题地图不仅能表示现象的现状和分布规律及其相互联系，而且还能指出这些现象的动态变化和发展规律，有助于现象的预测和预报；

(4)专题地图的图面一般分为两层平面，即：专题内容通过符号的图形、颜色和尺寸的变化突出显示在第一层平面；而地理底图要素则以较浅的颜色作为一种背景退居在第二层平面；

(5) 专题地图与各学科的联系十分密切，其编图资料多是有关学科的研究成果、文献记载、专题论著、统计资料、勘测资料以及地图资料等。资料具有较强的科学性和可靠性，有助于专题地图的质量提高。尤其是遥感资料的应用，可使得专题地图具有较强的时效性。

7.1.2 专题地图的用途

专题地图的用途大致可以归纳为以下几个方面。

(1) 专题地图可为经济建设和国防建设提供有关自然和经济条件的全面状况，是规划和设计时的重要参考资料，同时也是反映规划成果的主要手段；

(2) 专题地图是反映科学研究成果的重要手段，同时也是科学研究中重要的分析研究资料；

(3) 专题地图是反映历史发展、阐明政治立场的重要工具，是用于大、中、小学教学和作为对广大群众宣传教育的重要工具，是人们在工作、学习、生活中必不可少的参考资料。

7.1.3 专题地图的基本类型及内容

专题地图发展迅速，涉及的范围广泛，内容丰富，形式多样。按其内容专门性可分为自然地图、社会经济地图、环境地图和其他专题地图。每一类地图依所表示的内容不同又可细分为若干图种。

1. 自然地图

反映自然要素或现象的地理分布及其相互关系的地图均属于此类地图。自然地图又可分为：

地质图 是表示地壳表层的地质组成和构造特征的地图；

地貌图 是反映各种地貌的外部形态特征、成因、发育以及地理分布的地图；

地势图 是主要表示地势起伏、水系分布，以显示区域地貌形态的地图；

植被图 是反映各种植被分布特征及生态、用途、变迁的地图；

土壤图 是反映各种土壤分布、形成、利用与改造的地图；

水文图 是反映水文要素的特征以及与其他自然地理现象关系的地图；

地球物理图 是表示各种地球物理现象的地图；

动物地理图 是反映动物的分布、生态、迁移、动物区系形成和发展的地图；

综合自然地理图 是显示制图区域内各种地理要素综合发展的规律、相互联系和制约关系的地图。

2. 社会经济地图

社会经济地图是反映各种社会经济现象或事物的特征、地理分布和相互关系的地图。社会经济地图又可分为：

政区地图 是主要反映国家或地区的领域范围或行政区划状况等的地图；

人口地图 是主要反映人口的分布、密度、组成、迁移、变动、民族分布等内容的地图；

城市地图 是反映城市状况和发展规划的地图；

历史地图 是反映某一历史时期的政治、军事、文化、经济、自然状况等及其联系的地图；

经济地图 是反映制图区域内一定时期的经济现象的地图；

文化地图 是反映制图区域内文化建设事业的发展状况，科学文教、卫生保健普及工作的进展和人民的文化水平的地图。

3. 环境地图

环境地图主要反映环境的污染、自然灾害、自然生物保护与更新、疾病与医疗地理方面内容的地图。环境地图又可分为：

自然灾害地图 是主要反映造成一定范围内生产和生命财产较大损失的自然灾害的分布、危害程度和防治措施的地图；

疾病与医疗地图 是反映疾病的发生、传播、预防、治疗与环境及环境变化关系的地图；

自然保护与更新地图 是主要反映自然资源分布、评价、合理开发利用，以及自然资源的保护、更新、规划和区域综合评价的地图；

环境污染与环境保护地图 是反映人类生活的环境要素受污染的程度、污染源的分布、环境质量的评价、环境的预测、环境保护与治理规划等内容的地图。

4. 其他专题地图

指不能归属于上述类型而适用于某种特种用途的专题地图，例如：

航海地图 是用于海洋航行时的定位、定向，保证航行安全的海洋图；

航空地图 是着重表示与航空有关的地理要素和航空要素，专供航空使用的各种地图的泛称；

宇航地图　是反映宇宙航行轨道设计、航行控制、预测预报等的地图；

旅游地图　是反映与旅游有关的交通、住宿、饮食、名胜、古迹、风景区等内容的地图；

教学地图　是结合教学内容编制的、供学校教学使用的地图。

应该指出，专题地图除按内容进行分类外，还可根据内容的概括程度、地图的用途、地图的比例尺以及其他标志进行分类。

§7.2　专题要素的表示

7.2.1　专题要素表示的概述

在自然界和人类社会中，凡是具有空间分布特征的事物和现象都可用专题地图表示。尽管地表现象种类繁多、变化复杂，但从现象的空间和时间分布来看，主要可以归纳为点状分布、线状分布、面状分布、动态变化等四大类。面状分布按其分布的实际情况又可分为：连续而布满整个制图区域、间隔而又成片分布和呈离散分布等三种情况。在专题地图上，对于各种类别的现象都有特定的表示方法，即：

(1) 对于分布面积不大、相对集中于一个较小的范围内、可按比例尺确定其点位的现象，常用定点符号法表示；

(2) 对于呈线状或带状分布的现象，常用线状符号法表示；

(3) 对于连续而布满整个制图区域的现象，常用质底法、等值线法、定位图表法表示；

(4) 对于间断而又成片分布的现象，常用范围法表示；

(5) 对于呈离散分布的现象，常用点值法、分区图表法、分级比值法表示；

(6) 对于动态变化的现象，常用动线法表示。

7.2.2　专题要素的表示方法

一、定点符号法

定点符号法，简称符号法，用于表示呈点状分布的要素。它是用各种不同图形、尺寸和颜色的符号表示现象的分布及其数量和质量特征的。通常以符号的图形和颜色表示质量特征，尺寸表示数量指标。定点符号法表示现象分布时，总是尽可能将符号定位于现象所在的位置上，符号的大小一般不代表物体依比例尺表示的大小。定点符号法用途较广，它能简明而准确地显示出各要素的地理分布和变化状态。例如：居民地、工矿企业、学校、观测站等多用此法表示。

定点符号按图形可分为几何符号、文字符号和艺术符号（图 7-1）。几何符号多为简单的几何图形（如圆形、方形、三角形、矩形、五角形等），其结构简单、区别明显、便于定位和易于描绘；文字符号常用现象名称的缩写或第一、二个字母表示，能起到望文生义的效果；艺术符号又可分为象形符号和透视符号。象形符号是用简单而形象化的图形表示物体或现象的。符号生动直观、易于记忆；透视符号是按物体透视关系绘成的符号，形象通俗、易于理解。艺术符号常用于宣传鼓动图和旅游图上。

定点符号按其内容又可分为简单符号、结构符号和发展符号（图 7-1）。简单符号只反映某种单一的现象；而结构符号是将符号划分成几个部分，对应表示现象的各个组成部分，以

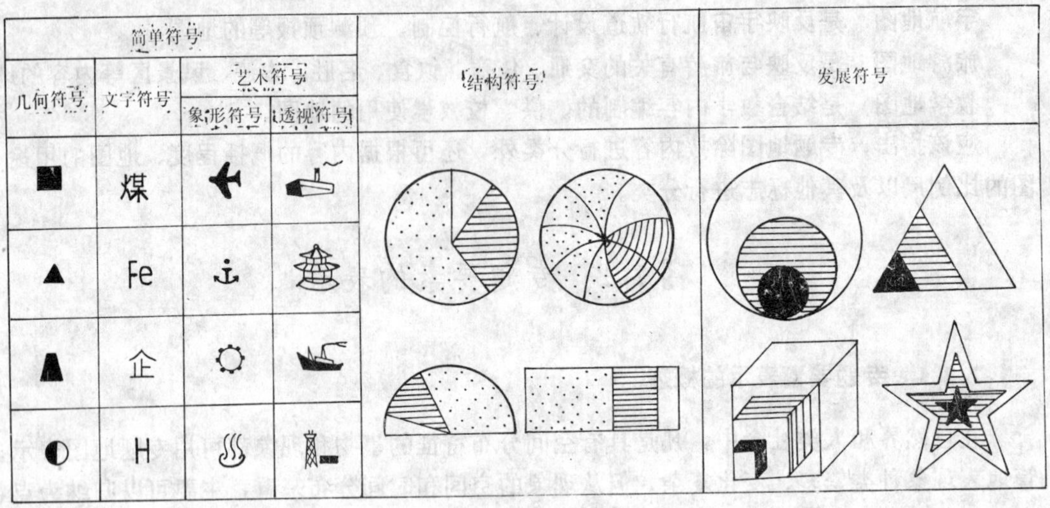

图 7-1 定点符号的种类

反映现象的内部结构；动态符号常用大小有规律变化的外接圆或同心符号以及连续相叠的符号来表示现象的发展动态。

在用定点符号的形状和颜色配合表示现象的质量差异时，是以其中之一表示现象的主要差别，另一个表示现象的次要差别。由于在一般视觉下颜色的差别要比图形的差别更明显，故常用颜色表示现象的最主要、最本质的差别，用图形表示次要差别。例如：在教学图上，以红色表示居民地，而以不同图形的红色符号表示居民地的等级和类别；当然，也可以用符号形状不同表示现象最主要、最本质的差别，而用符号的颜色表示次要差别。例如：用星形表示电力站，而用红星、蓝星、绿星分别表示火电站、水电站、核电站。

用定点符号的尺寸和大小表示现象的数量差别时，一般有两种形式，即绝对比率符号和

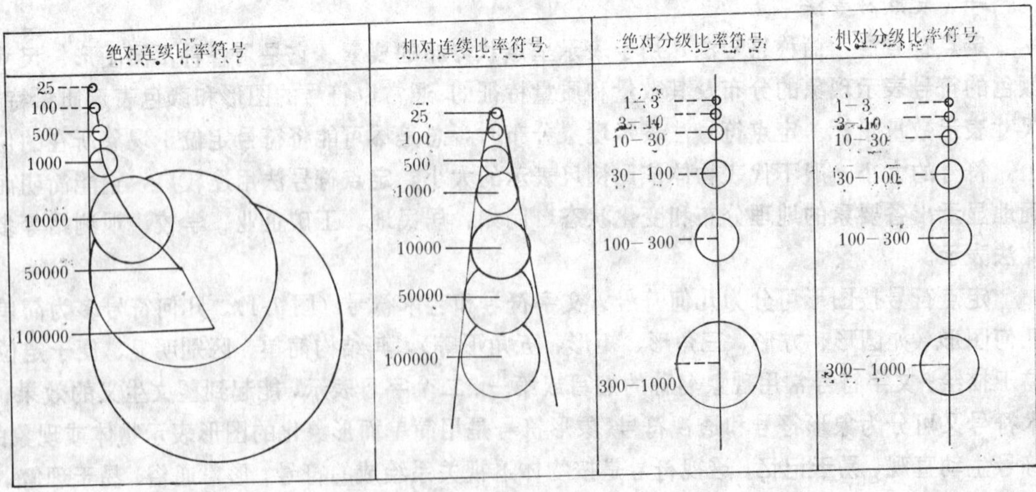

图 7-2 定点比率符号

任意比率符号。绝对比率符号所代表现象的数量与符号的大小成正确的比例关系。这种符号便于比较各现象数量上的大小。但当现象数量的大小相差悬殊时，表示将会发生困难；任意比率符号的符号大小不一定与其所代表的现象在数量上成正确的比例关系，而只能反映各现象彼此之间相对的大小关系。这种符号可根据需要控制符号的尺寸，使之大小适中，既能使地图内容协调，又不增加地图的载负量。不论是绝对比率符号或是任意比率符号，又均可分为连续和分级两大类。连续比率符号的大小随所代表现象的数量呈连续性变化；而分级比率符号需先对数量进行分级，属于同一级的数量则用同样大小的符号来表示。由此可见，比率符号可分为绝对连续比率符号、绝对分级比率符号、任意连续比率符号和任意分级比率符号等四种类型，如图 7-2 所示。

二、线状符号法

线状符号法用于表示呈线状或带状分布的现象，如河流、海岸线、交通线、地质构造线、断层线、山脊线、气象学上的锋线等。

线状符号有多种形式（图 7-3）。它通过不同的图形和颜色可用于表示现象的数量和质量特征，也可反映不同时期的变化。

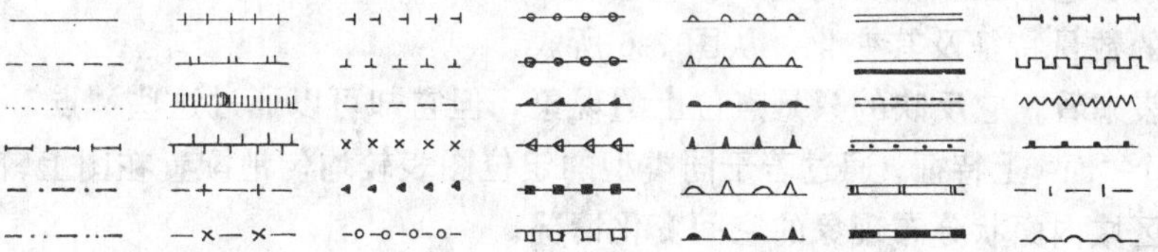

图 7-3　线状符号

用线状符号表示现象的位置时有三种情况，即：一是严格定位的。此时，线状符号表示在现象的中心线上，如海岸线的位置、陆上交通线的位置；二是不严格定位的。此时，线状符号往往表示为连接两点的直线或曲线，如空中航线、海上航线；三是线状符号的一边沿实际位置描绘，另一边向外扩展，形成一定宽度的色带或晕边，如境界线色带等。

三、质底法

质底法又称质别底色法。它是表示连续布满整个制图区域的专题要素的三种方法（质底法、等值线法和定位图表法）之一，并且着重于表示现象的质量特征。

质底法是用不同的底色或花纹区分全制图区域内各种现象的质量差别。采用此法时，首先按现象的不同性质将整个制图区域进行分类或分区而不留空隙，然后根据拟好的图例，分别在各个部分涂上或绘上相应的颜色或花纹，如图 7-4 所示。

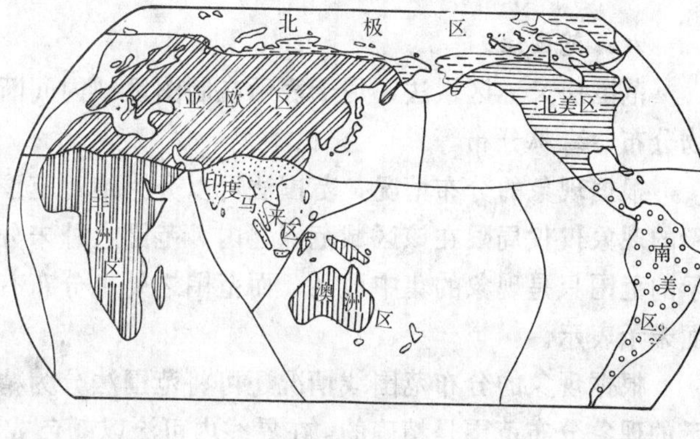

图 7-4　质底法示例

质底法的优点是鲜明美丽、清晰易读；缺点是不易表示各类现象的相互渗透和过渡关系。

四、等值线法

等值线是专题现象数值相等的各相邻点的连线，如等高线、等深线、等温线、等压线等。等值线法就是利用一组等值线来表示布满制图区域的专题现象分布的一种方法（图 7-5）。它偏重于表示现象的数量特征，有时也用于表示现象的质量特征。

等值线法适宜于表示地面和空间连续分布且均匀渐变的现象（如地势、气象等现象），而不适宜于表示复杂且不均匀、不连续变化的社会经济现象。

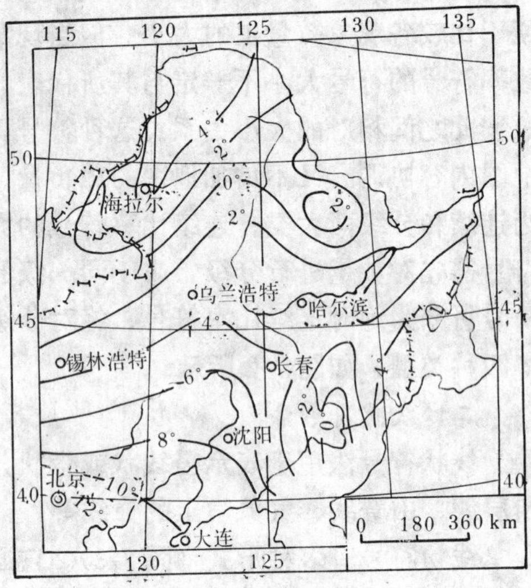

图 7-5 等值线法示例

五、定位图表法

定位图表法又称定位统计图表法。定位图表是将某地点某种现象的统计资料用图表的形式尽可能定位表示于地图上的相应地点，以表示该地点某种现象的数量特征及其变化。从图 7-6 所表示的单个图表来看，它反映的只是点位上的现象，但它却可以通过这些“点”上的现象的特征来说明整个“面”上特征。通过若干同类型的定位图表较均匀地配置在图上较大范围内，即可反映整个区域内面状分布现象的空间变化情况。

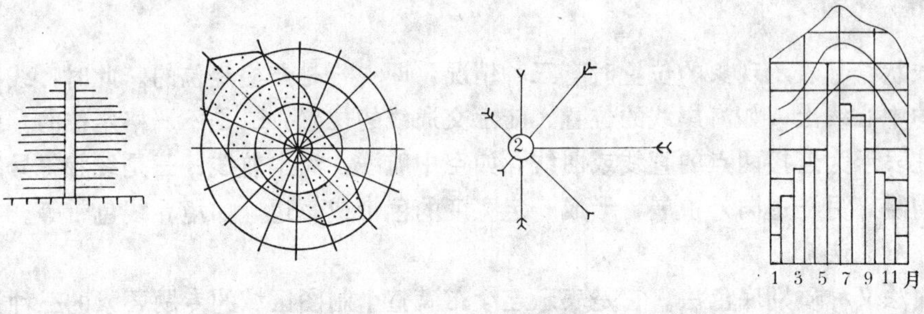

图 7-6 定位图表的示例

六、范围法

范围法又称区域法，用于表示在制图区域内间断成片分布的某种现象，如油田分布、作物分布、森林分布等。

根据现象的分布情况，范围法可以分为绝对范围法和相对范围法。绝对范围法是指所表示的现象仅仅局限在该区域范围之内，范围之外未分布这种现象；相对范围法系指图上所标示的范围只是现象的集中地区，而范围之外也分布有同类现象，只是由于面积过小且不集中而未予表示。

根据现象的分布范围线情况还可将范围法分为精确范围法和概略范围法。精确范围法表示的现象分布范围是精确的，在界线内可涂以颜色或填绘晕纹或文字注记［图 7-7 (a)、(b)］；概略范围法表示的现象分布范围是不精确的，或难以确定的（如动物分布范围）。此时，范围线则用虚线、点线表示［图 7-7（c）、（d）］，或根本不绘界线，而只用晕线、文字、散列符号或单个符号表示［图 7-7（e）、（f）、（g）、（h）］。

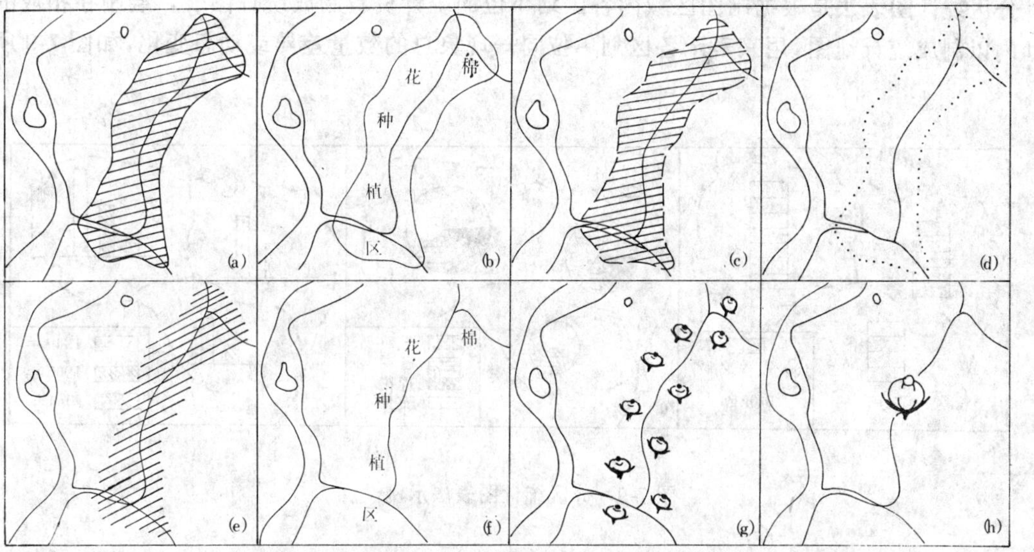

图 7-7　范围法的几种表示形式

范围法简明易读，应用较广。它既可以独立表示一种现象，又可与其他方法配合在一起，显示几种不同现象的重合关系。

七、点值法

点值法又称点法或点描法。它是表示分散分布现象的三种主要方法（点值法、分区统计图表法和分级比值法）之一。它是用一定大小、形状的点子表示现象的分布范围、数量和密度，通过点子的疏密可表示出现象的分散或集中程度，如图 7-8 所示。

运用点值法的关键是确定点的大小和点值（即每点所代表的数值），其原则是：相同数值的点大小要一样，点的大小要能保证最稠密地方应近于紧接但不重叠，而最稀的地方也应有点布设。

点值法有两种布点方法，即均匀布点和定位布点。均匀布点是用统计方法将点均匀布设在一定区划范围内［图 7-8（a）］；定位布点是按照地理条件布点［图 7-8（b）］。相对而言，定位布点方法要优于均匀布点方法，因为它可以较为准确地反映现象的实地分布情况。而且，随着区划单位的缩小，均匀布点的效果将愈加接近于定位布点。

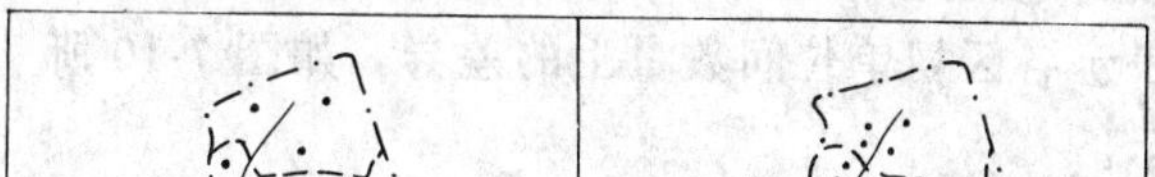

图 7-8　点值法示例

运用点值法时，可以在同一幅地图上采用两种（甚至三种）大小不同的点来代表不同的点值，也可以采用不同颜色或不同形状的点表示不同的现象。

八、分区统计图表法

分区统计图表法是根据制图区域内各区划单位的统计资料制成统计图表，绘制在相应的区划内以制成统计地图，用来表示各区划单位同一现象总的数量差异或动态变化，如图 7-9 所示。

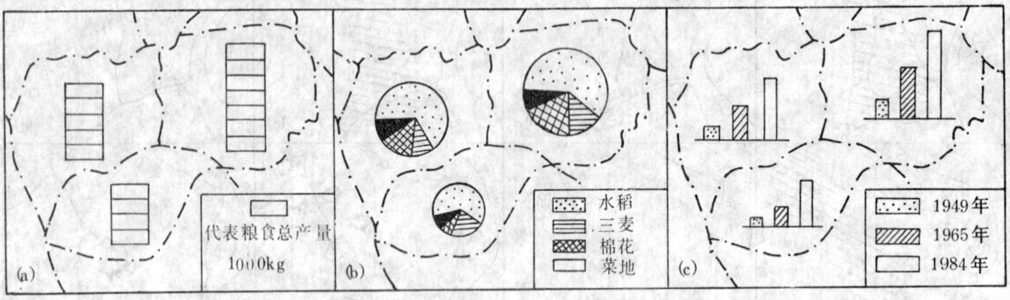

图 7-9 分区统计图表法示例

运用分区统计图表法时，通常是利用图形符号的大小或个数来表示现象的数量差异的[图 7-9 (a)]。为了表示现象的内部结构，可以将图形符号设计成结构符号的形式 [图 7-9 (b)]。为了反映一定时期内现象的发展动态，还可以将符号绘制成发展符号的形式或发展趋势统计图表 [图 7-9 (c)]。

九、分级统计图法

分级统计图法又称分级比值法。它是按照制图区域内各区划单位的统计资料，根据现象的相对指标（密度、强度或发展水平）划分等级，然后以深浅不同的颜色或疏密不同的晕纹代表不同的级别，填绘在相应的区划内以制成统计地图，用来表示各区划单位间数量上的差异，如图 7-10 所示。

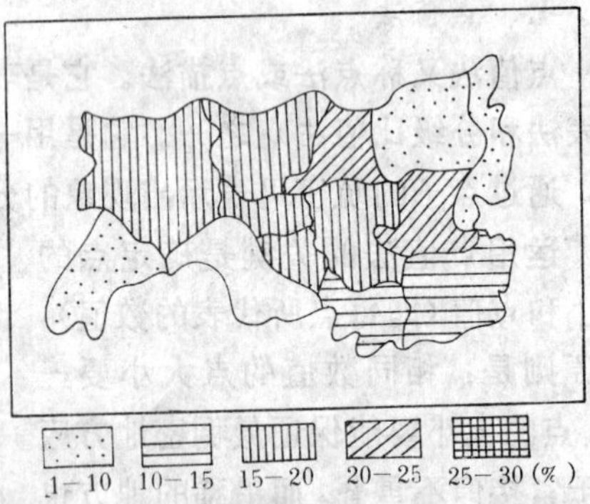

图 7-10 分级统计图法示例

十、动线法

动线法是用不同的宽度与长度的箭形符号(图 7-11)在地图上表示专题现象的移动路线和方向等运动特征。它可以用来反映点状物体的运动路线（如船舶的航向）、线状物体或现象的移动（战线的移动）、分散成群现象的移动（居民地的迁移）、整片分布现象的运动（大气的运动）等，如图 7-12 所示。

在运用动线法时，可用箭形符号的不同形状表示不同的专题现象（如用三种不同箭形符号分别表示燃料、钢材和有色金属的运输），用箭形符号的粗细表示其强度或速度（如用箭形符号表示石油输出时，可使符号的宽度与输出量成正比例），用箭形符号布满某个区域以表示面状现象的移动（如洋面上盛行的风向），用箭形符号的不同颜色区别现象的不同质量特征（如红色箭形符号表示暖流、蓝色箭形符号表示寒流）。

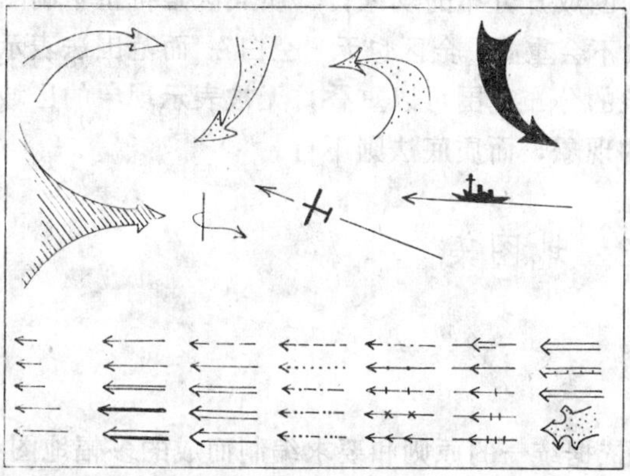

图 7-11 各种箭形符号

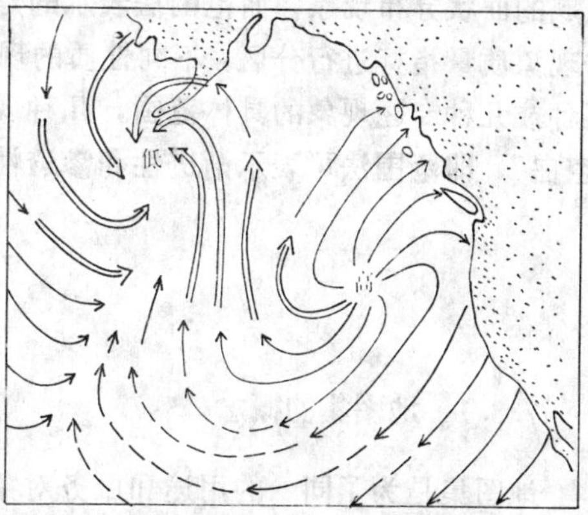

图 7-12 动线法示例

7.2.3 几种专题要素表示方法的比较

一、定点符号法与定位图表法

定点符号法和定位图表法均可用于表示点位上的现象，且符号或图表均须固定或靠近于相应的点位。但是，定点符号法是表示符号所在地点的某种现象的数量和质量特征，且符号大小表示现象的数量大小；而定位图表法反映的是制图区域内符号所在的各个地点某种同类现象，其目的是通过各“点”上的现象来反映“面”上的特征，反映整个制图区域面状分布现象的空间变化。

二、定位图表法与分区统计图表法

定位图表法与分区统计图表法均是运用统计图表表示面状分布现象的方法，但是定位图表法中的图表表示的是图表所在点处专题现象，应将其尽可能配置在相应的点位上，用以反映区域内面状分布的某种同类制图现象；而分区统计图表法中的图表表示的是图表所在的区划单位内全部同类现象数量上的总和，而不是代表图表所在点处现象的数量特征，它可以配置在区划单位内的某一个适当位置上。

三、分区统计图表法与分级统计图法

分区统计图表法和分级统计图法，均是用来反映分散分布现象的，且都是反映各区划单位某种现象的总体特征的，它们都只能表示各区划单位间的差别，而不能反映区划单位内部的差异。但是，分区统计图表法适宜于表示绝对的数量指标，且毋须进行分级即可进行统计；而分级统计图法适宜于表示相对的数量指标（如人口密度、作物的平均亩产量等），须先进行分级而后进行统计。

四、质底法与分级统计图法

质底法和分级统计图法均是在不同区域内绘以不同颜色或晕线来表示面状分布现象的，但两者有根本的区别，即：①质底法表示的是连续布满区域的面状现象，而分级统计图法表示的是分散分布的面状现象；②质底法表示的是各区域间专题现象质量上的差异，而分级统计图法则表示各区域间同一现象按数量分级的差异。

五、质底法与范围法

质底法与范围法都是反映面状分布现象的，且都是以颜色、晕线或花纹等形式反映专题现象质量特征的，看上去图斑相似，但其间有本质之区别，即：①质底法表示的是连续布满区域的面状分布现象，而范围法表示的是间断成片分布的现象；②质底法是将整个制图区域按现象质量指标进行分区，不同性质的现象不会重叠，全区也无“空白”；而范围法表示的是某种或几种专题现象的具体范围，几种现象的分布范围可以重叠，无被表示现象的区域可以“空白”，即范围法可表示渐进性和渗透性的现象，而质底法则不行。

§7.3 地图集

7.3.1 地图集的概念

地图集是为了同一的用途和服务对象、依据统一的原则和要求编制而成的多幅地图汇集。

地图集不是多幅地图的机械组合，而是一部完整而统一的科学作品。它有统一的思想结构；共同、协调而完整的表示方法；图幅编排的先后次序、各类地图的比重、各图幅间的相互协调配合，都符合逻辑性和系统性；图幅的配置和图例的表示有着一致的规格和原则；地图内容的制图综合的要求有着统一的规定；地图集内各地图的投影和比例尺都经过详细研究而选择使用，使集内各地图可相互补充、相互配合且具有可比性；各图幅采用的图例、表示方法、图幅大小、文字说明、地名索引以及装帧等，都是根据其目的要求而精心设计的。因此，地图集能从不同的角度、以多种形式完整而全面地表达它的主题。近年来，国内外地图集中的地图在选题内容方面，除了注意科学性、系统性外，也很注意产品的实用性，注意增加与经济建设和人类生活有直接关系的选题（如自然资源及其开发利用、环境污染及其治理、自然灾害及其防治等），从而提高了地图集的使用价值。

地图集的编制和出版是一项十分复杂而艰巨的工作。必须深刻了解有关地域的多种状况和其他有关学科的发展和成绩，运用现代化的地图理论和技术水平，才能编制出质量较高的地图集。随着经济建设、科学技术和文化教育的发展，为了国际学术交流和争取国家荣誉，需要编制出版一些大型的国家级的地图集。一部大型的国家地图集或世界地图集，被认为是衡量一个国家科学文化水平的标志之一。因为地图集中的各幅地图能够反映相应学科的研究深度和广度，反映国民经济各部门的发展水平，也反映地图集制作的理论和技术水平，所以世界各国都很重视各种地图集的编制。

7.3.2 地图集的类型

现代的地图集是多种多样的。随着经济建设、国防建设和各门科学的迅速发展以及实际生活的需要，地图集的题材范围将越来越专门化，内容将越来越深入，类型将越来越多。

地图集通常根据以下三种指标进行分类，即：地图集包含的制图区域范围；地图集的内容特征；地图集的用途。

一、地图集按其所包含的制图区域范围分类

世界地图集　包括整个世界各部分的地图集；

区域地图集　包括各大洲地图集、各大洋地图集或地区性地图集；

国家地图集　各个国家的地图集。它从各方面反映本国的自然、经济、社会文化等特征；

行政区地图集　通常指一个国家的一级或二、三级行政区的地图集；

城市地图集　以城市及其所辖郊区为范围的地图集。

二、按地图集的内容分类

普通地图集　以普通地图为主的地图集，供读者了解制图区域一般地理概况之用。在普通地图集中，有的还在序图组中编入一定数量的专题地图。

专题地图集　以反映某类专题内容为主的地图集。专题地图集按其内容又可分为自然地图集和社会经济地图集两大类，并可进而细分出更多的类别。

综合性地图集　包括普通地图、自然地图和社会经济地图在内的一种地图集。这种地图集的特点是图幅较多、图种复杂、内容较完备，可以从各个方面反映一个国家或地区的综合面貌和某项专题的系统资料。

三、按地图集的用途分类

参考地图集　按照参考对象的不同，又可分为一般参考地图集和科学研究参考地图集。一般参考地图集是供一般读者了解国内外的一般地理情况及检索地名所在的位置等参考用；科学研究参考地图集一般指专题性自然地图集和专题性社会经济地图集。

教学地图集　它是为配合地理教科书使用的地图集。

旅游地图集　这种图集详细表示交通线、饮食宿地、风景和名胜古迹、娱乐场等，常附有彩色风景图片和文字说明，作为旅游之用。

军事地图集　供军事部门的军官学习政治、军事知识以及国防建设参考之用。它不仅有从军事角度完整地介绍有关区域的地理概况和国防设施等专题内容的地图，还有关于战争历史方面的地图。

7.3.3　地图集的特性

地图集是一部完整的作品，其主要特性在于它的政治思想性、内容完整性、统一协调性、现势性和整饰印刷质量的优美，即：

(1) 政治思想性是衡量地图集的重要标准之一。各个国家对国际事务的立场、观点和态度，对各国的关系和历史事件的处理等都会在所编的地图集中反映出来。因此，在阅读地图集时，应注意其政治思想性；

(2) 地图集内容的全面性和完整性，是指根据地图集的用途和任务，通过图集中包括的一整套逻辑上的相互联系的地图和文字附录，应能充分而全面地将制图者的思想和意图全部阐明；

(3) 地图集的统一协调性，是指地图集内各地图之间的相互补充、彼此协调和它们之间的可比性。其目的在于保证各地图反映的现象之间的相互联系和依存规律能得到正确反映，以利于地图的使用。地图集的内部统一协调性可通过下列几个方面来体现，即：①投影选择和图幅安排应统一协调。根据地图的主题、用途和区域特点可适当选择几种投影，但类别不宜过多；图幅的幅面和比例尺设计要力求简单且易于比较，使图幅之间具有科学而严密的逻辑性；②设计地图的内容时，应采用统一的原则对同类现象采用共同的表示方法和统一的指标；③制图综合的原则应统一协调，即尽量使图例的分类、分级统一和内容概括相互协调；④整饰方法应统一协调。例如：采用统一的色标和统一的符号设计原则；⑤地理底图应统一协调。统一协调的地理底图是保证地图集统一协调的重要条件。为了保证地图集中底图的统一协调性，又要照顾特殊性，地理底图应分为若干个系统。

(4) 地图集的现势性也是地图集质量优劣的重要标志，只有利用最新的资料，才能使地图集具有高度的科学水平和现实意义。

(5) 地图集整饰和印刷质量的优美是指地图集的色彩、符号、字体、封面和装帧的精美、统一和协调，这也是评价地图集质量的重要方面。

所有的这些特征，只有通过有效的组织工作、认真细致的试验研究，以及在编制地图集过程中的每一阶段，都得到有力的领导和仔细审校才能达到。由此也可以看出，地图集的编辑和出版是一项十分复杂而艰巨的工作。

第八章　地图的编印

§8.1　地图编印的概述

8.1.1　制作地图的基本方法

制作地图可以理解为创作新地图的全部生产过程，通常包括从地图的设计到印刷（或复制）出大批量地图这一完整的生产过程。

制作地图有两种基本方法，即实测成图和编绘成图。实测成图是指利用不同的设备与方法（如平板仪测图、航测成图等），经实测成图后再复制成足量的地图。这种成图方法一般多限于大比例尺地图的制作。我国 1∶5 万以上的大比例尺地形图以及部分偏远地区的 1∶10 万地形图均是采用实测成图。实测成图主要由测量人员来完成地图的测绘，属于地形测量和航空摄影测量的范畴；编绘成图则是根据各种制图资料在室内用制图设备和方法编绘、印刷而制作地图的。编绘成图主要由地图制图人员来完成，是地图制图学的基本课题。

8.1.2　地图编印的主要过程

根据已有地图或其他资料，在室内应用传统的制图技术，编制新地图的方法和过程，称为地图编印。它是制作中、小比例尺地图的传统方法，也是主要的方法。

无论是普通地图还是专题地图，编印地图的过程都可以分为 4 个基本阶段，即地图设计、地图编绘、地图出版准备和地图出版。这 4 个阶段构成了编印地图的全过程。

一、地图设计阶段

地图设计通常是指地图生产技术方案的制定，也就是实施地图编印作业前的准备阶段，最终结果是拟写出地图设计书，作为整个编印生产过程的指导性文件。

地图设计阶段的主要工作包括：根据制图的目的、任务和地图的用途，确定地图的选题和内容，选定地图的投影和比例尺；搜集制图资料，并对制图资料进行分析和评价，确定各种制图资料在编图中的使用方法和程度；研究制图区域，了解制图区域的地理特征和制图对象的特点和分布规律；在熟悉制图资料及制图区域特点的基础上，结合地图的比例尺和用途，确定制图综合原则；选择地图内容的表示方法，拟定图例符号及编图工艺；确定地图印刷出版的方法和要求；对于专题地图，还要提出制作底图的要求和专题内容的分类、分级原则，并确定编稿方式。最后，拟写出地图设计书。

地图设计书是地图设计阶段的主要成果，其内容一般包括：地图任务、用途和要求；地图的数学基础；制图区域的地理特点；编图资料的评价和应用；图面配置；地图内容的表示方法和制图综合原则；地图编绘程序与工艺；印刷的原图的清绘整饰及地图出版要求等各方面的工作计划和技术规定。

二、地图编绘阶段

地图编绘是地图编绘人员根据地图设计书编绘新图的过程，其结果是完成地图的编绘原图的制作。

编绘原图是指根据编图资料，在室内采用一定的技术方法，将资料上的内容转绘到展绘有数学基础的图纸上,并按地图设计书和编绘规范的要求经过制图综合和描绘而制成的地图。

地图编绘阶段的主要工作内容包括：计算和展绘地图数学基础，转绘地图内容和编绘地图内容。对于专题地图，在地图正式编绘前，往往由专业人员绘出作者原图（或作者草图），然后再由编绘人员编制正式的编绘原图。

三、地图出版准备阶段

地图出版准备是为了满足复制地图的要求而进行的一项过渡性工作，其结果是制作出适合复制要求的印刷原图以及为制印过程服务用的各种参考样图。

在地图编绘阶段中，由于重点是地图内容的科学性和正确性，以及使用多种资料并进行反复的补充修改等，使编绘原图的整饰质量一般不易达到复制地图的要求，加上彩色编绘原图不适合于照相制版的要求，因此需要根据编绘原图重新制成适合于复制要求的出版原图（即清绘原图或刻绘原图）以及为制印过程服务的各种参考样图。

应该指出，如果编绘原图是采用连编带绘（刻）方法完成的，则由于“绘”和“编”一样得到重视，使所得到的成品既符合原图的要求，又可作为印刷原图使用，从而可以省去制作印刷原图的过程。

四、地图出版阶段

地图出版是指地图的大批量复制，它是利用清绘原图，经过复照、制版，或用刻绘原图直接制版，把原图上的图形晒制在金属印刷版上，再通过印刷机械，把印刷版上的图形直接或间接地转印到纸张（或其他介质）上，复制出大量的外观美且内容清晰易读的地图复制品。

地图出版的主要作业内容包括：地图复照（或翻版）、地图制版和地图印刷三个主要程序，即：复照或翻版、分版分涂、制版打样和上机印刷以及装帧等。

编印地图的过程是集体生产劳动的过程。为了协调生产、保证质量、降低成本、缩短周期，在整个制图生产过程中都应贯穿地图的编辑和审校。

§8.2 地图数学基础的展绘

8.2.1 地图数学基础展绘的概念

地图数学基础的展绘是指内图廓、直角坐标网、经纬网以及控制点的展绘。内图廓、直角坐标网、经纬网展绘，实际是展绘内图廓点、直角坐标网点和经纬网点，而内图廓点和经纬网点的图上位置又是用投影后的相应直角坐标值来确定的。因此，地图数学基础展绘的实质就是根据内图廓点、直角坐标网点和经纬网点以及控制点的直角坐标值，将其展绘在图面上。在具体展绘时，可以首先展绘直角坐标网的各交点，连接成直角坐标网，然后以此为基础再将内图廓点、经纬网点以及控制点展绘到图面上；也可以将直角坐标网点、内图廓点、经纬网点和控制点同时展绘到图面上。当用坐标格网尺作为展绘工具时，采用的作业程序就是前者；而用坐标展点仪作为展绘工具时，采用的常是后一种作业程序。

内图廓线是图幅的分幅线。按经纬线分幅的地图，它的内图廓线是经纬线。经纬线在地图上的投影可能是直线也可能是曲线。比如：高斯-克吕格投影的经纬网线除中央子午线和赤道外，均为曲线。由于曲线的矢长（一段曲线与其弦间的最大距离）小于 0.1mm 时，已难觉察出它是曲线，可将其绘成直线。当矢长超过 0.1mm 时，可将其分成若干段矢长小于 0.1mm 的曲线段，分别用直线段去代替，使曲线变成折线。由此可见，曲线网的展绘的实质是展绘其交点，而展绘其交点的关键是确定能精确展绘曲线网的最少交点数。

例如：1∶1万—1∶50万地形图的投影是高斯-克吕格投影，图幅是按经纬线分幅的。该系列地形图图幅内的经线段的矢长都小于 0.1mm，故均可绘成直线；纬线段的矢长则随比例尺的不同而异，有的可绘成直线，有的可绘成折线。因此，不同比例尺地形图需要展绘的图廓点数目和经纬线交点的数量就不同，如表 8-1 所示。

表 8-1　1∶1万—1∶50万地形图展点数的规定

比例尺		1∶1万	1∶2.5万	1∶5万	1∶10万	1∶25万	1∶50万
图幅	经差	3′45″	7′30″	15′	30′	1°.5	3°
	纬差	2′30″	5′	10′	20′	1°	2°
经纬网密度	经差	1′				15′	30′
	纬差	1′				10′	20′
图幅纬线最大矢长（mm）		0.05	0.08	0.15	0.31	1.10	2.19
矢长小于 0.1mm 的经差		5′	9′	12′	17′	31′	39′
展点数	图廓点	4			6	14	14
	经纬网交点	5			3	35	35
图廓点与经纬网交点的分布		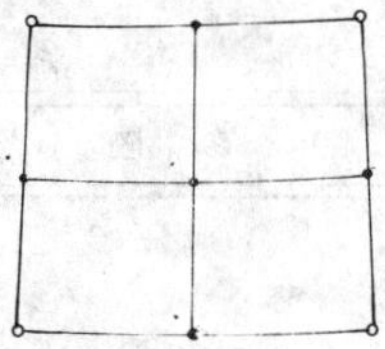			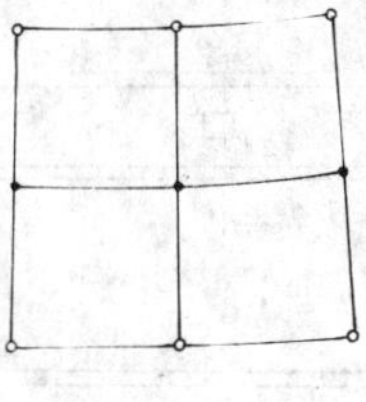	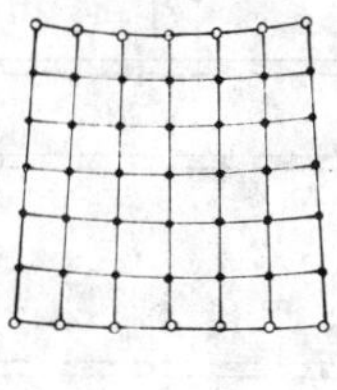	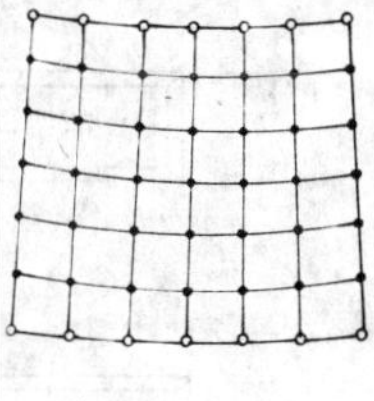

注：表中图上的"○"表示图廓点，"•"表示经纬网交点

8.2.2　地图数学基础展绘的仪器和工具

展绘地图数学基础的常用仪器和工具有直角坐标展点仪和坐标格网尺。

一、直角坐标展点仪

直角坐标展点仪简称坐标仪，它是目前展绘地图数学基础的主要仪器。它的类型不一，主要有手推式和手摇电动刺点式等两种型式。直角坐标展点仪的基本原理相同，即：控制刺针沿相互严格垂直的两个方向移动，并且使移动的距离与计数器上的读数精确对应。展点时，可移动刺针并察看计数器上的读数变化，当读数与待展点的直角坐标值精确对应时，即可将点展刺在图面上。图 8-1 是德国蔡司（Zeiss）厂生产的小型手摇式电动刺点坐标仪。

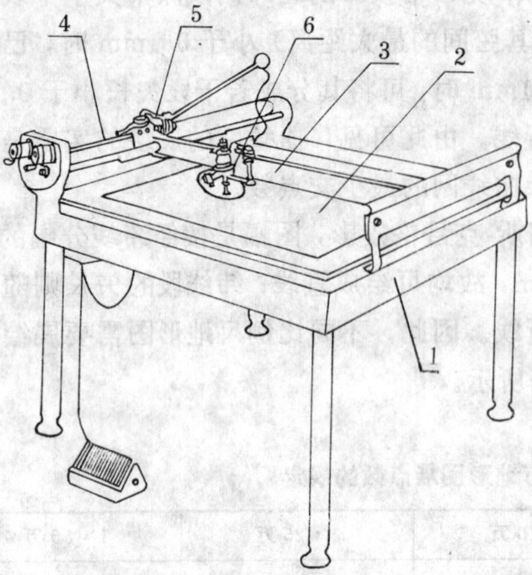

图 8-1　蔡司小型坐标仪

1. 基座；2. 承图台板；3. 横坐标尺；4. 纵坐标尺；5. X 轴架；6. Y 轴架

二、坐标格网尺

坐标格网尺俗称方眼尺，又称德洛贝雪夫尺。它是为展绘直角坐标格网而专门设计制造的。

坐标格网尺是一种金属直尺，类型虽然相异，但基本结构和使用方法相同。常用的有五三型、五四型和 GWC-1 型（图 8-2）。

五三型坐标格网尺的尺面上共有 9 个半圆形孔。其中 7 个同方向半圆孔的孔距为 8cm，分别标有 0、8、16、24、32、40、48 等注记，孔中的圆弧斜面线，分别是以“0”为圆心、相应注记（单位为 cm）为半径的圆弧。尺面上还有标注着 D-40 的半圆孔和一个反向零分划半圆孔。尺的两端是圆弧斜面，分别标注有 D-32 和 D-48。D-40 和 D-48 圆弧的圆心仍以“0”分划为圆心，其半径分别为 40×40cm 和 48×48cm 的正方形的对角线长（即 56.569cm 和 67.882cm）；D-32 圆弧的圆心是那个反向的零分划半圆孔的零分划线，半径为 32×32cm 正方形的对角线长（即 45.255cm）。利用上述的半圆孔和圆弧线，不仅可按间距 8cm 等分直线，还可分别截取边长为 32cm、40cm 和 48cm 正方形的对角线之长。因此，用五三型坐标格网尺可展绘出边长为 32cm、40cm、48cm 的正方形及密度为 8cm 的方格网。它适用于展绘 1∶2.5 万、1∶5 万、1∶10 万、1∶25 万比例尺地形图的数学基础。

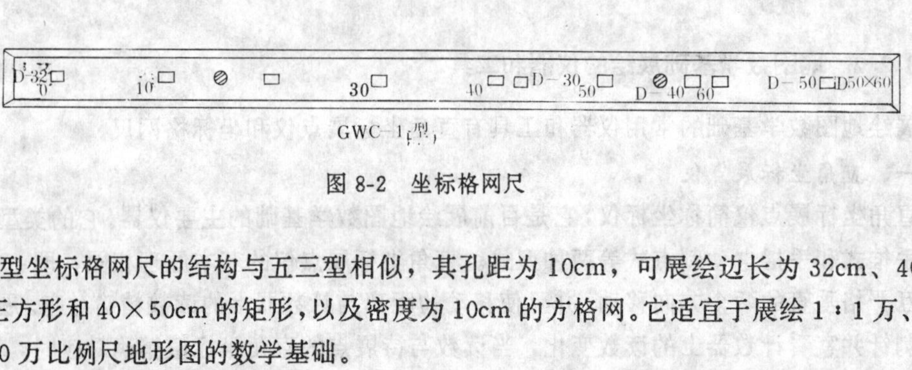

图 8-2　坐标格网尺

五四型坐标格网尺的结构与五三型相似，其孔距为 10cm，可展绘边长为 32cm、40cm、50cm 的正方形和 40×50cm 的矩形，以及密度为 10cm 的方格网。它适宜于展绘 1∶1 万、1∶5 万、1∶10 万比例尺地形图的数学基础。

GWC-1 型坐标格网尺的结构也与五三型相仿，其孔距为 10cm。可展绘边长为 30cm、

40cm、50cm 的正方形和 50cm×60cm 的矩形，以及密度为 10cm 的方格网。它适宜于展绘各种大比例尺地形图的数学基础。

不论哪种型号的坐标格网尺，尺的边缘均为有毫米刻划的直尺，尺面上刻有斜线比例尺，以供展绘和检查图廓点、控制点和加密方格网之用。

8.2.3 地图数学基础展绘的方法

一、用坐标展点仪展绘地图的数学基础

利用坐标展点仪展绘地图数学基础时，图廓点、直角坐标网点、经纬线网点以及控制点可同时展绘，其主要步骤如下：

1. 数据准备

在展点之前，要计算出或从相应投影坐标表中查取出图廓点、经纬网点的直角坐标值和图廓边长等数据，还要从控制成果表中抄录出控制点坐标。

由于直角坐标值通常较大，或会超过坐标仪的计数器刻度范围，或会使展点工作不便。因此，通常要将直角坐标值改算为工作坐标。其实质是另设工作坐标原点，通过坐标平移将原直角坐标改算为工作坐标系下的坐标值。工作坐标原点应选在西南图廓点左下方的某处，其原点坐标应为坐标格网间隔的整数倍，且保证所有展绘点的工作坐标均为正值。

2. 展点

展点工作包括：整置仪器、安放图板、展绘坐标网端点、图廓点及控制点，并进行检查。

展点时，首先按计算好的位置（目的是使图幅在图板上的位置和方向均要合适）安放好图板，使刺点针对准工作原点，并使计数器上的指标线对准零位。然后移动刺针且同时察看计数器上的读数，当读数与被展点工作坐标精确对应时，刺下点位。按此方法，逐个展绘各待展绘点。并给各类点子画上不同的标记。展完全部待展点后，要使刺针回到起始点，进行“归零”检查。若归零差超过±0.1mm 应移动图板重新展点。

展点后要进行认真的检查，其点位误差不得超过±0.1mm，边长和对角线误差不得超过±0.2mm（已绘好的对角线其限差可放宽至±0.3mm）。

展点的点位全部检查并确认合格后，方可松动仪器，取下图板，进行连线和着墨。

二、用坐标格网尺展绘地图的数学基础

利用坐标格网尺展绘地图数学基础时，要先进行展绘直角坐标格网，再以此为基础展绘图廓点、坐标格网点、经纬网点以及控制点，其具体步骤如下：

1. 数据准备

在展绘地图数学基础之前，也要计算或查取出图廓点、经纬网点的直角坐标和图廓边长以及从控制成果表中抄录出控制点坐标。

2. 展绘坐标格网

首先，根据图廓尺寸和坐标格网的密度规定，选用合适的坐标格网尺，并且确定绘制的正方形或矩形的尺寸。然后，在能将图幅安置在图板上合适位置的前提下，绘出坐标格网的首横线，即正方形（或矩形）的南边缘线。以此为基础，利用坐标格网尺展绘出密度符合规定要求的坐标格网点，进而连成坐标格网。

展绘好坐标格网后，要对其进行严格的检查，要保证坐标格网的正确性，即：方格网的长对角线的长度误差应小于±0.3mm；大方格的边长误差应小于±0.2mm；各小方格的顶点应位于同一条对角线上，其边长误差应小于±0.1mm。经检查确认合格后，方可进行后续的展点工作。

3. 展绘图廓点、经纬网点和控制点

首先，根据图廓点西南角点的坐标和规定的坐标格网密度，注记各坐标线的公里数。然后，用分规和坐标格网尺上的斜线比例尺，在相应的坐标格网中展绘出图廓点、经纬网点和控制点。

展点后，要检查图廓边的尺寸和对角线的长度，以及控制点间的距离。图廓边尺寸误差应小于±0.2mm；对角线长度和控制点间距离误差均应小于±0.3mm。

展点并经检查确认合格后，即可进行图廓的连线着墨、经纬网的加密，以及整饰和注记工作。

§8.3 地图内容的转绘

根据展绘好的数学基础，将资料地图上的内容转绘到新编地图上的过程，称为地图内容的转绘。地图内容的转绘方法通常有照相转绘法、光学投影转绘法、缩放仪转绘法以及格网转绘法。

8.3.1 照相转绘法

照相转绘法通常是先把资料地图照相、晒成蓝图，然后再拼贴到展绘有数学基础的图板上，以实现地图内容的转绘。由于照相转绘法具有转绘精度高、速度快的优点，因此被广泛地应用于地图编绘作业之中。

照相转绘法的基本原理是相似变换，适用于投影相同或虽然投影不同但经纬网形状相似

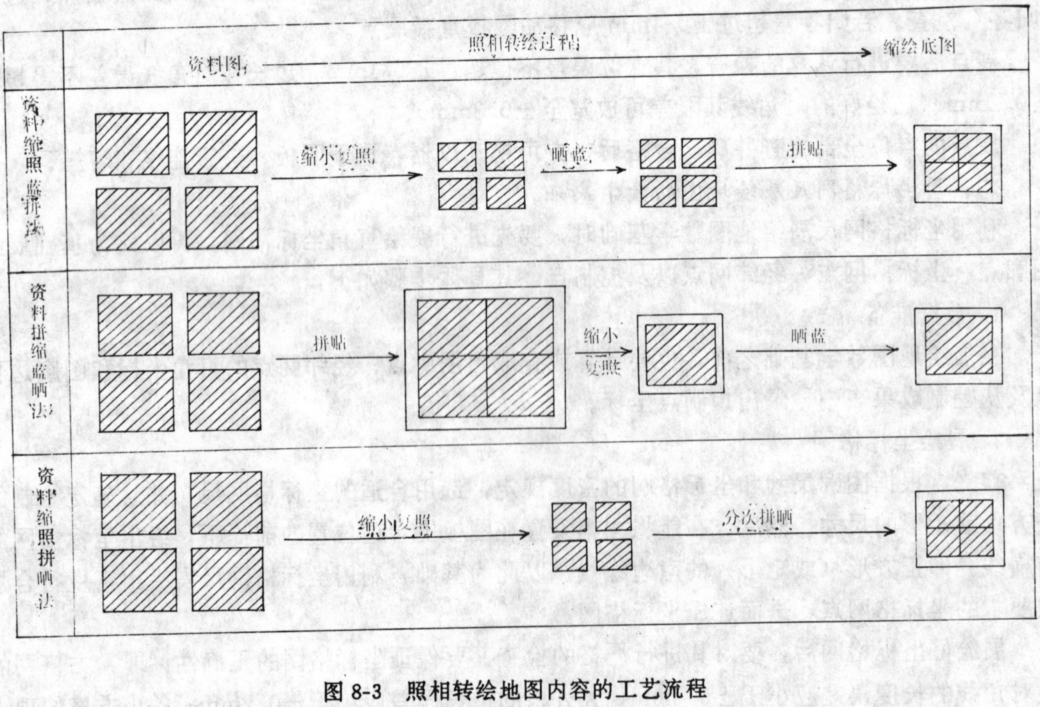

图 8-3 照相转绘地图内容的工艺流程

时地图内容的转绘。

照相转绘法的具体作业方案有：资料缩照蓝拼法、资料拼缩蓝晒法和资料缩照拼晒法。各种方案的工艺流程如图 8-3 所示。资料缩照蓝拼法，又称小板拼贴法，或称蓝图拼贴法。它是先将资料地图按新编图的比例尺缩小照相而制成底版，再用底版晒成蓝图，最后将蓝图拼贴在展绘有数学基础的图板上，以获得编绘底图；资料拼缩晒蓝法又称大板拼贴法。它是将资料地图先拼贴在按资料地图比例尺和新编地图投影展绘好数学基础的大图板上，而后按新编地图比例尺将整个大板缩小照相而制成底版，最后再用底版晒蓝而获得编绘底图；资料缩照拼晒法又称拼晒蓝图法。它是先按新编图比例尺将资料地图缩小照相而制成底版，然后在暗室中利用底版在展绘好数学基础的图板上分块拼晒蓝图，以获得编绘底图。在这 3 种方案中，资料缩照蓝拼法是最常用的方法。资料拼缩蓝晒法具有既能提高转绘精度又可获得版面平整、清洁的编绘底图之优点，但有拼贴工作量大的缺点。资料缩照拼贴法具有不必进行蓝图或资料地图拼贴之优点，但有对照相和套晒精度要求较高而不易掌握、且需在暗室中操作等缺点。

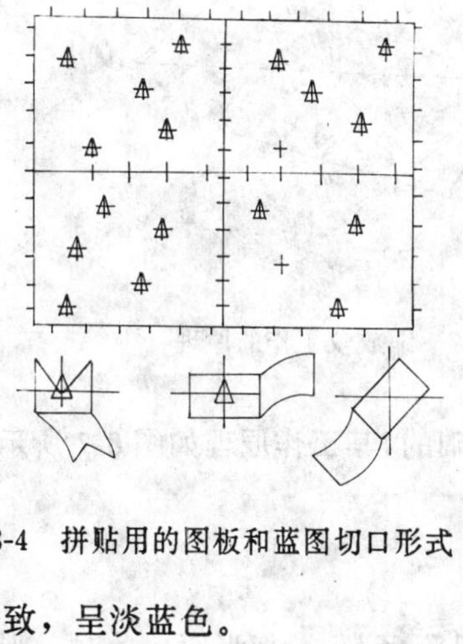

图 8-4　拼贴用的图板和蓝图切口形式

为了保证复照后得到质量好的蓝图，用于拼贴的资料地图最好是黑图或棕图，线划要清晰，色调要一致，过细或断续的线划必须加描。对于彩色资料地图，必须将蓝色的线划改描成不易感光的黑色或绿色；对于普染成绿色的森林覆盖区一般需用白色加描或用稀酸退去绿色。

复照前还要检查和处理由于纸张伸缩或其他原因所引起的资料变形。根据检查的结果，在资料地图的图边上标画出实际尺寸和理论尺寸，供复照时纠正尺寸参考。用于拼贴的蓝图，其尺寸与理论尺寸应相符或略小，但其差值不能超过 0.4%；蓝图应底色洁白，无斑点、无条痕，线条清晰，色调一致，呈淡蓝色。

拼贴之前，应将展绘有数学基础的图板着墨（图 8-4）。同时，将蓝图多余的白边裁掉，将拼贴时用的控制点及坐标网交点墨绘出十字线，并在其周围切出 3mm×4mm 的长方形或 M 形切口（图 8-4），使拼贴时能看到图板上相应的点和线。

拼贴蓝图的方法视蓝图而定。若蓝图尺寸准确、对点误差不超过限差时，可整块拼贴；若蓝图尺寸比理论尺寸略小，可利用纸张遇湿膨胀的特性，并辅以拉伸进行拼贴；若蓝图尺寸与理论尺寸相差较大，可采用分割拼贴、均匀分配变形的方法进行拼贴。

8.3.2　光学投影转绘法

光学投影转绘法是使用光学投影设备在新编地图的坐标格网上形成相应资料地图的光学图象，以此为依据而进行地图内容的转绘。

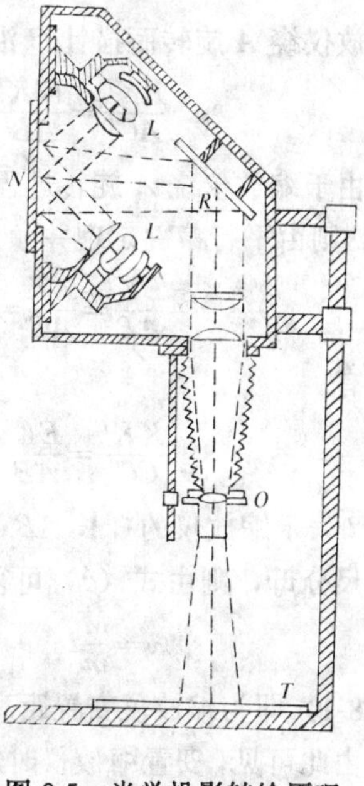

图 8-5　光学投影转绘原理

图 8-5 所示的是光学投影转绘法的原理。资料地图（N）被强光源（L）照射后，光线被反射和散射出来，其中反射光的一部分经反光镜（R）反射后，通过镜头（O）到达制图台（T），在展绘好数学基础的图板上形成光学图象。转绘时，可用铅笔尖沿光学图象描绘，并同时进行制图综合。

8.3.3 缩放仪转绘法

缩放仪转绘法是以相似变换理论为基础，用缩放仪进行地图内容转绘的一种方法。缩放仪的全貌和结构如图 8-6 所示。其中尺杆 AD、BC 及 EF 上刻有毫米分划，并附有微动螺旋和游标尺，供安置缩放比读数之用。A 是缩放仪的工作极点，C、K 分别为安置描针和铅笔的位置。工作时要保证 K 点位于 AC 直线上。为此，安置仪器时应使 $AE=BF=EK$。

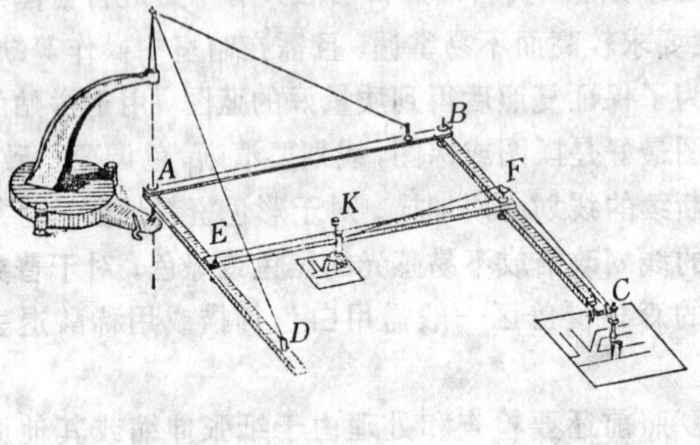

图 8-6　缩放仪

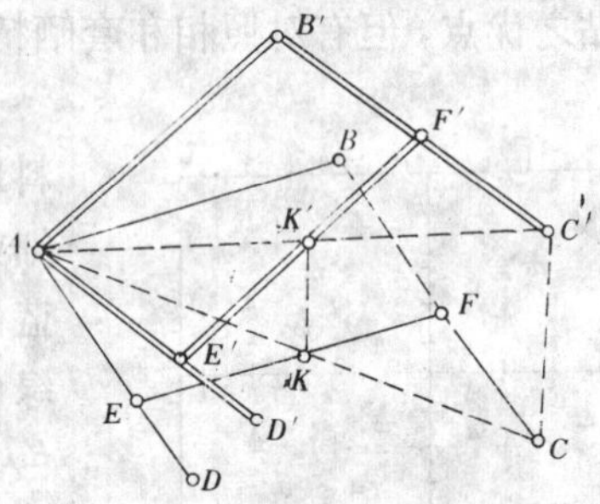

图 8-7　缩放仪工作的原理

缩放仪的结构是以平行四边形和相似三角形原理为基础的，其工作原理如图 8-7 所示。由于 $ABEF$ 为平行四边形，且 $AE=EK$ 和 $KF=FC$，则有

$$\frac{AK}{AC}=\frac{EK}{AB} \tag{a}$$

当缩放仪绕 A 旋转而描针 C 沿资料上的图形移至 C' 时，铅笔 K 随之移到 K'。此时，则有

$$\frac{AK'}{AC'}=\frac{E'K'}{AB'} \tag{b}$$

由于缩放仪绕 A 旋转过程中，E、K、F 的位置及尺杆长度不变，即 $EK=E'K'$，$AB=AB'$，则由平行截割定理并顾及（a）、（b）两式，可得

$$\frac{EK}{AB}=\frac{AK}{AC}=\frac{AK'}{AC'}\text{及}\frac{KK'}{CC'}=\frac{AK}{AC} \tag{c}$$

进而有

$$\frac{KK'}{CC'}=\frac{EK}{AB} \tag{d}$$

若以 l 表示缩放仪的杆长 AB；y 表示安置距离 EK；M 及 m 分别表示资料地图和新编地图的比例尺分母，则由式（d）可得

$$y=\frac{M}{m}l \tag{8-1}$$

式（8-1）即为缩放仪安置距离 y（EK）的计算公式。

由此可见，安置缩放仪时应使 $EK=y$，且使 $AE=BF=EK$，并注意使仪器座和尺杆架处于水平。

安置缩放仪时，通常是先使资料地图的长轴方向置于缩放仪对角线的垂线上，然后依此来确定图板和资料地图的相关位置。

使用缩放仪转绘地图内容时，通常分要素或分小区来进行。并且，一般是将内容转绘与制图综合结合进行。当资料地图和新编地图的数学基础相差较大时，可采用分块转绘，以便均匀配赋误差。

缩放仪转绘地图内容的精度，主要取决于仪器的质量、缩放比、尺杆夹角等因素。一般情况下，缩小转绘的点位中误差为±0.2mm—±0.3mm。这样的精度不能满足现行规范中转绘地图内容的精度要求。因此，缩放仪转绘法只能作为辅助的转绘方法，用于补充某些资料或转绘局部区域的内容。

8.3.4 格网转绘法

格网转绘法是在资料地图和新编地图上构成对应的网格，作为转绘地图内容的控制基础，然后用目估或简单的工具进行地图内容的转绘。

格网转绘法的理论基础是仿射变换。仿射变换具有下列特征，即：直线对应于直线；平行线对应于平行线；同一方向上的长度比保持不变，而不同方向上的长度比可以不相一致。根据仿射变换的特性，可以通过等分资料地图和新编地图上的对应基础网格的相应边来加密格网，作为转绘地图内容的基础。

作为基础的格网可以是直角坐标网、经纬网，也可以是由资料地图与新编地图上的相应点（比如对应的控制点）构成的三角形。资料地图与新编地图上的对应基础网格的形状可以相似，也可以不相似。由于利用格网转绘法可以实施不同形状格网间的图形转绘，故格网转绘法可以实施不同投影之间的地图内容转绘。

图 8-8 是在由等角圆锥投影的资料地图和等距圆柱投影的新编地图之间，以经纬网格为基础，通过网格加密来转绘地图内容的例子。图 8-9 是以控制点构成的基础网，通过网格加密来转绘地图内容的例子。

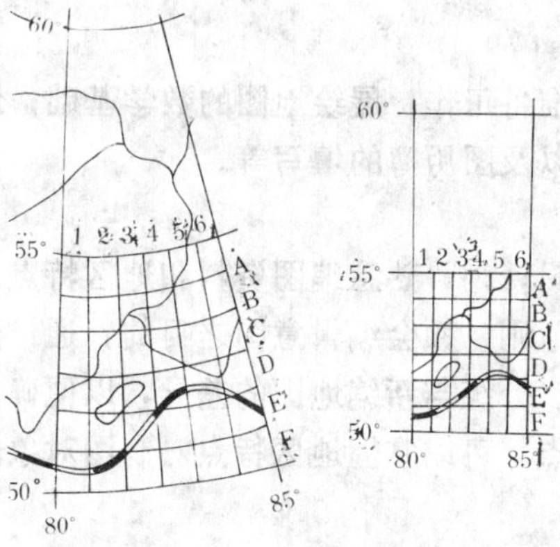

图 8-8　加密经纬网转绘地图内容

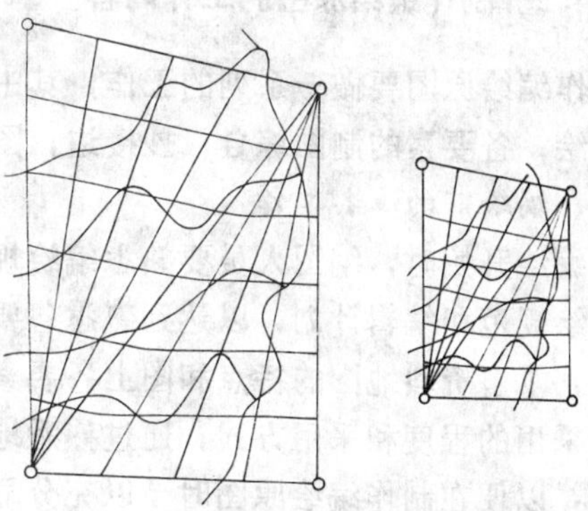

图 8-9　加密控制网转绘地图内容

§8.4 编绘原图的制作

编绘原图是编图作业的最后成果。它集中体现了新编地图的设计思想、主题和全部内容及表现形式。它是根据地图的用途和比例尺，并结合地区的特点，采用科学的方法，通过对资料地图上的各要素进行制图综合而获得的。编绘原图是制作印刷原图的依据，对成图的质量起着决定性作用。

8.4.1 对编绘原图的要求

为了满足制作印刷原图的要求，获得高质量的地图作品，应对编绘原图提出如下要求，即：

(1) 编绘原图的比例尺，原则上应与成图比例尺相同，以便于作业员确定地图最适宜的载负量和制图综合的程度；

(2) 编绘原图一般应采用一版编绘，也就是将全部地图要素都编在一块图板上，以便于协调各要素的相互关系。但是，有时由于地图内容复杂，亦可采用分版编绘。此时通常采用线划要素版和注记版的两版编绘；

(3) 数学基础的展绘精度、拼贴精度、资料转绘及各要素的描绘精度，均应符合规范的要求；

(4) 编绘原图上显示的各要素的综合程度及关系处理，应符合规范和编辑计划的有关规定，并要求主次分明、清晰易读；

(5) 图上符号的形状和大小应符合图式的规定，其位置应该精确；

(6) 所有注记应准确无误，与被注物体的从属关系要明确。注记一律采用书写，字迹要清晰；

(7) 图外整饰要求与规定的格式要一致；

(8) 线划描绘要清晰、准确，符合复照要求。用色符合规定。

8.4.2 制作编绘原图的工作内容

制作编绘原图要做一系列的工作，其中包括：准备工作；展绘地图的数学基础；地图内容的转绘；各要素的制图综合；抄接边；图外整饰以及图历簿的填写等。

一、编绘前的准备工作

在编绘开始时，编图人员要熟悉编绘规范和编辑计划，熟悉编图资料和地区特点。通过熟悉编绘规范和编辑计划，以达到熟悉各要素综合原则、领会编辑意图之目的；通过熟悉编图资料，了解资料地图的特点和图上各要素的分类、分级与新编地图的差异，以便确定资料地图被采用的程度和采用方式；通过熟悉地区的特点，可以掌握地区特点对制图对象的分布的影响，以便在制作编绘原图时予以充分显示。

二、展绘地图的数学基础

展绘地图数学基础是制作编绘原图过程中的一项重要的基础内容，它直接影响到地图的精度和质量。因此，对于其中的每一个工序都要认真、细致、准确地进行，并要进行严格的检查。

三、转绘地图内容

转绘地图内容是编绘工作的一个重要环节。在常规编绘作业中，一般采用照相转绘法来转绘基本资料地图的内容，而用网格法、缩放仪法等转绘补充资料。

四、地图内容的编绘

所编地图能否满足地图用途要求，并反映地面物体的分类及其相互联系的规律性，在很大程度上取决于各要素综合的正确与否。关于制图综合的理论和方法已如前述，在此主要介绍编绘原图的用色和各要素的综合程序。

为了便于掌握图面的容量，使图上各要素间的关系醒目，并有利于下阶段出版准备工作的顺利进行，编绘原图一般用彩色编绘。色彩的规定应基本与印刷图一致，但又要符合复照的要求。其用色的原则是：水系要素、雪山、冰川及其注记使用绿色；自然形成的地貌符号、等高线及其注记使用棕色；水部普染使用淡蓝；森林普染使用淡紫；小比例尺地图上的公路和需要区分的个别要素使用红色；上述以外的其他要素及其注记使用黑色。

为了保证编绘作业的顺利进行，必须遵守一定的作业程序。作业程序的拟定要考虑物体的重要程度、各要素的相互关系与制约关系以及相互避让的主从关系等。一般情况下，先要进行水域和森林面积的普染，然后按下列次序对各要素进行编绘，即：内图廓线，控制点和独立地物，水系要素及其注记，居民地和名称注记，道路网，地貌及其注记，境界线，土质与植被，图廓间整饰要素及其他要素。

五、抄边和接边

分幅编绘的地图不管是矩形分幅还是按经纬线分幅，为了保证相邻图幅内容的严密衔接，在绘图时必须进行抄边和接边。接边限差的规定及修改办法应按编绘规范的规定执行，并将接边情况记入图历簿。

六、图廓外整饰

图廓外的整饰内容随地图类型而差异很大。通常包括图名、图号、接图表、图例、直线比例尺和数字比例尺、三北方向图、出版年月、出版机关等。

七、填写图历簿

图历簿是编绘原图的技术档案，是评价新编地图质量的重要依据之一。它记载了整个编图作业过程的情况和技术资料，将作为档案资料与编绘原图一并保存下来。因此，必须认真及时地进行填写。

图历簿的内容一般应包括：编绘本图的技术要点；进度计划；制图资料的使用状况；数学基础的精度记载；编图中产生的问题及处理情况；编图质量的评语等。

八、审校与验收

编绘原图的审校与验收包括：编图人员的自校、专职审校员的全面检查和上级部门的验收。

编绘原图审校的基本任务是发现错漏和消灭错漏，并对编绘原图的质量作出实事求是的评价。编图人员的自校是保证成图质量的基础，除逐日、逐项进行认真自校外，最后还应全面地进行自校。编绘原图完成后，应由专职审校员对原图进行全面检查，以审核原图是否符合编辑设计文件的要求。如有不符合要求之处，应指出错误的实质和改正方法，以便编图员进行修改。修改后还要进行复审。最后给出审校的意见。

编绘原图经审校后，应交上级部门验收。验收的目的是鉴定编绘原图是否合格，能否作为制作出版原图的依据。

8.4.3 制作编绘原图的作业方案

在目前的地图生产中，制作编绘原图的方案主要有编稿法、连编带绘法和连编带刻法等，它们的主要流程如图 8-10 所示。

图 8-10 制作编绘原图的作业流程

一、编稿法

编稿法是在照相转绘法所拼贴的裱版蓝图或铅稿图上，用多色进行编绘，以获得编绘原图的方法。用这种方法编图，采用的比例尺一般与出版图的比例尺相同，并且通常是将全部内容编绘在一块版上。当遇到内容比较复杂时，也可分版编绘，即分成线划版和注记版。采用编稿法获得编绘原图以后，还需制作印刷原图，才能制作印刷版，最后印刷成图。

编稿法是编图的最基本方法，特别是当地图内容比较复杂、且需要利用多种资料来补充或修改基本资料内容时，采用本法最为适宜。

二、连编带绘法

连编带绘法是将资料拼贴图板，经复照晒制成裱版蓝图，然后一边进行制图综合，一边进行精细描绘，获得的成果既是编绘原图，又是印刷原图。

连编带绘法使"编"、"绘"工序合并，从而缩短了成图的周期、降低了生产成本，而且可以提高成图的精度。但是，由于"编"、"绘"合并，也给编绘工作带来一定的难度和提出了更高的要求。因此，连编带绘法一般只适用于地图内容简单、所要资料单一、缩小比率不大、比例尺邻近的地形图编绘。

连编带绘法一般采用放大编绘的方法，且在多数情况下采用分版作业。因此，为了掌握好地图载负量，应做好综合样图，并在分版编绘时特别注意不同版间的协调和避让关系。

三、连编带刻法

连编带刻法是将资料图拼贴版复照所得的底片在刻图片基上晒印蓝图，然后边进行制图综合、边进行精细刻绘，最后获得的成果相当于印刷原图的底片，可直接用于翻晒印刷版。

由于连编带刻法的成果可以直接用于翻晒印刷版，从而大大地缩短了成图周期，降低了成本，提高了成图的精度。但是，由于"编"、"刻"合并，这就增加了编绘工作的难度，要求编图员不仅要有很强的编图能力，还要具备良好的刻图技能。因此，连编带刻法一般适用于地图内容不太复杂、底图质量良好、比例尺邻近的地图编绘。

应该指出，连编带刻法必须按照出版比例尺进行编绘作业。

§8.5 地图出版前的准备

地图出版前的准备是为了满足复制地图的要求而进行的一项过渡性工作，其主要任务是根据编绘原图制作成符合翻晒印刷版要求的出版原图。在按编稿法进行地图编绘作业时，编图员着重考虑的是地图的内容的科学性和正确性以及制图综合的质量，而对于线划、注记等的描绘质量注意较少，使得编绘原图的整饰水平往往达不到印刷原图的要求。因此，需要根据编绘原图重新进行清绘，而制成符合出版要求的出版原图。

在出版准备过程中，除制作出版原图外，为了便于制版工作的顺利进行，还需要制作线划分色参考图、底色分色参考图、半色调原图、彩色原图、线划试印样图和彩色试印样图等。

8.5.1 出版原图的制作方法

出版原图的制作方法有清绘法和刻绘法两种。根据所用材料不同，清绘法又可分为图纸清绘和薄膜清绘。

一、清绘法制作出版原图

1. 在图纸上清绘出版原图

为了提高线划质量、减少绘图误差和便于清绘，通常按成图比例尺放大1/4左右清绘。待制印时，再用摄影方法缩回到成图比例尺。

图纸清绘又有一版清绘和分版清绘两种作业方式，其工艺流程如图8-11所示。一版清绘可以保证各色版的图廓尺寸完全一致，有利于各种颜色的精确套合，但却需要进行分色、分涂和制作分色参考图及分色底片；分版清绘可以部分或全部省去分色参考图及分色底片的制作和分色、分涂过程，但是由于分版作业的结果，难以保证各版的图廓尺寸严格一致，容易出现套印误差。

顺便指出，由于制印新技术的发展，当前提出了彩色清绘方案，即按分色的要求选定不同颜色绘出一版彩绘出版原图，然后利用分色摄影或电子分色机分色，就可直接得到分色版。这不仅更加简化了制印工序，并能保证分色和套合精度。

2. 在聚脂薄膜上绘制出版原图

在薄膜上清绘出版原图也有两种方法，即：在薄膜蓝图上清绘和在编绘原图上蒙绘，其工艺流程如图8-11所示。此种方案可以把分色出版原图叠加在一起来检查各色要素的套合精度。并且，应用这些分色出版原图可以直接制作印刷版。但是，此种方案不能放大清绘，因而绘图质量要受到一定影响。

二、刻绘制作出版原图

刻绘法是将编绘原图晒蓝在刻图片基上，获得多张带有编绘原图蓝色线划的刻图膜，然后参照分色参考图，刻绘出各色线划出版原图，如图8-11所示。

用刻绘法制作的出版原图，可以作为制版用阴像底片而直接用于制版，从而简化了制印工序。

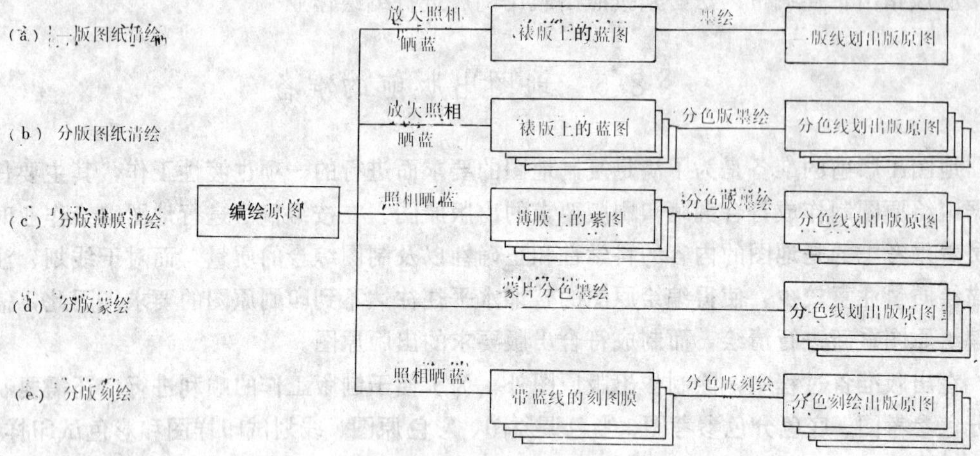

图 8-11　制作出版原图的工艺流程

8.5.2　出版原图应满足的基本要求

出版原图是制作印刷版的依据，不论采用何种方法制作，均应满足以下基本要求，即：

(1) 图廓尺寸应与理论尺寸一致，其边长误差不得超过±0.2mm，对角线长度误差不得超过±0.3mm，在分版制作的各版相应边长及对角线较差应分别不超过±0.2mm及±0.3mm；

(2) 地图的内容及图形的位置应与编绘原图严格一致；

(3) 所有的整饰内容都应符合有关规定；

(4) 绘（刻）图质量及注记剪贴应符合出版要求。

§8.6　地图的出版和晒图

由测绘或编绘得到的原图，经过清绘或刻绘之后，即可通过印刷、晒图等方法进行复制，以得到足够数量的地图复制品。

8.6.1　地图印刷

一、地图印刷的方法

印刷是根据印刷原稿制成印刷版，再利用印刷机和印刷油墨，将印刷版面上的图形、文字转印在纸张上或其他片基上，以获得其复制品的工作。根据印刷版面上印刷部分（图形、文字部分）与空白部分（无图形、无文字部分）的相对位置高低不同，印刷版面分为凸版、凹版和平版。它们的制版印刷方法以及适用的范围各不相同。

在印刷地图时，地图内容复杂、线划精细，印刷的精度和质量都要求很高；地图的幅面一般较大且不能任意分割，要求拼贴准确、色调一致；印刷多色地图时，还要求套印准确，并能在版面上修补制版和印刷过程中发生的错漏；同时，还要求地图的印刷方法要简便且成图快、成本低。平版印刷是用物理化学的方法在版面上建立印刷部分和空白部分，这在一定程度上，无论图幅大小和制版种类（如线划印刷版、普染印刷版）都较易制作，既能保证一定的质量和精度，也能在版面上修改错误和填补遗漏；另外，平版印刷使用的是胶印机，这既能保证多色套印准确，又能在短时间内印出复杂、精细的大批量彩色地图，成本低。因此，我国目前印刷地图主要采用平版印刷的方法。

平版印刷版面上的印刷部分和空白部分基本上都在同一平面上。它是用透明的阴图或阳图底片与涂有感光膜的版面接触晒像，经处理后使版面上的印刷部分亲油、空白部分亲水。在印刷时，先将版面湿水。由于油水相斥而导致水只被附在空白部分，而不沾在印刷部分上。此时，再在版面上遍辊油墨。同样，由于油水相斥而导致油墨只被吸附在印刷部分，空白部分因有水而不沾油墨。然后，将版面上印刷部分的油墨先转印到印刷机的橡皮布上，再转印到纸张（或其他片基）上而获得印刷品。平版印刷的方式又称胶印（图 8-12）。

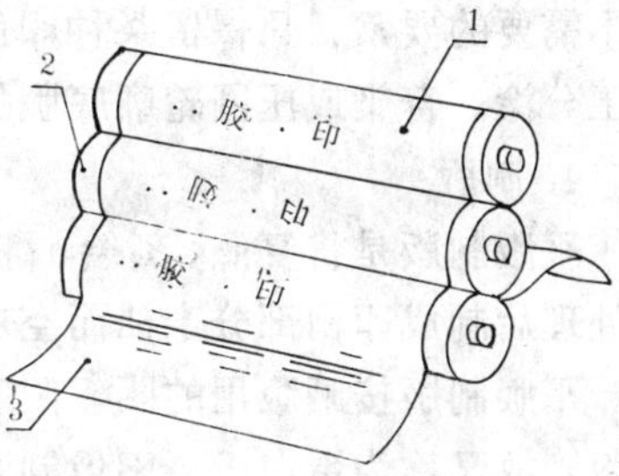

1 —印刷版； 2 —橡皮布； 3 纸

图 8-12 平版印刷示意图

二、印刷地图的主要工序

在印刷作业开始之前，首先要检查验收印刷原图。当印刷原图的精度、清绘质量等符合印刷作业要求、且分色样图合格时，方可将印刷原图作为翻晒印刷版的底图。为使印刷作业顺利、有秩序地进行，还应根据印刷原图的类型和特点、成图设计要求、制印设备和技术条件等，制定合理的地图印刷工艺方案，以指导印刷作业。

地图印刷的作业程序随编绘、清绘的作业方法和出版原图的类型不同而有所差异。其中，裱版的一版清绘原图印刷彩色地图的工艺过程几乎涵盖了平版印刷的各个工序，而其他类型出版原图的印刷工艺过程都只是其中的几个工序的组合。

裱版的一版清绘原图印刷多色地图的作业程序一般包括：复照—翻版—修版—分涂—制版—打样—印刷—印刷成品的整理。下面就对这几个基本印刷工序进行扼要的叙述。

1. 复照

复照是将印刷原图按出版图的比例尺照相，以获得供翻版或制版用的底版。地图复照通常使用复照仪。复照仪的构像原理与普通照相机相同，不同的是复照仪的成像幅面较大、复照精度高，且能进行放大、等大或缩小复照，并能纠正图幅边长误差，可以保证底片所需的尺寸和精度。

地图复照使用的感光片有湿版和干片两种。湿版是以玻璃版作为片基、以碘化银为主的卤化银作为感光剂的硬性色盲片。它适用于黑白线划图的复照。由于感光层在曝光过程中必须保持湿润，因此感光片需要在复照时临时制作后立即使用；干片一般以聚酯片作为片基、以氯化银（或溴化银）为主的卤化银作为感光剂的感光片。它可由专门工厂预先制作，用户只要根据复照要求进行选购即可。

印刷连续色调原图（晕渲图、影像图、水域或森林普染等）时，需采用网目复照，即：在感光片（版）前面加上一块用光学玻璃或胶片制成的网目屏，将连续色调原图摄成网点粗细与疏密来表现色调浓淡变化的影像底片，才能制版印刷。

2. 翻版

翻版是用复照底片、刻绘原图或在透明片基上清绘的原图与络胶感光版、银盐感光版、重氮感光版接触晒像，复制出所需数量的阴版或阳版，供分涂和制版用。

地图印刷作业中常采用铬胶翻版法，它可以进行异像翻版、同像翻版以及制作撕膜版。异像翻版是由阴版翻制阳版或由阳版翻制阴版；同像翻版是由阴版翻制阴版或由阳版翻制阳版；撕膜版是膜层可沿轮廓界撕下来的底版。

3. 修版与分涂

修版是用修涂颜料涂盖复照或翻版所得底版上的透砂点或擦伤，用刻针刻透或修整底版上带有灰雾的线条。分涂是印刷多色地图时，根据分色样图在复照或翻版的底版上用涂料涂盖不需要的要素，只保留某种印色相同的要素和规矩线。线划要素的分色版的分涂，一般用手工分涂。普染或压网轮廓底版的分涂用描涂淡蓝阳版或用撕膜版通过撕膜而得到。

4. 制版

平版制版是将复照、刻绘、翻版或分涂的底版及透明片清绘原图与印刷感光版接触晒像，经处理后制成印刷部分亲油而空白部分亲水的印刷版。

平版制版按晒版用的阴、阳底版分为阴像制版和阳像制版。阴像制版使用的是铬蛋白感光版，故又称为蛋白版；阳像制版多采用铬聚乙烯醇感光版，其印刷部分在制版中经腐蚀处理稍为凹下，故又称平凹版。最近几年已生产和使用重氮树脂预制感光版，又称 P.S 版，可保存数月至一年。

多色印刷图上同一颜色的深浅，是通过不同疏密网线或网点来实现的，印刷这种不同色调层次的印刷版，称为色层印刷版。它是用印同一种颜色的线划底版和普染（压网）轮廓底版套晒制版得到的。几块轮廓版与印刷感光版套晒时，在感光版与轮廓版之间分别衬以不同比例的网线或网点的胶片，可晒制出含有不同疏密网线或网点的色层印刷版。

5. 打样

打样是将制好的各色印刷版放在打样机上，按照规定的颜色打印成样图。打样获得的样图可用于检查内容有无错漏，用色是否标准，各版套印是否准确。查出的问题经修改后打印出标准样张，经审查同意后作为正式印刷的标准。

6. 印刷

印刷是将印刷版安装在胶印机上，依照打样的标准样张为标准进行调色，经过印刷以获得大批量的印刷品。

地图印刷的用纸主要是胶版纸和海图纸。这两种纸是在经化学方法处理并漂白的长纤维纸浆中加入适当的填充料和胶质，并经压光而制成的。这两种纸具有质地均匀、不透光、纸面洁白平滑、伸缩性小、耐折叠等优点，符合印刷地图的要求。

印刷地图用的胶印油墨，应具有着色力强、透明性好、粘度适当、颗粒细微、耐光性好以及适当的干燥性和耐水性、耐酸碱性等性能。

7. 印刷成品的整理

印刷成品的整理就是把印出来的地图进行截切和检查，剔除废品，然后按质量分级，并按规定的数量进行包装。

图 8-13 是裱版的一版清绘原图印刷四色地图的工艺过程。

表 8-1 是几种印刷原图印刷多色地图的工艺过程。

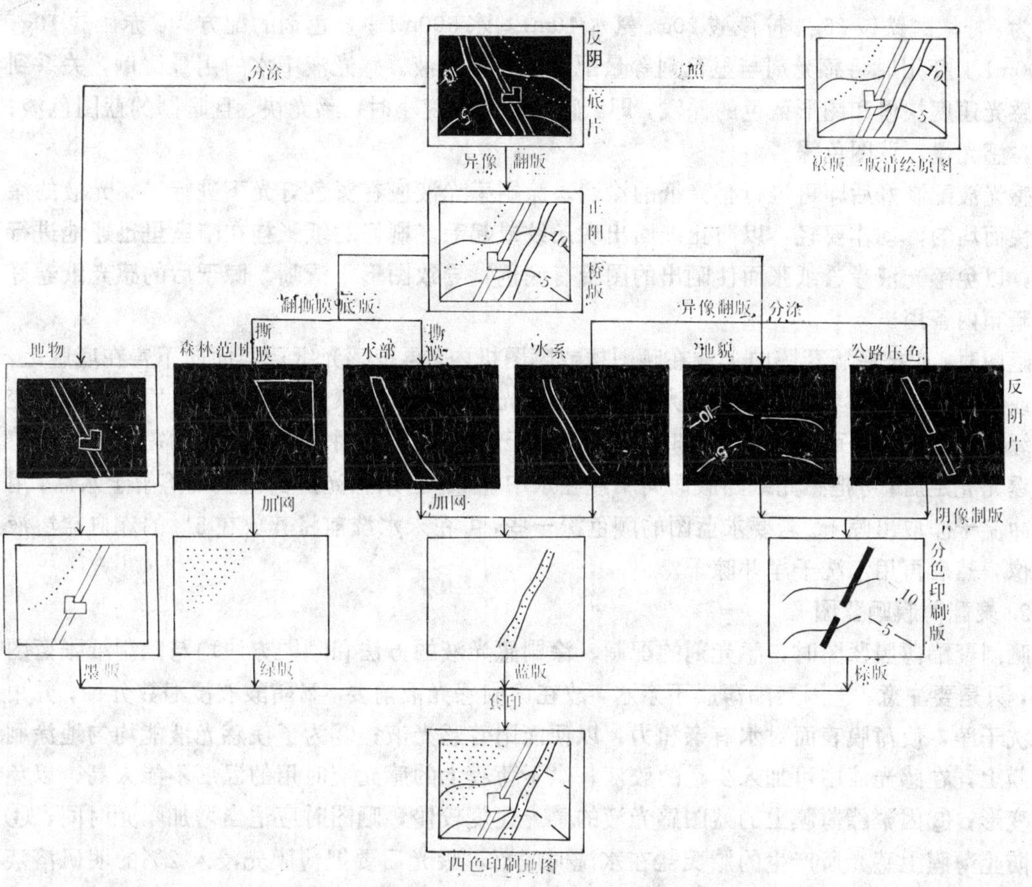

图 8-13 裱版的一版清绘原图印刷四色地图的工艺过程

表 8-1 几种印刷原图印刷多色地图的工艺过程

印 刷 原 图	制版印刷工艺过程
裱版的一版清绘原图	复照—翻版—分涂—制版—打样—印刷
裱版的分版清绘原图	复照—制版—打样—印刷
透明片基上一版等大清绘原图	翻版—分涂—制版—打样—印刷
透明片基上分版等大清（刻）绘原图	制版—印刷

8.6.2 晒图

晒图是复制少量地图的一种常用方法，多用于工程大比例尺实测地图清绘原图的复制和制作编绘原图的底图。晒图通常有晒蓝图和熏图两种方式。

一、晒蓝图

晒蓝图是用阴像底片晒制阳像蓝图。在晒蓝图过程中，底版上的透明部分在蓝图上是蓝色，不透明部分在蓝图上是白色。蓝图可以晒制在纸张上或打毛的聚酯薄膜上。

1. 纸张晒蓝图

纸张晒蓝图的工艺流程是：配置感光剂和显色剂—刷制感光纸—晒图—水洗显像。

晒蓝图的感光液一般用柠檬酸铵作感光剂，用赤血盐作显色剂。一般情况下，感光剂的配方为：柠檬酸铁铵 25g、柠檬酸 20g、氨水 10mL、水 500mL；显色剂的配方为：赤血盐 10g、水 500mL。使用时将感光剂与显色剂等量配合制成感光液。感光液中水的用量比例，关系到晒图感光速度快慢和图形蓝色的深浅，即：感光液的浓度小时，感光快、且晒制的蓝图色淡；反之，感光慢、蓝图色深。

感光液配制好后即可进行感光纸的涂刷。涂刷感光液应在黄色灯光下进行。感光液的涂刷要快而均匀，动作要轻，以防止纸面出现条纹或起毛。刷好的纸张挂在暗室里迅速地进行干燥，以免感光液渗透纸张而使晒出的图带有底色，导致图形不清晰。晾干后的感光纸卷好放入暗箱内备用。

晒图时，应把底版药膜向上放在晒图框或晒图机内，再把感光纸药膜面向下盖在底版上，盖上或扣紧晒图框板盖，然后用日光或含有蓝紫光的灯光进行曝光。当图纸由原来的黄色变成黄绿色、蓝色、进而变成蓝灰色时，说明曝光已足。通常，用太阳光晒图约需 2—3min。

曝光充足后，可把感光纸药膜面向下浸在水中显像。当未感光的药物全部溶解于水后，用清水冲流干净取出晾干。若要求蓝图的颜色深一些，可在未水洗前将其放在 5%的赤血盐溶液中呈像，然后再用水洗干净并晾干。

2. 聚酯薄膜晒蓝图

晒制聚酯薄膜蓝图时，感光剂的配制、涂刷感光液的方法和晒图方法均与晒制纸张蓝图相同，只是要注意：①因聚酯薄膜不亲水，故在涂刷感光液前要 5%醋酸液浸泡数分钟，并用水冲洗干净，使薄膜表面对水有亲和力，以便能附着感光液；②为了使感光液能均匀地涂刷在薄膜上，在感光液中可加入少量的胶液；烘干薄膜上的感光液时用的温度不能太高，以免薄膜变形；③因聚酯薄膜上的蓝图感光液的感光速度较慢，晒图时应适当增加曝光时间；④为了防止薄膜上感光所产生的滕氏盐在水洗时脱落，曝光后要把薄膜先浸入 2%的明矾溶液或 10%盐酸溶液中约 1min，再取出浸在 5%赤血盐溶液中显影约 1min，然后水洗晾干，就可得到聚酯薄膜蓝图。

二、熏图

熏图又称重氮盐晒图，它是用透明或半透明的阳像原图与重氮感光纸或重氮感光片接触晒像，经氨水熏显而得到紫、褐、蓝、红、棕等不同颜色的阳图复制品。

熏图用的重氮感光纸由专门工厂制造。熏图比晒蓝简便，熏图纸感光速度较快，曝光后用氮水熏像，无需水洗晾干，但成图质量没有蓝图好。

熏图方法分曝光和氮熏两步。曝光的方法与晒蓝图相同。但因其感光快，在阳光下约需 0.5—2min。实际作业中，可先用手指盖住感光纸边缘的一部分，不让曝光。等到曝光部分的图纸由黄开始变白时，移开手指，使这一未曝光部分进行曝光，当这部分也由黄变白时即可停止曝光。曝光时间掌握得是否恰当，关系到熏图的成败。若曝光不足，受光部分的重氮化合物没有充分分解，熏出的图会带底色；若曝光过渡，又会使不应受光部分也受到光的作用而使重氮化合物分解，致使图形残缺不全或消失。

曝光结束后，即可从晒图框中取出图纸，放进熏图箱内用氮水进行熏图，即可获得底图的复制品。

第九章 遥感制图

§9.1 遥感及其与制图的关系

9.1.1 遥感的概念

遥感，就广义而言，泛指各种非接触的、远距离的探测技术。或者说，是一种远离目标，通过非直接接触而判定、测量并分析目标性质的技术。就狭义而言，主要指从远距离、高空、以至外层空间的平台上，利用可见光、红外、微波等探测仪器，通过摄影或扫描、信息感应、传输和处理，从而识别地面物质的性质和运动状态的现代技术系统。

图 9-1 显示了装载在运载工具上的传感器收集地表物体反射或发射电磁波信息的情况。图 9-2 用图解的方式绘出了遥感信息的获取、数据处理、判读、制图、分析评价的整个流程。从两幅图中可见，遥感技术与空间科学信息科学及地学等学科关系密切，是一门综合性很强的新技术。它集中了航空、航天、电子学、计算机、现代光学、信息科学等学科发展的最新成就，成为现代科学技术的重要组成部分。同时，遥感技术又广泛地应用于国土资源调查、能源开发、气象服务、环境监测等方面，为国民经济建设服务。

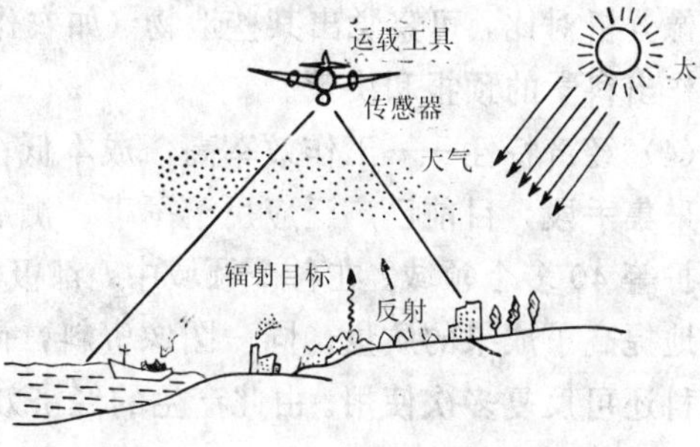

图 9-1 遥感数据收集

1. 遥感特性

(1) 空间特性——视野辽阔。在遥感技术出现以前，人们只能站在地面上观察事物，视野范围狭小，有很大的局限性。遥感技术出现以后，人们的视野由此得到了扩大。一幅 1∶6 万航空像片，可覆盖地面 116.64km²；一幅陆地卫星像片，覆盖面积可达 185km×185km（即 34 225km²），约相当于我国海南省那么大。人们能同时进行这么大范围的观察，对于研究、调查地面资源，分析各种地面事物的分布规律和制约关系是非常有利的。

(2) 多光谱特性——信息量丰富。现代化遥感传感器能感测人眼不能察觉的紫外、红外和微波等电磁辐射信息，并将其转换成人眼可见的图像，使我们所获得的关于自然现象和地物的信息量大大增加。由此，不仅使我们对自然物体的认识进一步深化，而且可以发现一些新的自然现象。

微波遥感可以在任何时间、任何气象条件下成像，使人们对地物的观测达到全天时、全天候。同时，由于微波有一定的穿透能力，因而可揭示被冰雪、干沙等所掩盖的某些自然现

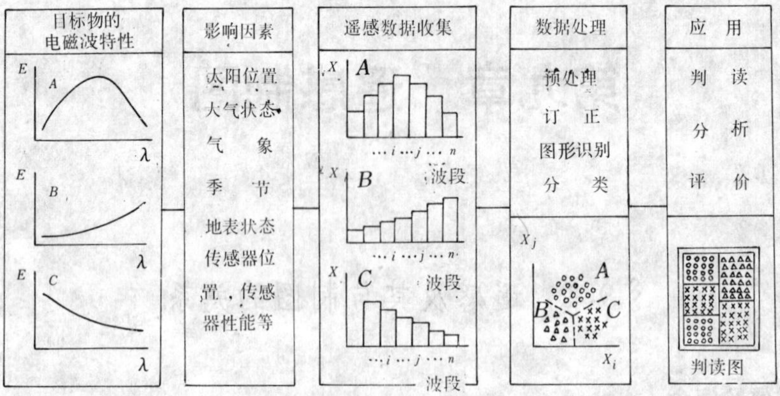

图 9-2 遥感数据的流程

象。

(3) 多时相特性——资料更新周期短，有利于动态监测。遥感图像是遥感仪器对地面的瞬时成像，通过连续探测，可获得不同时间的地面影像。例如：陆地卫星每隔 18 天可对世界各地（两极除外）在同一时间和大致相同的太阳高度、方位角条件下成像一次，将不同日期的图像分析对比，可察觉出某些地物（如农作物、森林、水系、火山等）的变化特点和速率，以便作出科学的预报和决策。

(4) 经济特性——工作效率高，成本低；一次成像，多方受益。遥感技术这种现代化的信息采集手段，目前已广泛应用于军事、测绘、地质、地理、农林、气象、水文、海洋及环境保护等 40 多个领域。在各个领域中，都极大地加快了工作速度，大幅度地降低了成本，并显著地提高了成果的质量。同一图像资料，尚可为许多不同的学科（或专业）所使用，对有的学科还可反复多次使用。由此产生的经济效益是惊人的，故受到世界各国政府的高度重视。

2. 遥感分类

依据分类准则的不同，遥感有多种形式的分类：

(1) 依传感器接收信号的来源和方式，可分为被动遥感和主动遥感。所谓被动遥感是指传感器直接接收地面物体反射或发射的电磁波来探测物体的遥感方式，例如多光谱扫描。所谓主动遥感是指利用人工发射一定频率的电磁波信号来探测物体的遥感方式，例如侧视雷达。

(2) 按运载工具所处的高度，可分为地面遥感、航空遥感、航天遥感（图 9-3）。

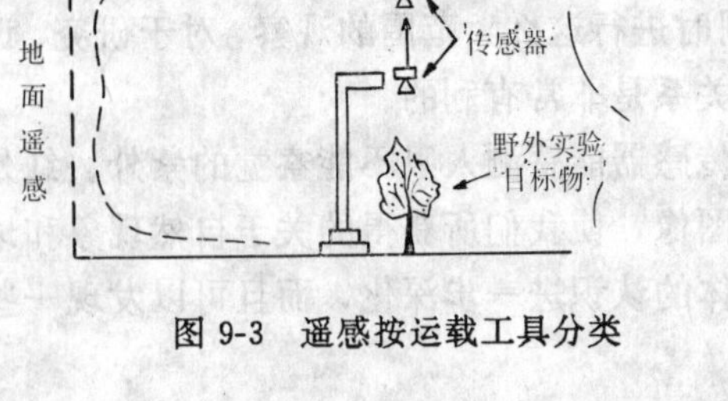

图 9-3 遥感按运载工具分类

(3) 按所获得遥感资料的结果，分为影像方式和非影像方式的遥感。影像方式的遥感是指能够获得图像资料的遥感，按其成像原理又可分摄影方式和非摄影方式的遥感。非影像方式遥感是指只能获得数据或曲线记录而不能最终获得图像资料的遥感，例如：使用微波辐射计和红外辐射仪所进行的遥感。

（4）按应用领域，可分为农业和林业遥感、地质遥感、气象遥感、海洋遥感、环境遥感等。

遥感技术的不断发展，促进了现代地图制图学的进步与发展，导致遥感制图的崛起，使之逐渐形成现代地图制图学中的一个新分支——遥感制图学。它是遥感技术与地图制图学间相互渗透的产物，还在不断发展和完善之中。

9.1.2 遥感的发展阶段

遥感是 20 世纪 60 年代新兴的综合性探测技术。遥感科学技术由于传感器和运载工具的革新而得到迅速发展，其发展历程大体上可以概括为几个阶段。

1. 萌芽阶段

1839 年世界上发明了照相摄影技术，法国就有人试用拍摄的照片制作地形图，这标志着遥感科学技术的兴起。1858 年以后几年，法国、美国相继有人利用运载工具装载照相机进行空中摄影。这时的运载工具是气球、鸽子和风筝。它们的目的都是为了在空间利用各种方法来观测地球。1909 年 4 月 24 日，意大利人威尔伯·怀特（Wilber Wright）首次从飞机上拍摄了连续的航片，从此开始了航空遥感。到 1913 年，以地球资源遥感为目的的航空摄影已达到了实用程度，人们开始采用航空照片编制地形图和其他专题地图。例如：在利比亚，人们采用航空像片镶嵌图成功地编制出本格森（Bengashi）地区的油田地质图。

这一阶段主要是可见光黑白航空摄影。地面判读所用的仪器仅仅是简单的立体镜和手持放大镜。

2. 发展阶段

第二次世界大战期间，由于军事上的需要，传感器取得了迅速的发展，航空摄影机进一步完善，电视摄像机、图像扫描仪、航空成像雷达相继出现。特别是 1937 年彩色航空像片的出现以及红外、紫外摄影技术和侧视雷达技术的出现，使遥感的电磁波范围逐渐扩展。加上人们对航空像片的应用与判读愈来愈重视，从而促进了航空遥感的迅速发展和完善。

这个时期的运载工具主要是飞机，也用过气球和火箭。在像片判读及成图仪器方面，已广泛地使用立体测图仪、多倍投影仪、纠正仪等航测仪器，并形成了一整套科学的航测原理与成图方法，使航空遥感在深度和广度上都有了很大的发展，并取得了显著的成效。

3. 飞跃阶段

从 1957 年到现在，可称为航天遥感阶段。1957 年 10 月 4 日前苏联发射了第一颗人造地球卫星，3 个月后美国也发射了一颗人造地球卫星，于是开始了人类征服宇宙空间的新纪元，也促成了遥感技术从航空遥感向航天遥感的飞跃。这一巨大的飞跃不仅使遥感平台的高度发生了变化，在传感器的研制、信息的传输和处理等方面都有了巨大的变化。卫星的运行要比飞机复杂得多，卫星上装载的传感器已不单是普通的摄像机，信息的传输也不只是回收胶卷的方法等，航天遥感技术包含了当今世界许多尖端科学技术的成果。

4. 现代遥感技术的发展趋势

随着计算机技术和空间技术的发展，卫星遥感目前进入一个能快速、及时提供多种对地观测海量数据的新发展阶段。主要有以下发展趋势：

(1) 新型传感器的不断研制和出现。技术上采用框幅式可见光黑白摄影、多谱段摄影、彩色摄影、彩红外摄影、紫外摄影，仪器设备主要有全景摄影机、红外扫描仪、红外辐射计、多谱段扫描仪、成像光谱仪、CCD 线阵列扫描和矩阵摄影机、微波辐射和散射计、合成孔径雷达及各种雷达和激光测高仪。此外还有用于海洋遥感和大气遥感的多种其他传感器。这些传感器用不同的方式，对电磁波不同的谱段，获得对地观测的数据，以硬拷贝的返回方式和软拷贝的传输方式提供原始的遥感数据。今后的趋势是将多种传感器放到同一个卫星计划中去，例如：已经发射的欧洲空间局的 ERS-1 和日本发射的 JERS-1。特别是美国计划于 1998 年发射的 EOS 地球观测系统空间站，装有 0.4μm—1.04μm64 波段中等分辨率成像光谱仪，0.4μm—2.5μm 192 波段高分辨率成像光谱仪，1.4GHz（*L* 波段）与 6GHz—90GHz6 波段高分辨率微波辐射计，还装有包括 *L* 波段（24cm）、*C* 波段（5.7cm）和 *X* 波段（3.1cm）在内的不同极化方式的 EOS-SAR 合成孔径雷达。从目前的动向看，微波遥感将是今后极有前途的遥感手段。

（2）形成多级分辨率影像序列，以提供从粗到精的对地观测数据源。

就遥感器高度而言，利用遥感无人飞机、直升机、飞艇、气球及低、中、高空飞机等航空遥感平台，可在 50m 到 20 000m 高度上，利用人造地球卫星、太空站、航天飞机、载人飞船和各种太空探测器等航天遥感平台，可在 200km 以上到上万公里的高度上获取各种大、中、小比例尺的遥感影像。

就空间分辨率而言，其跨度从 NOAA AVHRR 的 1.1km，Landsat MSS 的 80m，MOS-1 的 50m，TM 和 ERS-1AMI 的 30m，MOMS-01 的 20m，JERS-1 的 18m，SPOT-1，2 的 10m/20m，到前苏联 KFA-1000 及德国 MOM-02 的 5m（SPOT-3，4 也将达到 5m）。空间分辨率愈高，其地面扫描的宽度将愈小。例如：加拿大计划发射的 Radarsat 4 种作业方式下的空间分辨率为 10m、28m、35m 和 50m 或 100m，其扫描宽度相应为 50km、100km、180km 和 300km 或 500km。

如果再考虑到航空遥感能达到米级、分米级、甚至厘米级的分辨率要求，这样就自然地构成了地球表面的影像序列，人们在粗分辨率的影像上可以快速地发现可能发生变化的地区，而从细分辨率影像上，则可详细地分析和研究这些变化。

（3）可以反复地获得同一地区的多时相性影像数据。一般说来，空间分辨率低的其时间分辨率就高。如 METEOSAT（欧洲同步气象卫星），每 30min 即可重复得到同一地区的图像，NOAA 气象卫星每天可收到二次图像，以利于气象预报和全球变化监测。ERS-1 的重复周期为 3d，雨云气象卫星为 6d，陆地卫星 5，6 为 16d，MOS-1 为 17d，SPOT 卫星的重复周期为 26d（由于它的镜面反射侧向倾斜，故可在 26d 中多次获得同一地区的影像），印度 IRS-1 为 22d，日本 JERS-1 为 44d。航天飞机和航空遥感的重复进行由人们根据需要和可能作出计划。例如：香港每年作两次航空摄影，美国每五年对全国重复一次 1∶4 万的航空摄影。

遥感多时相性提供了人们长期、系统和动态地研究地球表面变化及其规律的可能性。例如：美国地质调查局地球资源观测卫星数据中心（EROS Data Center）和加拿大遥感中心（CCRS）合作，将连续 10d 中的 NOAA AVHRR 数据融合在一起，形成北美植被指数图，并结合 GIS 中其他各种数据，建立起北美土地覆盖数据库，供全球变化研究之用。

（4）尽可能增加更多谱段的遥感数据，一方面是充分利用能透过大气的各类电磁波谱段，向红外、远红外和微波方面扩展，另一方面则是细分光谱段。例如：美国 Landsat-6，7 陆地卫星的 ETM 增强型专题制图仪，除有 7 个光谱段外，还有一个高分辨率全色波段。此外它还加了 5 个热红外谱段和 8 个海洋宽视场遥感器。又例如：美国 EOS 地球观测系统空间站，计划了 256 个波段的高分辨率的成像光谱仪，光谱分辨率达到了 0.01μm，还加了 10 种微波辐射仪和合成孔径雷达数据，L、C、X 三波段 SAR 可使人们得到假彩色雷达图像，而且极化方式也是多种多样，这样做的目的在于提高识别和区分各种地面目标的能力，以利于影像自动判读。进一步的扩充是除了获取上述各种波谱信息外，再设法从航天器上直接获取地物的频谱信息，称之为地物频谱图像（SZI——Structural Zonal Image）。

基于上述发展趋势，未来的卫星遥感计划将尽可能地集中多种传感器、多级分辨率、多谱段和多时相于一身，并将 GPS、INS、CCD 等技术和快速数据处理系统结合成所谓既采集又处理数据的智能传感器，从而以更快的速度、更高的精度和更大的信息量来提供对地观测数据。

9.1.3 遥感与制图的关系

常规制图的信息源主要来自野外数据采集，由于制图区域自然条件、社会经济因素及人类生产活动等方面的制约，使得制图信息缺乏完整性和系统性，地图资料陈旧、现势性差。遥感技术的飞速发展，遥感信息的解译成果——遥感图像信息必然以地图的形式提供给用户；从遥感图像的数据中可以得到地图比例尺、三维空间坐标与时间坐标以及概括影响参数，这些特征同样可以从地图上得到；同时，地图作为一种容量巨大的环境信息的载负工具或存贮器，是最接近于遥感图像的，它始终是人类认识和传递信息的一种直观的、经济的、国际化的科学语言。由于以上原因，人们把遥感技术引入制图领域，使得地图的科学性、现势性和系统性都发生了根本的变化。例如：高度约为 900km 的陆地卫星，它所拍摄的每一张图像，覆盖地表 185km×185km 的地区，所以说遥感信息覆盖地球的每个角落，它不存在资料的空白地区；陆地卫星每 103min 绕地球一圈，每 18d 覆盖全球一遍（均指 Landsat1，2，3），这不仅可以满足调查全球资源的要求，而且可以得到最现势的制图资料，这些卫星图像数据，经过数字图像处理系统的自动分析、识别、分类等过程成图，加快了地图的更新周期，保持了地图的现势性。所以说遥感与制图有着密切的关系。

卫星遥感图像制图的广泛应用，迫使人们对传统的地图制图学进行一次深刻的变革，逐渐发展成为地图学的新分支——遥感制图学。遥感制图学就是要着重研究和解决如何利用遥感图像进行地图制图的有关问题。具体包括以下几个方面：

（1）地图的特性之一是具有数学基础和数学精度。为此，必须研究遥感图像本身的几何特性、误差分析、几何纠正和投影转换等问题，这是遥感信息用于制图的一种定位分析。

（2）从遥感图像信息中，研究制图要素的提取（或特征提取）方法和手段，这是保证地图内容完备性的一个重要方面，它是遥感信息应用于制图的一种定性分析。如编制植被图时，如何解决从图像信息中突出植被的不同类型等。

（3）利用遥感信息制图，在地图设计、表示内容、制图工艺等方面有其独特之处。如影像地图的编制工艺、表示方法等方面不同于常规的线划地图编绘。因此，必须研究其特点及成图精度的保证性等方面的问题。

（4）遥感制图的实践表明，传统的地图制图学理论已不能适应新的情况。如果说航空摄影测量制图原理的诞生是地图制图学理论的第一次突破，那么，航天遥感信息制图原理和方法的确立则是地图制图学理论的第二次突破。只是前者已经形成一套完整的理论体系和具备一系列仪器支持，而后者理论还正在摸索和形成之中，其仪器设备的硬件与软件也还处在创造与开发之中。

（5）将计算机地图制图与遥感图像的数字处理结合起来，使遥感制图趋于标准化、规范化和国际化。

(6) 遥感图像的出现，使地图的印刷技术从线划印刷发展到彩色影像印刷。目前我国大多采用网目半色调印刷，国外已广泛采用重氮复印、彩色静电、干银晒印和无网印刷，层次丰富，清晰易读，大大提高了遥感影像的使用价值。

计算机技术、多媒体技术、卫星遥感和卫星定位技术的迅速发展促使人们考虑建立自动化和智能化的空间对地观测数据处理系统，这将成倍地增加遥感信息在地图制图中的利用率，地图制图人员必须充分意识并理解遥感的这些发展，以便最大限度地利用其成果。

§9.2 遥感图像及其判读

9.2.1 遥感图像

遥感图像分为航空遥感图像和航天遥感图像。

(一) 航空遥感图像

航空摄影像片是早为人知的航空遥感图像，同航天遥感图像相比，它具有比例尺大、表示碎部详细、几何精度高、可进行立体摄影和量测等优点。最常见的航空遥感图像有航空摄影图像、热红外图像和雷达图像等。航空摄影图像主要取决于光的反射，它是用各种照相机、乳剂、滤光片经过可能的定向和不同程度的纠正而获取的；热红外图像主要取决于温度，它是物质从热红外区发射能量，聚集到红外探测器上，经过能量的转换，并以图像的形式加以记录，从而产生热红外图像；而雷达图像主要是人工发射的无线电反射波的图像。

(二) 航天遥感图像

航天遥感图像主要有：①以观察陆地环境和资源为主的陆地卫星、SPOT 卫星图像；②以研究海洋环境和资源为主的海洋卫星图像；③以研究大气为重点的气象卫星图像。

陆地卫星 (Landsat) 原名地球资源技术卫星 (Earth resource technology Satellite)，在围绕地球的轨道上运转，整个星体分成上下两个舱：上舱为服务舱，下舱为仪器舱。卫星图像是由装在仪器舱内的反束光导管摄像机 (RBV) 和多光谱扫描仪 (MSS)，通过对地面物体的摄像和扫描而获得的。图像上载有丰富的地面信息，为研究陆地环境和资源提供了极其宝贵的资料。目前遥感制图也是主要利用陆地卫星图像制图。

SPOT 卫星是为了合理地管理地球资源和环境，开展空间测图研究而发射的。它是由装在 SPOT 卫星上两台相同的高分辨率可见光传感器 (HRV)，形成 CCD 线性阵列，得到几何精度较高的图像。它与陆地卫星同属一类，主要用于专题内容的判读和专题图的制作，测制 1∶10 万或更小比例尺的地形图，修测 1∶5 万的地形图。

为了加强对海洋的研究而发射了海洋卫星。该卫星安装的传感器有一台可见光和红外辐射仪，用以拍摄海洋的图像；四台微波传感器，用以测量海洋表面的自然现象。海洋卫星图像对海洋遥感和海图制图具有重要意义。

气象卫星图像可提供气象资料，供人们研究天气的变化。日常生活中所看到的卫星云图、气象预报都是利用气象卫星所成的图像，加以分析、处理而得到的。

9.2.2 遥感图像的判读

无论是航空遥感还是航天遥感所成的遥感图像都是按一定比例缩小的地表景观的综合影

像。它真实、客观地记录了制图物体的多种特征，欲从图像上获取地图信息，必须进行图像判读，这也是遥感制图的重要环节。

（一）遥感图像判读的内容

遥感图像判读的内容大体可分以下几个方面：

(1) 确定制图物体的存在和判明它们的性质；

(2) 从图像上判明它们的延伸方向和分布范围，圈定其边界；

(3) 量测一些制图物体的参数值，如经纬度、坐标、长宽度等；

(4) 判读各种制图物体在时间上、空间上、成因上的相互关系，并将其判读成果制作成各种判读图。

（二）遥感图像的判读标志

根据影像特征的差异可以识别和区分地物，这些典型的影像特征即称为影像判读标志。判读标志分为直接判读标志和间接判读标志。间接判读标志是在直接判读的基础上，推断某些自然现象，以达到判读的目的。间接判读标志常用在某些专业判读中。直接判读标志是在影像上可直接看到的供判读用的影像特征。影像的色调、色彩、大小、形状、阴影、反差、结构、格局、位置和相关等均属于直接判读的标志，它们是目标的物理特征和几何特征在影像上的直接表现。

1. 色调

色调是地物反射和发射电磁波的强弱程度在图像上的记录，因而，它是识别地物的主要标志，有时甚至是唯一的判读标志。因为在一幅图上如果没有色调差别，那就根本显示不出各种地物的形态差别。一个明显的例证就是地质学家用色调区分出岩性、矿体和构造。热红外图像上用色调表示物体温度的差别，雷达图像上用色调表示地物对电磁波反射能量大小。

2. 色彩

色彩是地物在彩色像片上以不同的色相和色阶的表现。彩色像片上的颜色，大体具有与地物相同或相似的颜色，因此容易判读。但多光谱卫星像片的色彩是根据判读的需要合成的，是假彩色像片，影像的色彩不反映地物的真实颜色，所以在判读假彩色像片时，首先要了解各种地物在可见光（已滤去蓝紫光）和近红外波段的反射光谱特性，同时了解地物的反射光谱特性与像片假彩色的对应关系，如绿色植物呈红色影像，清澈而深的水体呈黑蓝色等。因此根据地物的波谱特征和卫星图像的波段特点，选用有利于提取某种或某几种专题信息的假彩色合成图像，可以得到较好的判读效果。

3. 大小

大小是地物影像的规模，地物在图像上的影像大小取决于地物本身的大小和图像的比例尺。在1∶100万比例尺像片上，$1mm^2$ 大小的影像往往不引人注目，但它代表实地 $1km^2$ 的面积。在其他影像特征相似而大小不同的情况下，影像的大小可以显示不同性质的地物，因而要注意区分。在卫星图像上，大多数地物的个体被综合成群体。群体影像的大小亦有助于区分地物类型。

4. 形状

形状是指地物影像的外部轮廓。影像形状可概括为点状、线状和面状三大类。点状影像代表了某一范围内的综合景观。从线状影像识别线状物体是有限的，主要是由于自然条件和数字处理的影响，使像片的实际分辨率差异较大。从面状影像能很容易地判别面状分布的地物。影像的几何图形有各式各样，根据不同的形状可识别地物。例如：盐田和盐碱地都表现为蓝色调，但盐田一般呈规则方形，而盐碱地往往无规则。

5. 阴影

阴影是指一部分地面的反射或发射电磁波信息被地物自身所遮挡而不能达到传感器所构成的影像特征。例如：某些地物由于阻挡了太阳的直射而在像片上产生深色或黑色的色调。阴影有助于增强地物影像的立体感，阴影的形状有助于识别地物的外貌，因此，它是一种重要的判读标志。但在阴影内的地物，则往往被掩盖不能识别，要多加注意。

此外，反差是影像的黑白对比度，结构是指某种地物影像内部的图斑和纹理特征，格局是指地物影像的空间分布形式，相关是指若干地物影像相互联系、相互制约的关系。

在判读时，应对判读的地物加以综合分析，有些地物单凭一种判读标志很难判读，这时就要利用其他的判读标志综合考虑。如形状常可以确定一些地物的性质，但不同性质的地物往往具有相同的形状。长方形的影像可能是房屋、田地、苗圃、水池、机场等，必须辅以色调等其他判读标志，才能把上述各种物体区分开；反之，相同地物往往也有不同的形状，如耕地可以是长方形的、三角形的、不规则形状等。

（三）遥感图像判读的方法

遥感图像判读的方法分为目视判读和计算机判读。用肉眼和借助立体镜、放大镜和光学-电子学仪器来观察和分析遥感图像，称为目视判读。这种方法简单易行，是一种最基本的方法。计算机判读是以目视判读为基础，利用计算机系统对遥感图像进行数字图像处理，快速、准确地判读地物。

对不同的专题要素进行判读时，应选择合适的遥感图像，其中应考虑波段、时间和比例尺的选择。当对所选用的遥感图像进行判读时，通常采用以下几种方法：

1. 直接判读

呈现在遥感图像上的许多影像特征，可直接识别或通过像对立体观察识别。例如海洋、山川等。

2. 比较判读

把遥感图像上的影像特征与标准片上的影像特征进行比较，以此来识别地物。

3. 推理判读

推理判读是通过间接判读标志来进行推测判断地物的属性和类别。例如：可根据铁路路轨的密集程度判断火车站的规模。推理判读必须准确，证据应充分，尽量避免仅凭一种间接标志来推断。

4. 量测

为了对某些影像特征进行定量判读，采用尺子或其他的量测工具量出影像的尺寸、数量、方向和密度等数据。

5. 验证

实地验证是一种最可靠的判读方法，特别是对一些难以判读的或判读含糊的目标都应到实地去验证，这也是提高判读水平的重要途径。

§9.3 遥感图像的数字处理及其制图应用

遥感图像的数字处理是利用多功能的电子计算机系统，对各种数字化影像的辐射值或像元值进行各种运算和处理，以实现图像信息的恢复、增强和分类，并通过自动化显示设备，得出更有利于实际的图像产品及有关资料的一种综合性技术。这种处理技术准确、灵活，数字形式的图像资料和处理程序可反复使用和长期保存，而质量和效果不会发生变化。另外，还可以把遥感图像数据和其他资料（如地形等）数据配合使用，以达到更好的使用效果。

9.3.1 遥感数字图像

1. 数字图像

遥感图像记录在胶片上或相纸上，以灰度记录了景物的信息。这些灰度只有转换成数字图像才能便于计算机处理。将一张影像划分成若干个像元，每个像元有不同的灰度值，计算机处理前将灰度值数字化，就形成了一个数字矩阵，这个数字矩阵就是数字图像。

2. 数字图像处理系统简介

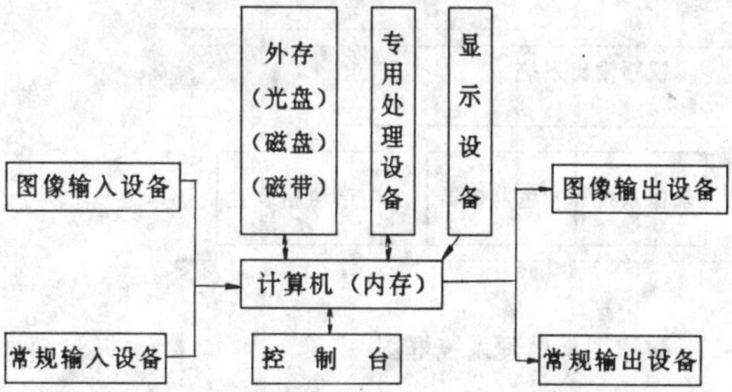

图 9-4　遥感图像处理系统的组成

数字图像与地图数据一样，一个很大的特点是具有海量数据。利用计算机对数字图像进行处理，不仅要求处理速度快，还要求能够方便的输入、输出，数据的显示和图像显示要采用人机交互的方式。因此，以计算机为核心的数字图像处理系统应包括以下几个方面（图 9-4）。

（1）输入设备　遥感信息可通过 CCT 磁带、胶片（或照片）及航空测量数字磁带等输入，因此，除常规输入设备外，还应有图像输入设备：磁带机（输入 CCT 模拟磁带）、磁盘机（输入磁盘数据）、A/D 转换设备（输入胶片），如光电扫描鼓、微密度计、正点扫描器等。

（2）输出设备　与输入设备类似，除常规输出设备外，还应有图像输出设备：D/A 转换设备，它把计算机处理后的数据变换成模拟图像，如彩色电视显示器、鼓形扫描绘图机等；打印成图设备，如宽行打印机、静电成图仪等。

（3）贮存设备　数字图像一个很大的特点就是信息量大，而计算机的内存是有限的，因此存贮这些海量数据需要外存设备。外存主要指磁盘、磁带和光盘。在遥感图像处理中，仅把当前处理中用到的数据读到内存中进行处理，而把数字图像存到盘（或带）上。

（4）显示和人机对话设备　在遥感图像的处理过程中，人们希望系统把显示的结果及时地显示出来，这就需要人工干预，即进行人机对话。这方面的设备是黑白或彩色图像显示器，带有标示器和字符键盘的控制台等。

（5）专用处理设备　这是遥感图像系统的一个突出的主要特点。系统通过附加硬设备实现与主机并行处理，甚至脱离主机工作，使整个处理能快速进行。专用处理设备有多种，较突出的有两种：

①图像计算机（图像显示处理器）。图像计算机通常由一台计算机、交互显示处理机，图像图解显示设备和一些硬件功能模块组成，可进行图像显示和图像处理。例如：可进行各种算术、逻辑运算；求直方图及各种统计；字符和多维彩色图形的产生；卷积和傅氏变换；监督和非监督分类；彩色显示等。

②阵列处理机。阵列处理机可和主机并行，进行图像处理中重复运算量最大的加法、乘法运算，这时主机只要向阵列处理机提供程序、数据和实施即可，大大地提高了运算速度。图

9-5 给出了 I²S 公司的图像处理系统框图。

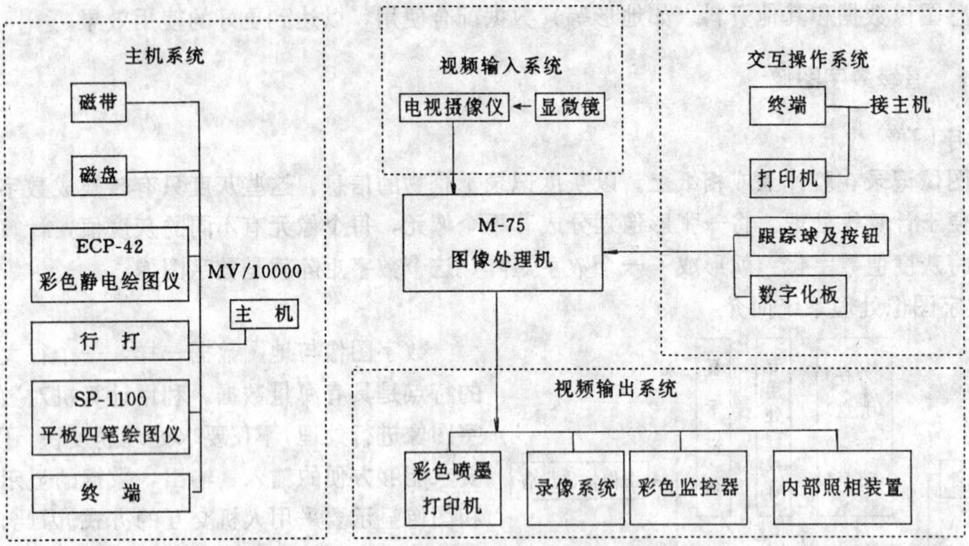

图 9-5 I²S 公司的 S-575 数字图像处理系统框图

9.3.2 图像处理

图像处理包括图像恢复处理、图像增强处理和图像分类处理。

一、图像恢复处理

图像恢复处理一般是指改正或补偿在成像过程中造成的辐射失真、系统噪声和随机噪声、几何畸变以及高频信息的损失。对图像增强和分类而言，图像恢复处理是必要的预处理过程。恢复处理的具体要求由成像系统的特性来确定。在此，以陆地卫星 MSS 图像为例，简要介绍辐射校正和几何校正。

(1) 辐射校正 辐射校正的目的是消除和调整由传感器本身的性能所造成的影像辐射畸变，并抵消其他因素（如大气等）干扰的影响，使图像复原。具体内容包括：①辐射校准：一个理想的成像系统产生的图像亮度值，应该与地物辐射率成线性关系。但实际成像中，这种关系往往被歪曲了。辐射校准实质上就是将这种被歪曲了的关系恢复成理想的线性关系。②大气校正：系指去掉由于大气散射作用造成的天空辐射附加在地物辐射中的部分。相当于从每个波段图像亮度值中，减去一个代表大气影响的偏差值。③其他：如消除坏线、太阳角校正或补偿等，也是辐射校正中的重要内容。在陆地卫星数据处理中心进行的粗制和精制处理流程中，已按例行程序作了上述辐射校正处理，其精度足以满足地学方面应用的要求。

(2) 几何校正 一种是恢复性校正，即校正成像过程中造成的几何畸变；另一种是投影性质校正（即空间变换），把遥感图像转换成某种地图投影或转换到另一种图像坐标上去，使不同种类图像相互配准，或与地形图配准，便于综合判读。

二、图像增强处理

图像增强处理的目的，是扩大不同影像特征之间的差别，以突出预想中的目标。从某种意义上说，增强处理实质上是通过某种变换处理，使图像的显示效果与人眼的观察特性相匹配，从而大幅度提高图像的判读效果。对某一部分影像的增强，总是以另一部分影像的压缩为代价的。图像增强的方法有反差扩展、比值增强、差值增强、空间滤波等。

反差扩展指拉伸或扩展影像的亮度数据分布，使之占满显示器的整个动态范围，从而使人的视觉能从影像中分辨出尽可能多的亮度等级。

比值增强是将不同波段同一像元亮度值相比，用所得的比值重新制作出一幅增强图像。比值增强的主要作用之一，是可以消除或减弱某些干扰因素的影响，例如：地形的影响，但不是所有的地形影响都可以用比值增强法来消除，应综合考虑。

差值增强是由同一景象不同时间的影像或同一景象不同波段的影像之间的差值组成的图像，一般用来增强和提取一个地区随时间变化的暂存信息，进行遥感动态监测。例如：水系变迁，河中和海岸带沉积物的变化。

空间滤波有卷积滤波和傅氏滤波。卷积滤波是增强某一个给定方向地面形迹的滤波。一般以一个各元素大小按一定规律来取值并对给定方向敏感的数字矩阵作为一个滤波块（或模板），逐次放在每一个像元位置上，计算两者之间对应各点的乘积并求积，以和数作为中心像元的输出值，从而增强了给定方向的信息。傅氏滤波是通过数学上的傅氏变换来实现的。两种方法比较，卷积滤波简单，效果也较好，故最常用。

三、图像分类处理

每一类地物，都有其特征的反射波曲线。多波段图像中，属同类地物的像元，总是具有类似的光谱属性。图像分类处理，实际上是分析各种类型的波谱特性，再根据类似的特征对像元作出分类。

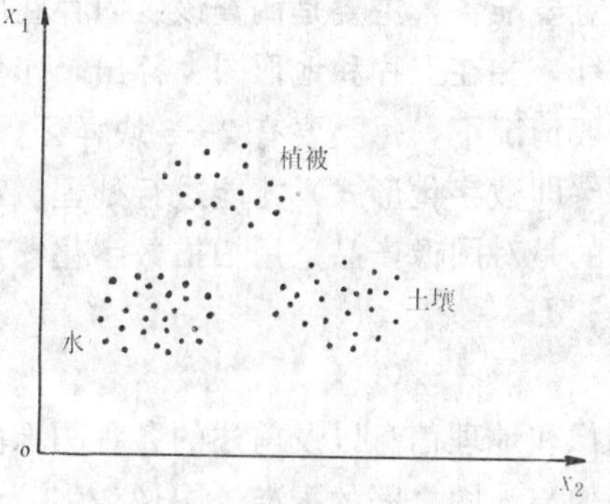

图 9-6 数据点的集群

多波段图像中任一像元值向量，在多维坐标空间中都有一个点与之对应。由于同一类地物具有相似的波谱特性，其像元值向量必然密集在一起形成点群，如图 9-6 所示。不同类别地物的像元值向量在不同位置构成点群，点群的边界往往有少量部分重叠或交错的情况。显然，每一个点群就相当于一个自然类别。可见，图像分类的实质就是在多维光谱空间里划分和识别由像元值向量构成的各种点群。

9.3.3 制图应用

卫星影像图、卫星影像地图及各种专题地图的制作已普遍采用了陆地卫星资料（图像和 CCT 磁带）。它是以遥感数据为主要依据，加上地理信息，经计算机软硬件按一定的原则和数学方法决策处理后，采用自动识别技术进行分类，自动给出各类资源的面积，自动成图。其可供复制和印刷出版，也可用来更新和修编普通地图、航空图和地形图等。遥感图像所提供的信息是地图制图工作的又一数据来源，但这些信息一般是很难用肉眼判别出来的。目视判读由于受人的主观因素影响大，重复性差，且受制约的因素较多（如胶片的信息损失），无法区分有细微差别的地物，也无法勾绘和量算出 1—2 个像元孤立存在又很重要的地物。但由于判读后尚需制作线划图、量算面积等，整个制图周期长，精度也不高，故目视判读主要用于中小比例尺制图，或要求不高的大比例尺资源制图。而遥感数据自动制图，使用的是 CCT 磁带的原始遥感数据，遥感信息没有损失；由于按同一数字模型识别分类处理没有人为的主观性，可重复实现分类评价的定量化和标准化，加上识别分类制图的同时给出了各类的面积数，使整个制图周期短、精度高，可满足较大比例尺资源详查的精度要求。

对于制图人员来说，获取遥感数据的目的仅在于制作地图和提供地图保障手段。地图上的地形和地物要素则是地图内容的主体，它们只能通过识别和判读来获取。遥感数字图像处理，就是以遥感数字图像为基础，同时借助其他地图资料和地物光谱数据，由电子计算机（专用图像处理机）进行图像的辐射校正、几何校正、影像增强、地图要素的提取、自动分类以及产生新的地图产品。

遥感数字图像制图是通过计算机辅助卫星图像数据生产地图产品，其整个过程分为资料准备、数据处理、产品输出。

1. 资料准备

（1）数据准备　为了突出调查对象，要选择最能反映资源类型差异的最佳成像时间的卫星遥感磁带（CCT 磁带）数据或遥感图像。此外，还要收集该区域成图比例尺（或更大）的地形图及有关图件和文字资料。这些都是遥感制图不可缺少的资料。

（2）地理信息　地理信息系统（GIS）是集数据的采集、分析、决策、管理、制图等内容为一体的自动化信息处理系统。通常情况下只需把专题制图中所表示的有关信息内容拷贝到数据磁带中就可以应用 GIS 进行一系列处理，得到所需要的结果。对于遥感图像上无法显示的内容（如地名），需作特殊处理；对于一些与地形密切相关的类型，尚需建立数字地面模型（DTM）。DTM 也可通过 GIS 建立。其目的是使自动识别所产生的图像与常规图一样。

（3）建立训练区　训练区也叫样区，是上机前的重要准备，主要是调查该区内存在的各资源类型特点、分布规律及其在彩色卫片上的影像特征，并在卫片和地形图上标出，作为训练计算机的样区，或作为评定制图精度的已知区。一般情况下，每类要有 2—5 块样区。

以上资料，必须变换成计算机可识别的统一形式（即数字化形式）才能进行处理。对原有资料数字化可采用不同的数字化方法，其中最常用的是对图像产品采用扫描数字化，对地图产品采用矢量数字化等。

2. 数据处理

数字图像处理的核心是数据处理。它包括输入图像和地理信息以及前述的各种图像的处理内容。例如：辐射校正、几何校正、图像之间或图像与地图之间的配准、图像增强、训练样区的统计文件、选用某种方法进行分类或用地理信息修改分类、设置图例、上色、编辑及输出。以上的处理内容，应根据制图任务有所选择，且不可每一项任务都从头到尾做一遍。所有的处理完全由计算机完成，作业人员只需通过控制指令或键盘操作便可迅速进行。所以数字图像处理具有其他方法不能比拟的灵活性和丰富的处理内容。

3. 产品输出

遥感数字图像制图所得到的最终产品是图和其他资料。例如：像片图、影像地图、地图、表格、数据等产品。这些产品如果需要长期保存必须存贮在一定的存贮介质上（例如：磁带、胶片、光盘等），直接提供给用户的产品可通过输出设备（例如：绘图仪、打印机等）记录在纸张上。

§9.4　遥感制图的技术方法

利用遥感图像制图，人们考虑最多的问题是遥感图像制图的精度、投影转换、编图方法等是否与常规制图方法有同样的效果。如果这几个方面的问题得到解决，遥感图像制图将被人们所接受，并可得到广泛的应用。

9.4.1 遥感图像制图的精度分析

1. 图像的误差分析

图像误差分析主要是对原始卫星图像和使用图像过程中所产生误差的原因进行分析，包括：①原始图像误差分析，即在未产生图像产品之前的原始状态时的误差分析；②在产生图像产品过程中进行不同处理后的图像产品误差分析；③用户为提高购进的图像产品的精度而自行进行处理后的误差分析。

原始的陆地卫星图像，在其成像过程中由于受外界条件、仪器本身等多方面因素的影响，使图像产生误差，这些误差对图像的影响可归纳为两个方面：一方面是由于辐射失真而造成图像灰度失真的称为辐射误差。造成辐射误差的外部因素是大气、太阳光照、地形和地理环境的影响；内部因素是传感器本身辐射性能的影响。大气对电磁波有散射、吸收和低频滤波的效应，其中散射作用的影响最为严重，可损失某些短波段的地面有效信息，相邻像元散射亮度的相互叠加，形成一种加权影响，从而产生相邻像元之间辐射性能的相互干扰。此外，散射使得图像上不包含被云层遮盖部分的地面信息。为了获得对全球摄影时的光照条件一致，规定陆地卫星的摄影时间在当地时间上午 9—10 时，尽管如此，由于全球各地的光照条件随时间在不断地变化，摄影时的光照条件不可能完全一样，由此仍会产生图像误差。传感器所产生的辐射误差主要表现在传感器本身的光学性能及光谱特性的异常上，如镜头的辐射误差等。另一方面是由于像点位移而造成图像变形的称为几何误差。引起图像几何误差的外部原因是由于卫星的摄影姿态、地面起伏、地球曲率、地球旋转以及大气折光等因素的影响；内部原因是由于镜头的光学畸变、像移补偿误差、扫描误差等因素。摄影姿态是指成像时刻卫星的空间位置和空间姿态。在整个成像过程中，卫星的摄影姿态不可能始终处于理想的稳定状态，而会有缓慢的变化，这种变化导致图像产生几何变形是图像外部几何误差的主要来源。地面起伏的影响使像点的位移产生“投影差”。地球曲率引起的像点位移是由于在像幅范围内用投影平面代替曲面所造成的，它产生 3 种变化，即长度变形、高程误差和方向变化。地球自转影响主要考虑地球自转对卫星图像几何性质的影响，即因摄影轨道变化而影响图像定位，使图像产生几何变形。大气折光的影响是光线穿过大气层时，由于大气密度随高度的增加而递减，使得折射率也随高度的变化而变化，从而使光线在大气中成为一条曲线，造成地面点在图像上的位置发生偏移。

以上所述各项误差直接影响图像产品的质量，必须对图像误差加以纠正，经过对原始图像进行粗处理、精处理和特殊处理后，才能得到用户所需要的图像产品。粗处理是对图像进行辐射校正、几何粗校正（即恢复性校正）。精处理是利用地面控制点进行图像坐标变换，也称为投影性质校正（即几何精校正）。特殊处理是利用一种特殊图像注记数据对磁带上的图像注记数据进行改编、编辑、注记等工作。由此可见，特殊处理只改变数据的记录格式，并未改变图像产品的几何精度。

2. 图像的精度评定

为评价遥感图像进行制图的可能性，首先要对已获得的图像产品进行制图精度的评定，此种精度评定大多指几何精度。

图像的几何精度包含点位精度和重叠精度两种含义。图像的点位精度是指图像上的点相对实地对应点之间的平面点位误差；图像的重叠精度是指同一地区的两幅不同时间或不同光谱段的图像上同名点之间的重叠误差。

由于最大值误差容易把图像边缘的误差误解为整个图像的误差，而中误差能比较合理地反映出整个图像的误差情况。因此，常用中误差来表示图像的几何精度。例如：美国地质测量局（USGS）以制图为目的，在某卫星像片上进行了量测试验，研究图像实际的几何精度及制图的可能性问题。其部分结果如下：

(1) 对精制的多光谱像片量测结果是：位置中误差在 50—100m 范围以内。这样根据美国国家地图精度标准（比例尺为 1∶25 万，1∶50 万、1∶100 万的地图，其平面位置精度分别为 125m、250m、500m)，精制像片有可能满足或接近制作 1∶25 万地图的平面点位精度标准。

(2) 对于图像空间重叠精度的量测，结果也很好。同时拍摄的 4 个光谱段像片间的点位误差（套合精度)，最大值仅 10—20m，这为制作优质的彩色影像地图奠定了基础。

为提高图像的几何精度，得到不同等级的图像产品，对图像还必须进行几何纠正。几何纠正可采用几种不同的方法（如模拟几何纠正和数字几何纠正等)，纠正后的图像精度主要取决于地面控制点的数量、分布、精度以及校正时所采用的仪器和方法。

9.4.2 遥感制图中常用的地图投影及投影变换

1. 遥感制图中常用的地图投影

利用遥感图像制图，无论卫星图像采用中心投影或其他方式的投影，都必须转换成所需的地图投影。常用的地图投影有等角圆锥投影、高斯-克吕格投影、UTM 投影、墨卡托投影、通用极球面投影。

每种投影方式，都有其适用范围。在利用遥感图像编制较大地区的地图时，通常采用等角圆锥投影。由于精制卫星像片上具有 UTM 投影的经纬线网，故在精制卫星像片上采用该投影。

2. 遥感制图中图像的投影变换

地图投影是研究如何将地球椭球面由曲面展开成平面的问题，经纬线网是地图进行投影转换的控制基础。作为制图依据的经纬线网应该满足一定的精度要求，然而卫星图像上没有经纬线网，而按经纬线注记连出的网格是很粗略的，不能作为控制的基础。因此，人们采用地面控制点作为投影变换的基础。

地面控制点可在获取卫星图像前布设，也可在获取图像产品后布设。前者可在卫星像片上得到一些有地面实测坐标的控制点影像，用来作为图像精加工和投影转换的控制基础；后者是在卫星像片上选择一些具有明显特征的地物点的影像，作为地面控制点，且这些地物点在地面上可以精确地确定，以此作为图像精加工处理和投影转换的依据。

地面控制点的位置对投影转换的精度有直接影响。通常一张卫星像片上选 9—12 个，且最好均匀分布于图像的四周。控制点的位置尽可能选用固定的、容易判读的地形地物，例如：地物交叉点、突出的山头制高点等，避免选用一些随季节变化的地物点，如时令河的交叉点等。由于一张卫星像片所包括的面积较大，点位选择后，一般不进行野外实测坐标，而是采取在较大比例尺（一般取 1∶10 万或 1∶5 万）地形图上量测坐标。在地形图上可量测经纬度 (L, B)，也可量测直角坐标 (x, y)，此 (x, y) 具有地形图的投影性质。

对于大范围的编图，涉及卫星像片较多时，控制点的选择和量测必须认真仔细，故一般列表进行。表的格式如下：

像片号	点号	特征	1∶10万（5万）					投影转换后坐标	
			图幅号	L	B	x	y	x'	y'
133-32	1	河流交叉点							
133-32	2	山头拐角点							

坐标量测后，需进一步将这些点的坐标变换为所需地图投影坐标。控制点的地图投影坐标可由控制点的经纬度（L, B），根据地图投影公式，由计算机计算出所需地图投影的坐标值（x，y），或由其他方法（如图解法）获得。

随着计算机和图像处理系统的广泛应用，遥感图像的计算机投影转换方法也日趋广泛应用。计算机进行地图投影变换的过程分为三步：

（1）将原始图像资料数字化（若有原始图像数字磁带，则不必进行数字化）；

（2）依据一定的数字模型对数字化图像数据处理，即进行投影变换；

（3）将几何处理的图像数据按新投影复现为图像，即进行像元亮度值的重新分配和输出图像。

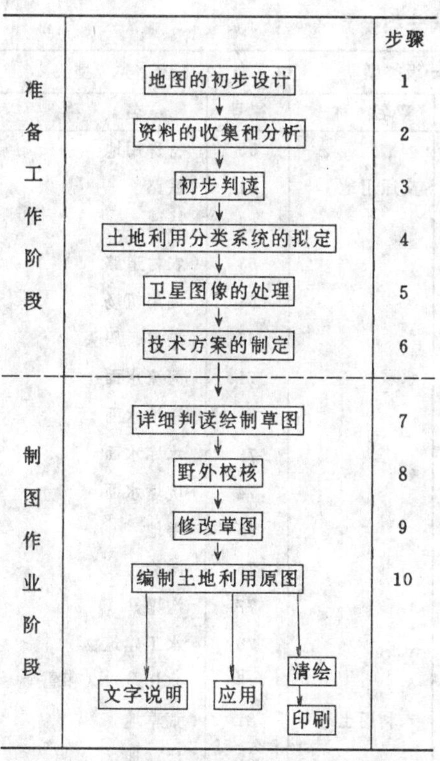

图 9-7　编制土地利用图的通用流程图

其中关键的是第（2）步，它包括建立两种投影（图像投影和地图投影）之间的用多项式逼近的关系式以及解出多项式的系数两个方面，即图像投影变换公式的确定和变换系数的求解。图像投影变换的一般方程仍为式（4-123）。其中 x，y 为图像投影的直角坐标，X，Y 为所选地图投影的直角坐标，其中的投影变换系数 a_{ij} 和 b_{ij} 是待定系数。当采用最小二乘法解算出系数 a_{ij} 和 b_{ij} 后，即可将每个像元点的 x，y 代入式（4-123）计算出每个像元点投影转换后的坐标 X，Y。到此即完成了投影变换的第（2）步工作。经重新采样后输出变换后的图像。

9.4.3　编图的技术方法

地图编制除采用常规的手工制图外，还可以采用遥感图像编制地图，主要表现在编制影像地图、专题地图、系列地图和修编中小比例尺普通地图。

影像地图是指图面内容要素主要由影像构成，并满足地图的几何精度要求，有数学基础，有图廓整饰和线划要素的地图。其优点主要有：内容丰富、信息量大；真实性强、直观易读，资料新颖、现势性强，成图周期短、出图快，能满足用图的急需，且成本低廉，等等。因此，影像地图的编制愈来愈得到广泛的应用。

这里主要介绍利用遥感图像编制专题地图的方法。

利用遥感图像编图，不论编图目的、用途、资料收集状况和设备条件如何，编图的主要步骤基本相同。整个编图过程包括两大部分，即准备工作阶段和制图作业阶段。现以编制土地利用图为例加以说明（图 9-7）。

1. 地图的初步设计

主要确定制图区域、地图比例尺、地图投影和分幅范围、表示方法和成图形式（例如：以线划图形式表示还是以影像图形式表示，还是线划与影像两者并存等）。

2. 资料的收集和分析

资料的收集主要是收集与制图区域有关的资料，如制图区域不同时期所有的卫星图像、航空像片和地形图资料。特别是地形图，它既是控制基础，又是名称注记、高程数据以及在卫星图像上无法识别地物的主要来源。

3. 初步判读

在对资料分析的基础上，在室内对卫星图像进行初步判读，以了解制图区域土地利用的基本情况、主要的影像特征、影像的可判读程度等。

4. 土地利用分类系统的拟定

分类系统的拟定，应根据国家土地管理局对于土地利用分类的有关具体规定进行，必须具有合理性、系统性和科学性。表 9-1 列出的是全国有关专业部门制订的土地利用现状分类状况，结合具体地区的区域特点和影像解译的可能性，定出本区域的土地利用分类表。在此表

表 9-1 土地利用现状分类

一级类型		二级类型		一级类型		二级类型	
编号	名称	编号	名称	编号	名称	编号	名称
1	耕地	11	灌溉水田			55	特殊用地
		12	望天田	6	交通用地	61	铁路
		13	水浇地			62	公路
		14	旱地			63	农村道路
		15	菜地			64	民用机场
2	园地	21	果园			65	港口、码头
		22	桑园	7	水域	71	河流水面
		23	茶园			72	湖泊水面
		24	橡胶园			73	水库水面
		25	其他园地			74	坑塘水面
3	林地	31	有林地			75	苇地
		32	灌木林			76	滩涂
		33	疏林地			77	沟渠
		34	未成林造林地			78	水工建筑物
		35	迹地			79	冰川及永久积雪
		36	苗圃	8	未利用土地	81	荒草地
4	牧草地	41	天然草地			82	盐碱地
		42	改良草地			83	沼泽地
		43	人工草地			84	沙地
5	居民点及工矿用地	51	城镇			85	裸土地
		52	农村居民点			86	裸岩、石砾地
		53	独立工矿用地			87	田坎
		54	盐田			88	其他

注：引自全国农业区划委员会《土地利用现状调查技术规程》，1984。

的基础上根据需要与可能还可以细分。

5. 卫星图像的处理

在分类系统拟定之后，应结合卫星影像建立判读标志。此时，对难以判读的类别，必须进行图像增强处理，以突出各类别的影像特征，便于区分不同类别。

6. 制定制图的技术方案

内容包括工作底图的选择、基础底图的编制、专题要素的提取方法、专题要素与基础底图的协调等。根据资料的情况，从制图技术出发，解决如何获得专题图的编绘原图。

7. 详细判读绘制草图

主要采用目视判读的方法，在野外调查建立各类判读标志的基础上，从卫星影像上提取专题要素的内容，并绘制出判读草图。

绘制草图的方法有多种。可以直接在卫星影像上勾绘；亦可将半透明薄膜蒙在卫星影像上勾绘各类别的界线和加注类别注记；亦可将晒蓝的工作底图（薄膜蓝图）蒙在卫星影像上，以水系作控制通过局部套合后，在工作底图上勾绘界线和加注记。这样便获得一张专题要素的判读草图。

判读草图的勾绘，在整个编图过程中是至关重要的。对于判读困难的地物需核对大比例尺地形图、航空像片或到实地察看。由于作图时间与获取图像时间的差异，对于随时间变化的地物，如绿色植被还须了解获取图像期间的种植状况，从而判定相应的土地利用类别。在判读草图勾绘的过程中，也实现了内容提取、形状概括和图形表示。

8. 野外校核

判读草图完成后，必须到野外采用抽样的方法进行全面的校核、验证。

9. 修改草图

对已发现的错误和遗漏要及时修改。修改后定稿的判读草图即为判读稿图。

10. 编制土地利用原图

土地利用原图包括地理基础底图与专题要素图。基础底图由所选的底图资料编绘而得；专题要素图由判读稿图与基础底图两者叠置后经局部套合，将专题内容从判读稿图上转绘到基础底图上去。如果判读稿图是在薄膜蓝图上勾绘而得，就直接可作为专题要素图。在编图实践中，往往将基础底图及专题要素分版编绘。

现代遥感技术在制图中的应用潜力巨大。据联合国 1990 年统计，世界各国测制地形图的进度十分缓慢，比例尺为 1∶5 万的地形图只覆盖了全世界应测面积的 42%，1∶2.5 万的只占 13%。以往这类作业都是由航空摄影测量完成的。当前利用人造卫星影像测图，在几何精度方面可用于测制 1∶5 万地形图的有法国的全色 SPOT 卫星数据（地面分辨率约为 10m）、前苏联的 KFA-1000 摄影机和美国大像幅摄影机（LFC 即 Large Format Camera）获取的影像。在测图点位精度方面虽能满足修测 1∶2.5 万地形图的要求，但在地物的辨认方面却存在问题。但值得注意的是：前苏联在 70 年代就发射了一组用作军事侦察的卫星摄影系统。它包括 3 个高分辨率的摄影机 KWR-1000 和 1 个地形摄影机 TK-350，安装在宇宙号系列卫星（Cosmos）上。当时是在飞行高度为 220km 的轨道上，用 TK-350 摄影机摄取地面分辨率约为 10m 的影像，作为高精度的地形略图。3 台并列的 KWR-1000 摄影机，其焦距为 1000mm，摄取 TK-350 地面覆盖中的一部分，地面分辨率为 0.75m（规定不得超过 2m），可用于制作全球性的 1∶1 万的像片平面图。

预计遥感技术在地图制图中的作用将愈来愈大。

第十章　计算机地图制图

§10.1　计算机地图制图概述

10.1.1　计算机地图制图的概念

纵观地图制图这一复杂和长周期的脑力与体力劳动过程，我们在深深地感触其创造性和美感的同时，不能不发现它还包含着许多艰苦的、机械的重复劳动。人们一直期望着有一种较理想的制图方式，能使大量的乏味的工作由机器去完成，而制图人员只需完成机器所难以胜任的、最具创造性和艺术性的工作。计算机地图制图就是人们所期求的理想的制图方式。

计算机地图制图是一门迅速发展的应用技术学科。它是根据地图制图原理和地图设计要求，以计算机硬件系统作为主要工具，采用以数据库为基础的系列软件，完成地图信息的获取、管理、处理和显示的应用技术系统。

10.1.2　计算机地图制图的发展

计算机地图制图是随着计算机的诞生、发展而开始出现和发展的，尤其与计算机图形的发展紧密相关。本世纪 50 年代，在计算机发展的初期，计算机主要被用来进行数值的计算。到 1962 年，美国学者 Eelver 博士第一次提出了"computer graph"这一名词。此后，计算机图形的硬软件开始被广泛地应用于机助设计（例如，用来进行汽车、轮船的线型设计和机械造型等），并且都取得了十分显著的经济和技术效益。这些应用反过来又推动了机助设计理论研究和硬件的发展。借助于同样的硬件工具，1964 年人们使用计算机第一次绘出了地图图形。从此，地图制图开始逐步跨入了一个崭新的计算机地图制图时代。

计算机制图方法在地图制图中的应用，是地图制图领域的一次重大技术革命，它将最终改变地图制图的性质和地图的面貌。但是，在计算机地图制图发展的初期，由于这个时期的计算机硬件系统昂贵，使得计算机地图制图仅局限在少数重点科研和教育单位的实验室中，并且在性能价格比上也令普通的地图制图部门敬而远之。

随着微型机的出现、发展和普及，使得计算机地图制图获得了迅速的发展。在 1981 年 IBM 公司推出了 PC 微型机。此后，微型机的性能不断提高，价格迅速降低。一般说来，每隔 3 年微型机的性能将提高 10 倍，而价格降低 1 倍。目前，486 微型机的性能已完全相当于 10 年前的大型机，而价格只相当于大型机的几百分之一或千分之一。一些先进的图形输入输出存储设备（如彩色扫描机、激光打印机、彩色喷墨绘图机、VGA　SVGA 显示器和新的微机操作系统 WINDOWS 的出现，充分地发挥了微型机硬件的潜在能力。这些计算机技术的全面飞跃给计算机地图制图以前所未有的推动，使计算机地图制图出现了崭新的面貌。

计算机地图制图方法具有常规地图制图所无法比拟的许多优点。它不仅可以大大地减轻人的劳动强度，使制图人员节省更多的时间，集中精力去考虑如何设计地图和提高地图质量，而且可以使手工方法难以解决的曲线内插、立体图形表示等变得极其容易。地图的数字表示，将便于地图内容的存储、提取和更新，以及各种系列地图的制作。计算机地图制图可以缩短成图周期，提高成图精度，增强地图功能，便于实现地图编制、地图绘制、修版、制版一体化的新工艺。计算机地图制图的发展促成了一些新型地图［例如：电子地图（集）、全球定位系统（GPS）实时导航地图集和与地理信息系统（GIS）的发展相匹配的动态制图系统］的出现。计算机地图制图已有机地将地图制图的基本理论与计算机科学各个分支、数据结构理论、信息理论、数据库技术、计算机图形学以及现代各种数学分支结合起来，形成一种新型的地图制图学。

§10.2 计算机地图制图系统

地图制图不是某种单一的、孤立的操作或行为，而是通过相关的劳动者进行的一系列完整的、科学的工艺过程和操作所完成的。计算机地图制图是由一个系统来完成的。所谓系统是指由各相互联系、制约、影响的各部分组成的具有统一行为和整体功能的综合体。计算机地图制图系统是由计算机硬件系统、软件系统、数据和人等 4 个部分组成。

10.2.1 计算机硬件系统

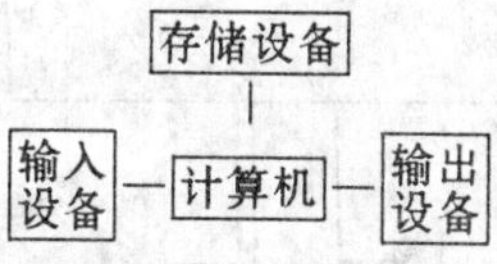

图 10-1 计算机硬件系统

计算机硬件系统是计算机硬件设备的总称，是计算机地图制图系统的物质基础。它的组成是复杂和多变的，由制图的性质和目的所决定，或者相当复杂，或者比较简单。但是，它们的基本组成大致相同，主要包括：电子计算机、输入设备、输出设备和存储设备（图 10-1）。

应该指出，电子计算机本身都包含有通用的字符和数字输入、输出设备。因此，上述的输入、输出设备主要是指图形设备而言。

一、电子计算机

电子计算机是计算机制图系统的核心。它由中央处理器、内存储器、外部设备和总线等部分所组成。

中央处理器包括运算器和控制器。运算器是数据处理部件，用于实现运算及信息传送，而控制器是发布操作命令的部件；内存储器的功能是存储程序和数据，以使中央处理器在执行程序时能随机地访问这些程序和数据；计算机外部设备是为提高计算机的使用功能而配置的。计算机通常配置有多种必须的外部设备，与计算机集成在一起，作为计算机的一部分。它们有键盘、显示器、行式打印机、磁带机、磁盘机、电源等；总线是用来将计算机各部分联系在一起的连结部件。它在很大程度上影响着信息和数据的传输。

在目前，计算机地图制图系统所使用的微型机主要有 386、486、586 以及 VAX780 等机型，其技术指标如表 10-1 所列。

二、输入设备

输入设备是用来向计算机输入信息和数据的设备。由于输入字符和数字的设备属于计算机的一部分，因此在这里主要介绍图形信息、数据输入设备，它们主要有跟踪数字化仪、扫描数字化仪以及屏幕图形输入设备。

表 10-1　几种微型机的技术指标

机　型	主频 MHz	速度 MIPS	内存 MB	外存 MB	总线
386	25—50	2—5	2—16	120 以上	ISA，EISA
486	25—66	15—20	4—32	200 以上	ISA，VESA
586	60—100	100—120	8—64	500 以上	VESA，PCI
VAX780	80	1	8—16	500 以上	VAX

1. 跟踪数字化仪

跟踪数字化仪是为输入地图图形而被广泛采用的一种图-数转换设备，有手扶跟踪式、半自动式和全自动式等 3 种型式，其中以手扶跟踪式最为常用。手扶跟踪式数字化仪种类很多，技术不断改进。早期的机电结构式数字化仪已被电磁感应式数字化仪所替代。

电磁感应式手扶跟踪数字化仪（图 10-2）主要由电磁感应板制作的工作桌面、有游标线圈的鼠标器以及铺设在桌下的栅格阵列导线、电子部件、微处理器和输出装置所组成。

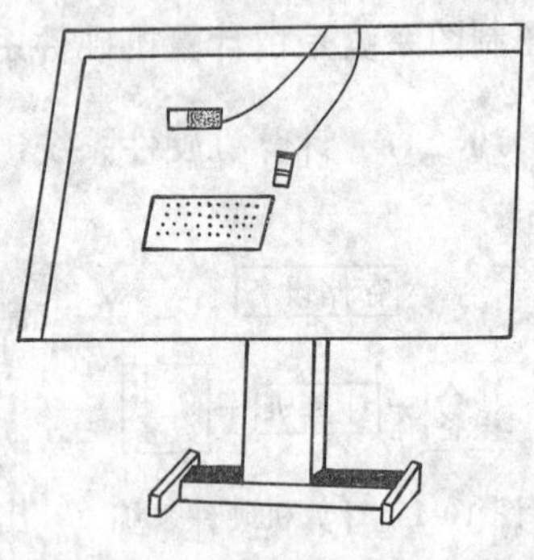

图 10-2　手扶跟踪数字化仪

鼠标器的游标线圈是一个发射源，以 3kHz 正弦交流信号激励；工作桌面下铺有 X、Y 导线栅格阵列（图 10-3），用以接收游标线圈的发射信号。电子部件和微处理机对 X、Y 导线栅格感应信号进行处理，利用游标线圈和栅格阵列的电磁耦合，通过鉴相方式将游标线圈几何中心在工作桌面上的位移量转换成 X、Y 坐标，实现模（位移量）与数（坐标值）的转换，以达到将工作桌面上任意图形数字化的目的。其具体工作原理是：鼠标器的游标线圈为一多匝圆形线圈，其几何中心和检测十字丝交点相一致。工作桌面上 X 导线栅格阵列（Y 同）由两组栅格导线组成，它们被称为 0°栅格和 90°栅格，在空间位置上每一栅格相邻导线间距被另一栅格导线等分。当游标线激励 3kHz 正弦信号 $\varepsilon = A_0 \sin\omega t$ 时，桌面上 0°栅格和 90°栅格则感应出两组信号。这两组栅格感应信号的振幅是游标线圈和栅格阵列相对位置（与时间无关）的周期函数，呈正（余）弦关系，周期等于栅格的间距（D）。通过电子线路对 90°栅格感应信号进行移相处理，并与 0°栅格感应信号相叠加，即可获得感应信号 $\varepsilon_X = A_0 \sin(\omega t + \theta)$。而 $\theta = 2\pi X / D$，它仅与空间位置有关。只要通过鉴相电路检测出相位移 θ

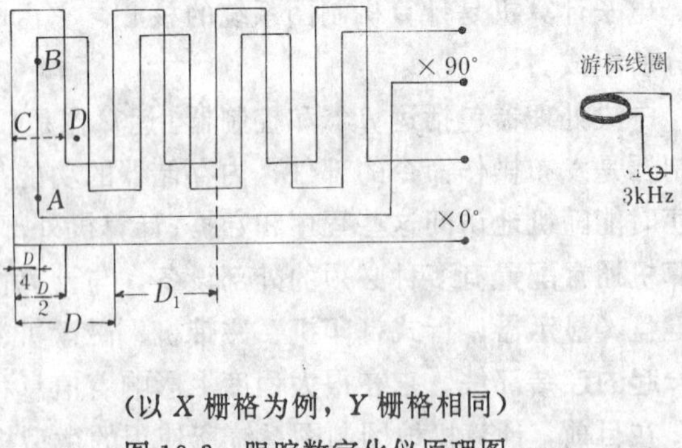

（以 X 栅格为例，Y 栅格相同）

图 10-3　跟踪数字化仪原理图

的变化量，即可获得游标线圈在桌面栅格阵列上的位移量。例如：若取 $D=1cm$，游标线圈激励信号为 3kHz，计数脉冲频率为 3MHz，这就意味着，在 1cm、3kHz 正弦信号变化周期内，计数器发出 1 000 个脉冲（3M 与 3k 之比），从而可得到分辨率为 0.01mm 的坐标值。

衡量跟踪数字化仪性能经常采用下列技术指标：

分辨率：也称步长，是指数字化仪可以读出的最小位移量。目前的跟踪数字化仪的分辨率一般为 0.05mm—0.0025mm；

综合精度：是指跟踪数字化仪轴向的最大误差，也就是从数字化仪上得到的坐标值之精度，一般为±0.1mm—0.25mm；

幅面：是指数字化仪台面的有效工作面积，一般按 A 级分档。数字化仪的幅面有 A_4（28cm × 28cm）、A_3（28cm × 40cm）、A_2（46cm × 60cm）、A_1（60cm × 90cm）、A_0（100cm × 120cm）等多种。用于地图数字化时，其幅面一般应不小于 A_1；用于像片数字化时，其幅面选用 A_4 即可。

2. 扫描数字化仪

扫描数字化仪是采用栅格方式将图形数字化的图-数转换设备。所谓栅格方式数字化，就是将原图按行和列规则地划分成栅格矩阵，每一个栅格称为一个像元。通过记录每个像元的图形值而将连续的原图变换为离散的栅格数据，以实现将图形数字化的目的。地图有单色和彩色之分。对于单色原图可应用黑白扫描仪进行扫描，将有图像的像元记录为 1，无图像的像元记录为 0，每一个像元的图形值用一位二进制数表示；对于彩色原图，可以应用黑白扫描仪附加滤色片进行多次扫描，但最好还是采用彩色扫描仪进行电子分色扫描；对于半色调像片（如航空像片）可将图像灰度分级（例如分成 256 级），由浅至深按数值（如 0—255）记录每个像元的图形值。

扫描数字化仪有滚筒式和平台式两种类型。

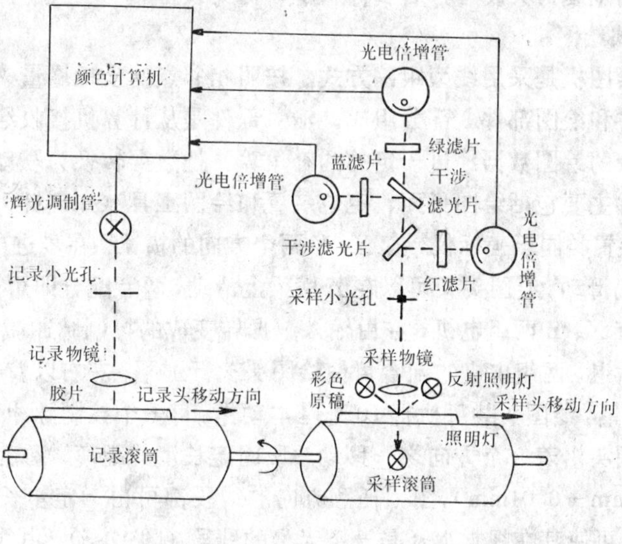

图 10-4　滚筒式扫描仪结构原理图

滚筒式扫描仪是由旋转滚筒、采样头、光电检测系统和电子分色部件等组成，如图 10-4 所示。原图被固定在滚筒上，照明器投射一个光斑照亮原图上的检测点。当滚筒高速旋转时，采样头通过光电倍增管接受扫描信号，并将光强信号转变为电流强度信号，按很小的等角距记录每个像元与电流强度值对应的图形值。在滚筒旋转一周后，采样头横向移动一个行宽，滚筒继续旋转，直至扫描完整幅原图。

平台式扫描仪的构造如同带移动横梁的坐标仪。在横梁上安置有一排光敏元件。扫描时，将原图固定在平台上，用一定光强的卤素光将其照亮。当横梁纵向移动经过原图时，横梁上各光敏元件按规定的间距记录其属下的像元之图形值（灰度值或颜色分量），以完成原图的数字化。

衡量扫描数字化仪的性能主要有以下几个技术指标：

类型：彩色扫描仪、黑白扫描仪等；

分辨率：指像元的大小，一般以每吋（1吋＝0.025 4m）有多少点，即 dpi 数来表示。例如：使用 300dpi 来扫描原图时，每个像元的大小约为 0.084 7mm。当前各种扫描仪的分辨率约为 75dpi—3 600dpi。

精度：重复精度至少应为±0.01mm；绝对精度至少应为±0.1mm；

速度：至少应为 80 000 像元/s；

幅面：A_4-A_1。有些滚筒式扫描仪仅限制幅面宽，而长度不限。

3. 屏幕图形输入设备

屏幕图形输入设备是人机交互图形设计（即屏幕图形编辑）所必须的。当显示在屏幕上的图形需要进行某些操作时，必须具备这一手段。这些设备有鼠标器、光笔、操作手柄、跟踪球、控制盘、功能键盘、模拟输入板等。通过操作这些设备可以将一点及其状态输入到屏幕上，并且通过某种操作改变屏幕上点的位置及其状态。

三、图形输出设备

目前，图形输出设备主要有 3 种，即：矢量式绘图机、栅格式绘图机以及图形显示器。其中，前两种属于硬拷贝设备，后一种属于软拷贝设备。

1. 矢量式绘图机

矢量式绘图机是采用线型跟踪方式、按照相邻点的坐标增量来绘图的。它主要由输入部件、控制部件和绘图部件 3 部分组成。输入部件是从计算机接收绘图数据的接口装置；控制部件是将输入的绘图数据经过一定的插补运算，把数据转换为驱动绘图机的绘图头动作的信号；绘图部件主要包括绘图桌面、定位装置和绘图工具（如刻针、刻刀、铅笔、圆珠笔等）。其中，定位装置类同于坐标仪，有 X、Y 两个方向的横梁。在步进电机的驱动下，Y 横梁可在 X 横梁上精确滑动，绘图头又可以在 Y 横梁上滑动，两者配合即可达到将绘图头定位的目的。

绘图机有 X、Y 两组电机，在由输入数据转变成的控制脉冲激励下，可使绘图头在 X、Y 方向前进或后退。两组电机的配合可使绘图头执行上下、左右以及对角线共 8 个方向的运动，再加上抬、落笔，绘图头共可执行 10 个基本动作。每一个控制脉冲可使电机转动一定的角度，从而驱动绘图头沿着 8 个方向之一移动一段固定长度的距离，称为一个步距。由于步距很小（一般为 0.1mm－0.01mm），图上任意方向的线段都可由一定步长的 8 个方向的一系列短线来逼近，并且可使其在视觉上还是一条光滑的线段（图 10-5）。由线段两端点的坐标计算出逼近该线段的走步称之为插补。逼近直线的插补称为一次插补；逼近圆、抛物线、双曲线、椭圆等二次曲线的插补称为二次插补；逼近三次曲线的插补称为三次插补。各种插补都可通过一定的算法和程序来实现，其算法有很多种，常用的有逐点比较法、正负法、线性内插法、数字微分法（DDA）以及 Bresonham 法。其中，最后两种算法用得最多。

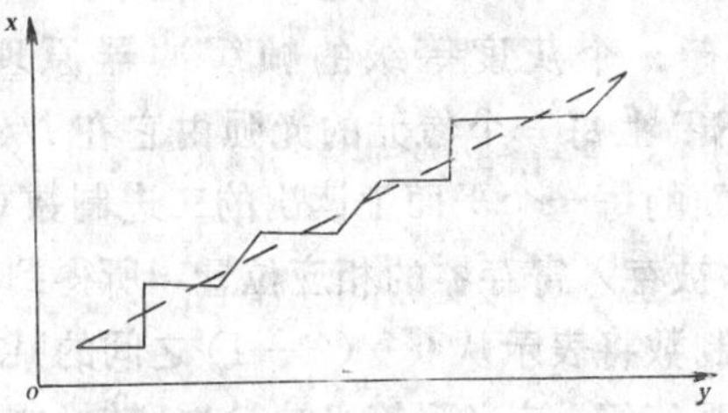

图 10-5　绘图头用折线走步去逼近直线

除了平台式矢量绘图机外，还有一种滚筒式矢量绘图机。它是将图纸固定在滚筒上，绘图头仅在 Y 方向上运动，而 X 方向上的运动则通过滚筒的转动来实现。

值得指出，由于绘图机的高速运动（通常每秒钟要绘几米至几十米）和长时间的连续工作（往往长达几十小时），使得绘图笔的选择这个最简单的问题，在实际作业中往往成为了十分重要的问题。绘图笔所绘的线划必须精细、连续、圆润。因此，绘图笔必须尖细、流利、耐磨。在目前，普遍认为激光刻刀和激光笔是较为理想的绘图笔。

2. 栅格绘图机

栅格绘图机在结构上类似于扫描数字化仪，它是一种点绘图设备。最简单而且方便的栅格绘图机是行式打印机。实际上，用普通的 24 针打印机即可绘制出 A_3 幅面的地图，其分辨率为 180dpi，相当于用 0.15mm 粗细的绘图笔在矢量绘图机上进行作业的精度。目前，彩色静电绘图机、彩色喷墨绘图机（尤其是后者）发展非常迅速，其价格已接近或低于同幅面、同精度的矢量绘图机，而速度要高约 20—100 倍。顺便提及，当前各种轻印刷所使用的激光打印机，对于 A_3 或 A_4 幅面来说，其绘图质量往往优于矢量绘图机，速度又特别快，并且可以直接用于轻印刷制版。

衡量绘图机性能的主要技术指标：

幅面：一般有 A_4-A_0；

分辨率：也称步距，一般为 0.1mm—0.01mm，高的可达 0.005mm；

精度：定位精度一般为±0.25mm—0.05mm；综合精度为±0.5mm—0.1mm。其中，综合精度是指绘图的总误差。绘地图时综合精度不应超过±0.2mm；

绘图速度：一般为 0.3m/s—15m/s。各种绘图机的速度指标是指最高速度。

3. 图形显示器

图形显示器就是阴极射线管（CRT），用于精确和高质量地显示图形，故需要有较大的面积和高分辨率。它有 3 种类型，即储存管式图形显示器、再生管式图形显示器和光栅扫描式图形显示器。

储存管式图形显示器是通过电子枪扫射长余辉萤光粉而形成屏幕图形的，其图形在未用专门信号抹去之前，将保持可见 1h。该类显示器具有显示无闪烁、分辨率好、易获得图形硬拷贝等优点，但交互性较差。

再生管式图形显示器是通过电子枪扫射短余辉萤光粉而形成屏幕图形的，其图形持续性极差，需要在 1s 内多次对整个图形进行重新刷新。该类显示器具有余辉时间短、便于屏幕修改、有利于表示动态等优点，但图形的复杂程度将受到缓冲存储器容量和显示控制器的速度所限制。

光栅扫描式图形显示器如同电视机屏幕一样，可以被看作是由一系列离散单元组成的点阵。图形的显示是由帧缓冲器来实现的。帧缓冲器是一大块连续的计算机存储区域。帧缓冲器的存储单元对应于光栅的一个单元。这些存储单元组成一个位平面，它是一个数字量器件。光栅 CRT 是电压驱动的模拟器件，数字从位平面上读出到屏幕显示是经过数-模转换器

(DAC) 来实现的。通过增加位平面可使帧缓冲光栅图形显示器具有色彩或灰度等级。图 10-6 是由 N 个 (图示的是 3 个) 位平面组成的具有 n 个灰度等级的帧缓冲器原理图。CRT 上每一个像元的光强由它在 N 个位平面的每一个平面上读出的二进制数 (0 或 1) 被存入寄存器的相应位置，所得到的二进制数将表示从 0— (2^n—1) 之间的某一个光强等级。该光强等级被 DAC 转换成的电压也相应有 2^n 个等级，从而使显示的图形也具有 2^n 个灰度等级。

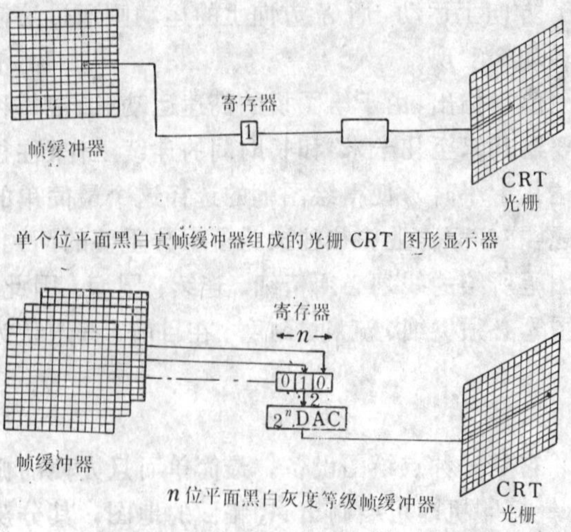

图 10-6 具有灰度等级的帧缓冲器原理图

光栅图形显示器可在一定的分辨率下令人满意地表达线划和区域的色彩，并便于进行适时的修改，因而特别适用于计算机地图制图。正由于此，CGA、EGA、VGA、TVGA、SVGA 等性能优良且价格低廉的光栅图形显示器和显示卡已成为图形显示器的主流。其中的 SVGA 已能以 1024×768 的分辨率显示真彩色，为计算机地图制图提供了较为标准的显示器系列。

10.2.2 计算机地图制图软件系统

计算机地图制图软件系统是指计算机地图制图所必须的各种程序之组合，通常包括：计算机系统软件、计算机地图制图基础软件和其他支撑软件、地图制图数据库管理系统软件、图形编辑系统软件和专用的地图制图系统软件等。

一、计算机系统软件

它是由计算机厂家提供的、对用户开放和为使用计算机提供方便的程序系统，通常包括：操作系统、汇编程序、诊断程序、库程序以及各种使用和维护手册、程序说明等。

二、计算机地图制图基础软件和支撑软件

它包括有地学信息数据软件、用户接口和数据接口以及设备接口软件，有时还包含有图像处理软件和 CAD 软件等。

三、地图制图数据库管理系统软件

该系统软件主要用于地图制图数据的输入与检测、数据的编辑与处理、数据的储存与管理等。它主要包括数据输入和编辑程序、检索程序、数据库的管理和更新程序、各种应用程序以及地图输出程序。

四、图形编辑系统软件

图形编辑系统是以图形编辑为主的制图数据编辑系统，是一个使用频率很高的软件系统。数字化过程中的数据预处理以及图形数据库的管理均需经常使用该系统。使用该系统可完成要素图形的增补、清除、分割、连接、修改以及全屏或窗口的显示与清除、图形的位移、旋转、缩放、开窗、属性重赋等功能。

五、专用的地图制图系统软件

专用的地图制图系统是为完成各种制图任务而专门设置的程序库。系统的内含和容量将

随系统设置的目的和要求而定，通常包含有以下几个子系统。

1. 地图投影及变换软件

该软件包括各种投影计算和投影网格的自动绘制，以及通用的地图投影数学变换软件。

2. 符号化输出系统

地图是一种图形符号系统。当地图图形显示且编辑之后，还要利用符号化输出系统进行显示和输出。符号化输出系统主要有如下子程序所组成，即：

(1) 符号数据库　该数据库中平行存放着能够绘制出各种规则符号（如三角点、独立地物符号等）的数据，以供通用的绘图程序所调用。

(2) 基本绘图子程序　用来完成绘图机的基本动作和绘制图形的基本要素等功能。例如：绘图机的准备、归零、换笔、抬笔、落笔和绘图头8个方向的基本走步以及数字和符号的书写与绘制等。

(3) 功能绘图子程序　包括许多绘制某些简单图形符号的子程序。例如：绘制光滑曲线、绘制各种形式的线划（实线、虚线、点线等）、绘制面状符号（在面状区域内加绘晕线、阵列符号或个体符号）、绘制各种统计图表以及进行中文注记等。

(4) 应用绘图程序　它们是为绘制地图的某一类型特征而设置的、较完整的功能程序库。例如：等高线插绘程序、立面图绘制程序、地貌晕线图描绘程序、某种专题地图绘制程序等。

3. 应用分析程序

应用分析程序是由系统开发人员或用户根据某些专题或特殊需要而编制的程序，它是系统功能的扩充和延伸，应用于某种特定的任务和目的，经常包括一些地图量算软件和环境分析软件等。

10.2.3 地图制图数据

地球上任一客观事物或现象，在当它必须以地球表面空间作为参照时，必须具有质量、数量、时间、空间位置等4个特性；当它采用地图来表达时，它还必然具有符号特性，即信息传输特性。其中，前4个特性是客观的，而符号特性是主观赋予的。在计算机地图制图中，任何一个制图对象都具有上述5个特性，这称之为“一物五性”。在计算机地图制图系统中，制图对象的上述5个特性是用相应的特性数据来描述的。这5种特性数据尽管表现形式可以不同，但绝对不能“张冠李戴”或五中缺一，它们是互相联系、互相依存、同属于某一个制图物体或现象的，这称之为“五性一体”。现将制图对象的5种特性数据分述如下：

一、质量特性数据

凡是表示制图对象质量特性的数字、字符系列等均属于质量特性数据。一个制图目标的质量特性（例如：要素的名称、类别、质量等级等）可能有很多，但相对于某个特定的制图目的而言，它又往往只有有限的几个，其中重要而又普遍的质量特性是要素的分类分级，其次是目标的名称、质量说明及其他。

二、数量特性数据

同性质的地学目标需要采用数量指标（例如：长度、面积、体积、坡度、切割程度、土壤酸碱度等）予以区别，称之为数量特性数据。在数量特性数据中，普遍而又具有重要意义的当首推长度数据和面积数据。

三、时间特性数据

地图上目标的时间特性数据通常被隐含在制图对象之中，因而容易被制图工作者所忽略。

但是，在考虑历史状况及动态变化时，时间特性数据将是重要而又必须的。

四、空间特性数据

地图上的目标有别于其他客体的主要差别，就是它不仅具有质量、数量和时间特性数据，还同时具有空间特性数据。空间特性数据主要有拓扑数据和几何数据两种类型。

1. 拓扑数据

拓扑特性是指形体在连续的变换（即形变）中，还能保持不变的空间特性。描述拓扑特性的数据称为拓扑数据，可将其看作是空间数据中质的部分。拓扑关系主要有下列 4 个方面的内容，即：

（1）形体的各几何分量（即点、线、面）数目及相互关系。例如：凸多面体的面数 A、顶点 P、棱数 L 满足下列欧拉公式，即

$$A+P=L+2 \tag{10-1}$$

其中：A、P、L 是不随多面体的形变而发生改变的。因此，面数 A、顶点 P、棱数 L 以及描述它们之间关系的欧拉公式，就是凸多面体的拓扑数据。

（2）包含关系。对于点、线、面 3 种形体，它们之间存在着 5 种关系（图 10-7），即：线含点、面含点、面含线、线含线、面含面。这 5 种包含关系在地学上的意义是十分明显的。

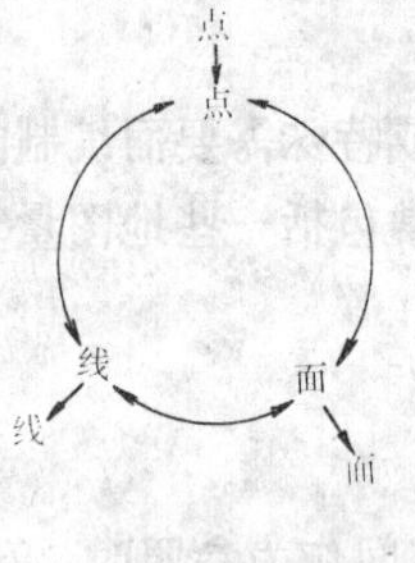

图 10-7 点、线、面间的包含关系

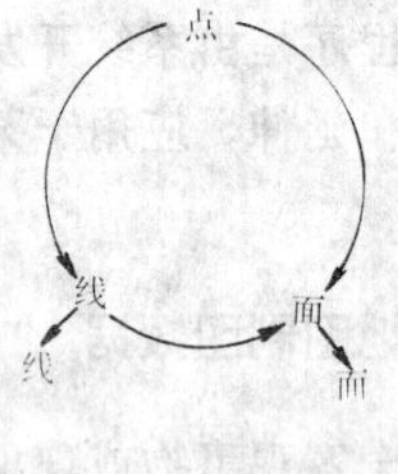

图 10-8 点、线、面间的毗邻关系

（3）毗邻关系。形体之间的毗邻关系有邻接关系和关联关系两类（图 10-8）。邻接关系是指同类形体之间的毗邻关系，可分为点点关系、线线关系和面面关系等 3 种；关联关系是指不同形体之间的毗邻关系，有点线关系和线点关系，线面关系和面线关系，点面关系和面点关系等 6 种。应该指出，点线关系与线点关系是不相同的。前者是以定点为主来考察与定点有关联的线，而后者是以定线为主来考察与定线有关联的点。线面关系与面线关系、点面关系与面点关系之间的区别也与此类同。

（4）连通关系。形体的连通关系可用点连通度和线连通度来描述。在某个连通图中，能保证图的连通所需的最少点数称为该图的点连通度；能保证图的连通所需的最少线数称为该图的线连通度。表示形体连通关系的拓扑数据，在交通线的规划及设计中是十分有用的。

2. 几何数据

几何数据是空间数据中量的部分。例如：点的坐标、直线的方向等均为几何数据。

五、信息传输数据

对于地图而言，信息传输数据主要有图形符号数据以及各种注释说明等。图形符号数据的结构可分为两级或多级，但一般分为两级。其中，第一级是图形符号绘图数据的位置代码；第二级是具体的图形符号绘图数据。各种注释说明等的数据结构也与此类同。

10.2.4 用 户

用户是计算机地图制图系统的重要构成因素。作为用户主体的人是整个系统的导航员，是硬件系统的操作员，是数据流的原动力和软件作用系列的组织者。由于地图制图具有长周期性和多过程性，计算机地图制图过程需要人进行系统的组织、管理、维护、更新与完善，数据的管理与更新，以及对产品的分析、研究和评价。由此可见，人是计算机地图制图系统的灵魂。当然，只有精通计算机地图制图技术的人才能担当起这种灵魂的角色。

§10.3 地图制图数据库

10.3.1 数据模型

描述客观事物的数字、字符以及所有能够输入到计算机中并被计算机所处理的符号，统称为数据，它是信息各个片段的原始状态，是载负信息的物理符号。各种数据对象以及它们之间存在的相互关系的集合，就称为数据模型。地图数据是数据中的一类，因而数据模型的概念当然也适合于地图数据。数据模型的重要任务之一是指出数据间的联系，主要是实体间的联系。数据模型的设计方法决定了数据库的设计方法。当前流行的数据模型设计方法有层次方法、网络方法和关系方法 3 种，对应的数据模型为层次模型、网络模型和关系模型。

一、层次模型

层次模型的结构是倒挂的树形结构（图 10-9）。树的节点是实体，树的枝是联系。在树中，有唯一的节点向上没有联系，这个节点被称之为根；有若干节点向下没有任何联系，被称之为叶；其余节点向上只有一个节点（称为父节点）与之相联系，而向下可以有许多个节点（称为子节点）与之相联系，称之为中间节点。所有节点都处在某一层上，共同构成多个层次。同一层上的节点之间没有联系，所有的联系方向都是向下的。根节点独居于第一层。地图要素类别的概念就是层次结构的例子。

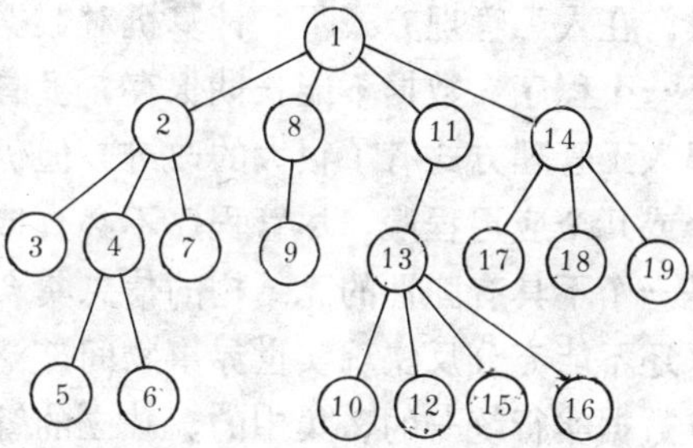

图 10-9 数据的层次模型

二、网络模型

数据的网络模型是以记录类型为节点的网络结构。网络模型的特点是一个子节点可以有两个或多个父节点，可以有一个以上的节点无父亲，在两个节点之间可以有两种或多种联系。显然，层次结构是网络结构的特例。

三、关系模型

数据的关系模型是以数学理论为基础构造的数据模型，它把每一个实体集合看成是一张二维表。一个表便是一个关系。每个关系均有一个名称，称为关系名。表中每一横行为一个元组，相当于一个记录。第一个元组是各字段"型"的集合，构成一个框架，这就是记录的型，也即通常所说的表头。其他的元组则是各个记录值。表的每一列称为元组的一个分量(域)，或称数据项。表中的域表明一个客体一系列的属性。如果一个域值能唯一标识一个记录而又不含有多余的属性时，则称为关键字。在不少情况下，关键字不止一个，可选取其中一个作为操作的主要标识操作变量，称之为主关键字。

表 10-2 即为一个关系，“地图目录”为其关系名，“图序”、“图名”均为关键字，但用“图序”作为主操作变量更简便些，故可选其为主关键字。

表 10-2　地图目录

图序	图名	比例尺	地图投影	原点纵坐标 (m)	原点横坐标 (m)	出版时间
1	中国全图	1：600 万	等面积圆锥投影	0	0	1989.10
2	湖南省图	1：400 万	等面积圆锥投影	40 000	35 000	1992.12

10.3.2　数据库技术

数据库、数据库管理系统、数据库系统是数据库技术中常用的术语，三者之间有着一定的区别和联系。数据库是存储在计算机内、有结构的数据之集合；数据库管理系统是一个数据管理系统软件，它的职能是维护数据库，接受并完成用户程序或命令提出的访问数据的各种请求；而数据库系统则是指计算机系统中引进数据库后的系统构成，通常有数据库、数据库管理系统和用户构成。

计算机数据处理技术经历过人工管理方式、文件系统管理方式、数据库管理方式等 3 个阶段。在人工管理方式下，计算机对数据的管理是由程序员个人考虑和安排的，一组数据对应于一个程序，数据不能长期保存，没有软件系统对数据进行管理；文件系统管理方式虽然比起人工管理方式有了很大的改进，但仍存在着很多弱点，即：文件本身还是基本上对应于一个或几个应用程序。尽管程序不必直接与文件打交道而有文件管理系统作为接口，但它仍然是一个不具有弹性的无结构的信息集合。存在着冗余度大、空间浪费、文件不易扩充等缺点，还不能充分反映现实世界事物间广泛的内在联系；数据库管理方式的基本思想就是要对所有数据实行统一的、集中的、独立的管理，数据独立于程序而存在，并可以提供给各类不同用户共享使用。数据库的管理方式可使数据更加标准化、格式化，可减少数据的冗余度，更便于数据的组织、更新和科学管理，增强了数据的共享性和完整性，具有较强的数据独立性和程序的独立性。数据的独立性是指数据库结构的改变并不要求改变相应的程序；程序的独立性是指程序的改变并不要求修改相应的数据库结构。正因为如此，现代的计算机地图制图系统无不使用数据库管理方式，借助于数据库管理系统来对地图数据进行管理。

如前所述，数据模型有层次模型、网络模型和关系模型三种。相应地，数据库也有层次型数据库、网络型数据库和关系型数据库等三类。目前，最受推崇的当属关系型数据库，当今的商业软件也都无不声称自己的数据库是关系型数据库。这是由于：①关系型数据库是以关系运算和集合代数为其数学基础，不像网络型和层次型数据库是以经验来导航的；②关系型数据库的视图清晰、使用方便，用户可以采用逻辑操作数据的方式完成实际的物理数据操作，而无须关心其实现的物理途径；③关系型数据库功能强大、性能优良、接口规范、内外数据交换方便，便于系统的更新和扩充。

目前，数据库技术发展非常之快，标准化的趋势很强烈，绝大多数是借用通用的关系数据库系统按各自的数据结构来进行数据建立的。这种建立数据库的方法简便、严密、可靠、高效，特别适合于地图数据的类型复杂、广泛、容量大和动态变化多等特点。因此，越来越多的地图数据库采用了这种方式进行地图数据库的建立。著名的 ARC/INFO 就是采用这一途径运用了相当于 dBASE Ⅲ 的 INFO 关系数据库，并获得了巨大的成功。

10.3.3 数据库的关系运算与操作

对于关系数据库可进行诸如并、差、交以及投影、选择、联接等多种以关系代数为基础的关系运算。其中的并、差、交运算是众所周知的。下面仅介绍投影、选择和联接等关系运算。

一、投影运算

设有一个关系 Q 它有 n 个属性（域）。若取其中的 k（$k \leqslant n$）个属性而形成的新表，均称为关系 Q 的一个投影。它的意义是很明显的，即：通过投影可以实现对每一个用户均只提供他所需要的数据。

二、选择运算

选择运算是在给定的数据库中，筛选出域值满足某种确定范围的记录（或元组）。由于客体的属性可以是多方面的，每个属性均可选定各自的范围，这些属性范围之间又可进行诸如或、与、非等逻辑运算；故通过选择运算可以满足对属性的各种特殊要求。

三、联接运算

联接运算是针对两个表而言的。如果两个表有相同的属性，则两个表联接后的结果仍是一个表，这个表的属性是在第一个表的属性后接加上第二个表中与第一个表不同的全部属性。联接运算的实质是将两个库文件按一定的条件联接成一个新的库文件。

综上所述可以看出，通过投影、选择和联接运算可以实现数据的取舍、筛选和合并。因此，这些关系运算对于地图制图综合是十分有用的。

10.3.4 地图数据的结构

各类制图数据经过编码后，必须按照一定的编排形式、以文件方式予以组织，并将其映射到计算机的存储器中，以便于进行存取、检索和处理。数据记录编排方式和数据之间的关系之描述，称之为数据结构。合理的数据结构应具备的基本条件是：①便于存取和检索；②尽量节省存储空间，以便克服地图数据量大而微机存储空间相对有限的矛盾；③存取速度快，以便于在较慢的微机上获得快速的响应；④应具有足够的灵活性，即具有插入新数据、删除或修改部分数据的基本功能。计算机地图制图的效率，在很大程度上取决于制图数据结构的优劣。根据地图要素的特征和制图要求，制图数据的结构主要有如下几种形式。

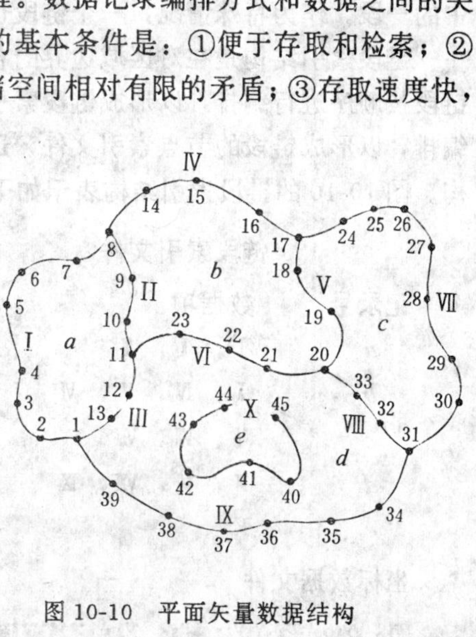

图 10-10　平面矢量数据结构

一、平面矢量数据结构

平面矢量数据结构是指以坐标（x，y）串表示的几何数据及其相互关系的有关属性数据的总称。按照数据结构的功能和组织方式可分为点位实体结构、点位索引结构和链段索引结构等。

1. 点位实体结构

点位实体结构是以区域多边形为单元直接对多边形边界各节点的坐标顺序地进行编排。图 10-10 的点位实体数据结构表示如下，即：

记录号	数据项
a	x_1、y_1，x_2、y_2，x_3、y_3，……，x_{13}、y_{13}，x_1、y_1
b	x_8、y_8，x_{14}、y_{14}，x_{15}、y_{15}，……，x_9、y_9，x_8、y_8
…	…………………………………………………………
e	x_{40}、y_{40}，x_{41}、y_{41}，x_{42}、y_{42}，……，x_{45}、y_{45}，x_{40}、y_{40}

2. 点位索引结构

点位索引结构是在对区域多边形各节点进行编号的基础上，以多边形为单元对多边形边界各节点号按顺序进行编排，以形成节点编号索引文件，再配合节点坐标数据文件，以构成点位索引数据结构。图 10-10 的点位索引数据结构表示如下，即：

节点索引文件

记录号	数据项
a	1，2，3，4，5，6，7，8，9，10，11，12，13，1
b	8，14，15，16，17，18，19，20，21，22，23，11，9，8
…	…………………………………………………………
e	40，41，42，43，44，45，40

坐标数据文件

x_1、y_1，x_2、y_2，x_3、y_3，……，x_{44}、y_{44}，x_{45}、y_{45}

3. 链段索引结构

链段有时也称弧段或线段，是最基本的图素单元，作为一个基本的不可再分割的数据单元记录和存取。它可以是一条（或一段）河流，一条（或一段）道路，一个区域的周界或其中的一段。作为特殊情况，一个链段也可以仅仅是一个点。

链段索引结构是在对区域边界的各个链段，进行编号的基础上，以区域多边形为单元对链段按顺序进行编排，以形成链段索引随机文件，再以链段为单元对链段的节点按顺序进行编排，以形成链段的节点索引文件，还要配合节点坐标数据文件，共同形成链段索引数据结构。图 10-10 的链段索引结构表示如下，即：

链段索引文件

记录号	数据项
a	Ⅰ，Ⅱ，Ⅲ
b	Ⅱ，Ⅳ，Ⅴ，Ⅵ
c	Ⅴ，Ⅶ，Ⅷ
d	Ⅲ，Ⅵ，Ⅷ，Ⅸ
e	Ⅹ

链段的节点索引文件

记录号	数据项
Ⅰ	1，2，3，4，5，6，7，8
Ⅱ	8，9，10，11
Ⅲ	11，12，13，1
……	………………
Ⅹ	40，41，42，43，44，45，40

坐标数据文件

x_1、y_1，x_2、y_2，x_3、y_3，………，x_{44}、y_{44}，x_{45}、y_{45}

二、平面网格数据结构

以规则的二维数据阵列表示地物分布的方式称为网格方式。它是将制图区域划分成一定大小的网格（栅格是网格的一种），每个网格对应图像的一个像元，代表实地的一块面积，网格值表示地物的属性，网格的位置则隐含在二维矩阵行列关系值中。采用网格方式从事制图的技术方法称为网格制图方法。网格制图工艺流程和使用的制图设备与矢量制图是完全不同的，具有很高的自动化程度，但它需要高级的计算机支持，使用昂贵的扫描制图系统。因此，目前使用得还不普遍，但这无疑将是制图发展的方向。

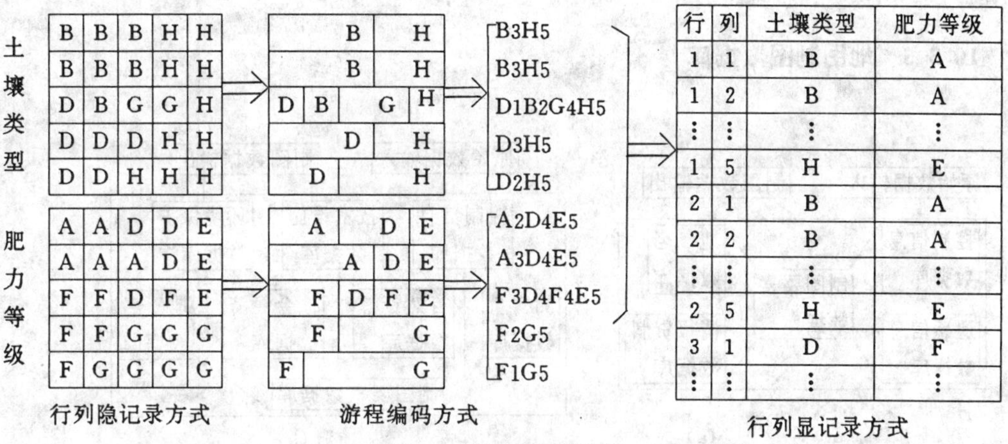

图 10-11　网格数据结构

图形的网格数据不是直接用坐标值来记录其位置，而是被分割成按行列规则排列的网格予以记录的。网格数据的记录方式通常有 3 种（图 10-11），即：

1. 行列隐记录方式

该方式是建立一个存放二维矩阵数据的随机文件，每个记录存放一个网格值，项数与列数相对应，记录数与行数相对应。

2. 行列显记录方式

该方式也是建立一个存放二维矩阵的随机文件，在文件中同时记存行、列数及其对应的网格值。

3. 游程编码方式

该方式是对上述两种记录方式的改进，目的是压缩数据量。它是把一行中属性相同的连续若干个网格视为一个游程，用两个数据表示，前一个表示属性，后一个表示该游程的终止列数。

三、曲面数据结构

曲面数据结构是指连续分布现象的覆盖数据表示，具有这种覆盖表面性质的要素包括地形、降水量、温度、磁场等。存储这些要素的基本要求是：必须便于连续现象的内插计算。常采用的数据结构有格网式和三角网式两种。

格网式是将离散的采样点特征值格网化，以得到格网点的特征值，从而构成格网式曲面数据。每个离散点均会对格网点产生不同程度的影响，其影响程度与它到格网点的距离成反比。据此利用加权平均的方法即可根据格网点周围离散点的特征值求出格网点的特征值，将其与格网点的坐标（x，y）结合，即可构成曲面数据的格网式数据结构。

三角网式数据结构是按照曲面要素实测点的分布，将其联接成三角形网，各个三角形互不相交，每个三角形分别构成一个记录，其数据项包括该三角形的识别码、相邻三角形的识别码、该三角形的顶点编号，以及顶点的平面坐标和特征值。这种三角网式的数据结构便于确定公共边两侧三角形面域的另外两个顶点的编号，根据这四个点即可拟合出一个二次曲面。三角形的任一边可以进行连续现象特征值的线性内插。利用这种数据结构的相邻关系，便于寻找等值线通过的三角形。因为等值线在三角形的一边形成入口，必定在该三角形的另一边构成出口，同时在相邻的三角形又形成新的入口。如此重复，直至等值线自行闭合或被图廓截断。

10.3.5 地图制图数据库

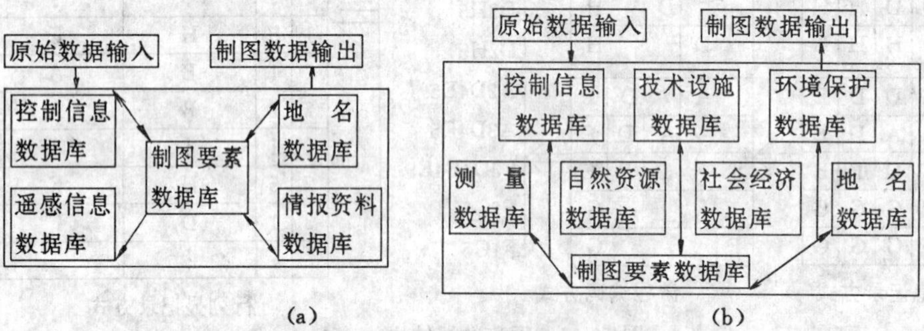

图 10-12 地图制图数据库的基本内容

地图制图数据库因其用途不同、存储的内容也就不同。若按照普通地图的内容输入，则地图制图数据库的基本内容包括五个子库，如图 10-12 (a) 所示。其中制图要素数据库是核心，其他四个子库都与它发生密切关系。若按照专题地图的内容（地理内容）输入，就成了综合数据库（地理数据库）。此时，地图制图数据库的内容至少包括八大类的数据，如图 10-12 (b) 所示。

数据库的每一个子库均由许多数据文件组成。例如：制图要素数据库具备有地图各种要素的数据文件（如图 10-13 所示），自然资源数据库包括各种自然资源（例如地质矿产资源、水资源、森林植被资源、土地资源、气候资源等）的数据文件。每一个数据文件都由几何数据和描述数据所构造。描述数据主要包括要素的名称数据和属性数据。

一、地图制图数据库管理系统

地图制图数据库实际上是面向特定专业领域的一种数据库。这种数据库目前大都是在操作/文件系统管理下的一个“宏文件”。这些管理系统仅对数据进行逻辑管理，而物理上的管理由操作/文件系统执行。因此，地图制图数据管理系统由以下一些程序组成，即：

(1) 数据输入和编辑程序　包括测量、观测和统计数据的输入和编辑，地图和像片数字化的输入，投影和比例尺的变换，输入数据的检查、修改、增删、合并和概括等程序。这些程序是地图制图数据库的基本程序。

(2) 检索程序　根据用户的各种请求，由检索程序从地图制图数据中检索出用户所需要的数据。

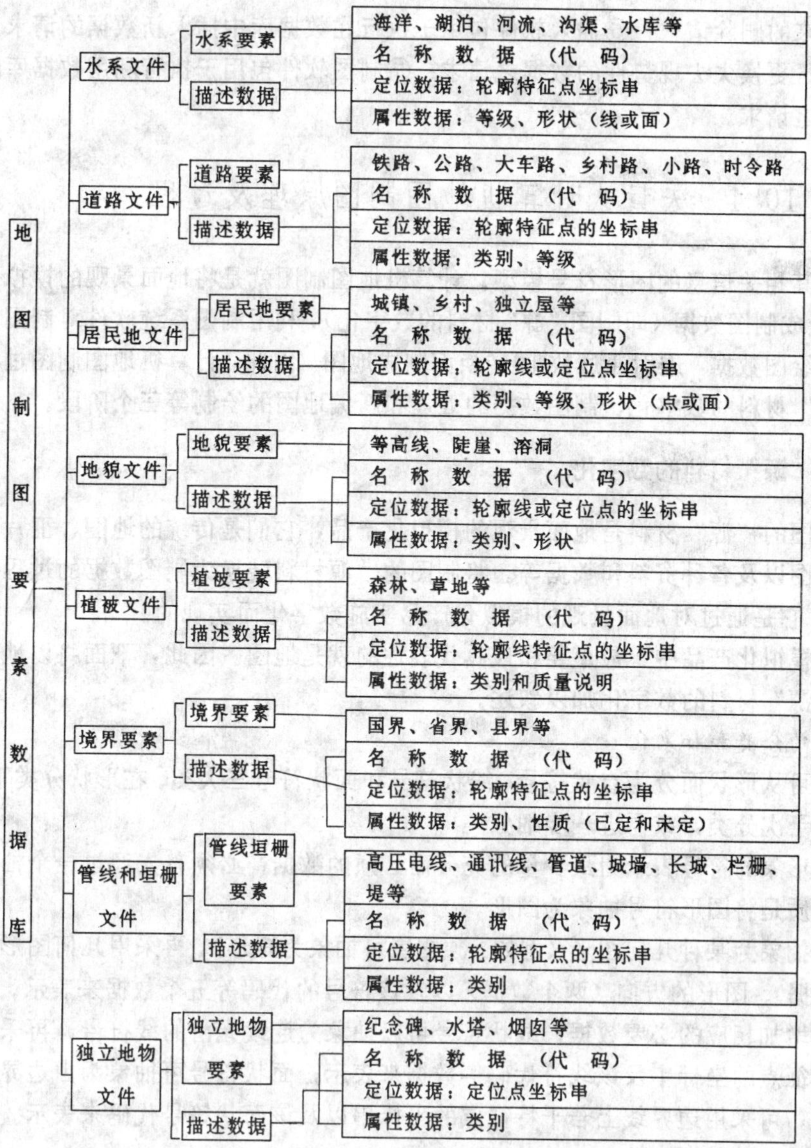

图 10-13 地图制图要素数据库的文件及其内容

(3) 数据库的管理和更新程序 包括数据库重编和恢复，数据格式维护程序，数据转储、编辑和打印程序等。

(4) 各种应用程序 包括对各种统计数据进行分析的程序，对自然资源综合分析的程序，对各种社会经济现象进行分析研究的程序，面积、体积、长度等数量指标的计算程序，坡度、坡向、切割密度等的计算分析程序。

(5) 地图输出程序 包括制图的基本功能应用程序和地图输出程序等。这些程序构成许多软件包，每一个软件包都具有一定的功能。例如：①执行软件包用于读出检索、修改、删除、插入、更新等各种请求，根据请求编制检索过程；②检索软件包用于从数据库中检索制图数据，根据用户的请求对数据库进行搜索，寻找数据所在的区域代码、块、链和记录，找到符合用户要求的数据并输出之；③修改软件包用于执行软件传来的修改请求；④删除软件包用于执行软件传来的删除请求；⑤插入软件包用于执行在数据库中插入新数据的请求；⑥更新软件包用于执行更换失去现势性的数据之请求；⑦制图软件包用于执行利用数据库的数据制作指定的地图之请求。

§10.4 矢量式计算机地图制图原理及过程

地图是地学及其相关信息的图形符号模型。计算机地图制图就是将地面景观的模拟化产品通过模-数转换变成制图数据（即制图“源”材料的数字化），利用制图系统软件对制图数据进行处理而形成绘图数据，进而通过数-图转换而制成地图。因此，计算机地图制图过程可以归结为制图“源”材料的数字化、制图数据的处理和新编地图的绘制等三个阶段。

10.4.1 制图“源”材料的数字化

计算机地图制图的“源”材料是地面景观的模拟化产品，它们是传统的地图、卫片、航片、实测原图或草图以及各种资料和数据等。将制图的“源材料转换为制图数据的过程，称为模-数转换过程，它是通过对地面景观的模拟化产品实施数字化而实现的。

在地面景观的模拟化产品中，最重要和最具代表性的就是地图。因此，下面将以地图数字化为例对制图“源”材料的数字化加以叙述。

一、地图符号的分类和抽象化

地图上的符号可从形状而分为点状符号、线状符号和面状符号三大类。在形状分类下面，还可按要素类型给予次分类，或再进一步细分。

将一个有具体形象的符号表示为最少量的充分而必须的数据，必须首先经过一个抽象化过程，该过程的实质是将图形符号抽象为图形。

点状符号可以抽象为某种几何图形（例如：独立屋可抽象为矩形），再采用几何图形的定位点坐标（两个数据）、图形的方向（两个数据）以及该符号的代码等五个数据来表示。若需要说明其性质还应增加相应的必要数据；线状符号可以抽象为连续光滑的线符号，再采用线符中心线上若干特征点的坐标串及该线符代码等数据来表示；面状符号可抽象为由边界线围成的一个面状区域，可采用边界线上若干特征点的坐标串以及该面状符号代码来表示。

二、地图要素的分类分级与编码

地图要素的类型和级别是制图要素最重要和最普遍的质量特征。地图要素的分类、分级与编码对于计算机地图制图来说是至关重要的。通常，各专业，各用途均有自己的习惯性分类分级与编码方法。但是，若能采用统一和规范化的地图要素分类分级与编码方法，将有利于数据交换与共享。

目前，地图要素本身的编码倾向于采用六位编码制。前两位表示要素的大类，接着两位表示要素的亚类，最后两位分别表示亚亚类和亚亚亚类（例如：编码 020000 表示水系，020100 表示河流，020200 表示渠道，020300 表示湖泊，020120 表示二级河流，020121 表示二级通航河流，等等）。这是一种严密的六级树形编码方式，仅数字符号的容量将达 100 万类。

三、数字化菜单和映射表的准备

为迅速而准确地完成数字化工作，普遍采用数字化菜单技术。通常，将菜单设计成具有若干小矩形组成的行列阵。当数字化仪的鼠标指在某个小矩形上时，即可调取符号库内与该小矩形对应的符号码及相应要素的分类分级编码。为适应对各种类型和形式的地图进行数字化的需要，可建立与菜单相对应的映射表。当需要修改菜单所代表的内容时，毋须修改菜单本身，而只须修改形成与菜单对应的映射表，并激活使用即可。

四、数字化作业

数字化是一项细致而又繁重的作业，需将众多的图形要素逐一正确地数字化，既要保证精度又要提高速度，故应尽可能保证数字原图有较好的质量，并且遵循以下操作步骤和方法。

1. 数字化原图的准备

为了保证数字化的精度，便于分辨图形和数字操作，通常将原图放大1倍或1倍以上。在图上标出数字化的原点，对需要变换特征码的地方予以标记，对过粗的线划标绘出中心轴线。为了对数字化数据进行几何纠正和投影变换，每幅图上要选择并标注4个或4个以上的控制点（含图廓点），并查阅其理论坐标值。

2. 制定特征码表，选择特征码和点的输入方式

在数字化前要根据制图要素的分类分级系统制成对应的特征码，并选择特征码的输入方式。特征码的输入方式有键码法、菜单技术和菜单与映射表配合输入法。数字化的点记录方式主要有点方式、时间方式、增量方式和栅格方式。所有这些均要根据需要在数字化前加以适当选取。

3. 原图的定向和坐标系的变换

在数字化前要调整原图的方向，使原图的横图廓与数字化仪工作台的横轴相一致，还要用数字化仪输入原图的图廓点和控制点，以理论坐标为依据建立起安置在台面上原图到理论框架中的坐标变换模型。

4. 数字化读点

数字化读点是数字化的主要工作。读点可采用点方式或连续方式，逐个目标输入地图各种符号的抽象化数据及其特征码。输入顺序通常采用与地形图绘图相类似的顺序，按要素分类组织输入。

5. 数字化数据的检查

数字化过程中，由于自然的、仪器的和人为的等方面因素的影响，数字化数据难免存在错误。为防止错误信息进入数据处理阶段，以保证各种变换和计算工作的顺利进行，必须对数字化数据进行检查，以获得“洁净”的数字化数据。

数字化数据的检查可采用联机方式、或脱机方式、或联机和脱机相结合的混合方式来进行。

矢量数据检查的主要内容包括：①数据格式检查：根据数据的正确格式的特点，可设计一个格式检查程序，以实现对数据格式的检查；②数据重复或遗漏检查：原始的数字化数据可能存在重复或遗漏的错误，这可以通过将原始数字化数据文件恢复成地图图形的方法来检查；③特征码检查：特征码的错误可采用人机对话方式进行检查，若发现错误可利用计算机的编辑功能立即予以改正；④坐标数据异常的检查：数据异常检查是要解决数据值是否正确，这可以根据数字化的数据文件恢复成图形，在屏幕上显式或在绘图机上试绘，通过检查图形来检查数据是否正确。若发现错误也可通过人机对话的方式进行改正。

10.4.2 制图数据的处理

制图数据处理是指从数字化取得的数据进行入库、分类、组织、管理和处理的过程。制图数据的处理方法往往视制图的目的、种类、数据组织形式、设备类型等的不同而有所差异，

可使用相应的软件，采用实时处理、批处理以及人机对话等多种方式进行。制图数据处理的一般数据流程为：

1. 入库和节点匹配

数字化取得的数据首先要进行入库处理。入库后的数据要比数据文件更便于操作、处理和管理。入库处理时，应根据数据的不同类型和用途使其进入不同的库。

入库后的数据首先要进行节点匹配。所谓节点是指边界线段的相交点。显然，节点都发生在线段的端点上。除了首尾相接的节点仅与两条线段关联外，其余节点都至少与 3 条线段相关联。数字化时，获得的交汇在一个节点的若干条线段的端点坐标不可能完全相等，这就要求对相关端点的坐标进行处理，以求出统一的节点坐标值，再将其回送给对应的相关端点，这项工作称为节点匹配。节点匹配可采用定点匹配法、优先定点匹配法或平均匹配法。

2. 数据编辑和图形编辑

数据编辑和图形编辑的目的是消除和改正不正确的各种分类分级编码和特征数据，以获得错误基本消除的洁净数据。

3. 投影变换与数据合并

当对图幅进行分块数字化或对多图幅区域进行分幅数字化时，需要对数字化数据进行投影变换，以使其坐标系统一。在统一的坐标系统下，即可通过数据合并以完成图幅的拼接。

10.4.3 新编地图的绘制

计算机地图制图最后的成果主要是以地图形式来表示的。地图的绘制是借用各种绘图软件在绘图机上进行的。地图的绘制包括地图内容的选择与组织、符号类型和符号库的准备和调整以及新编地图的输出。

一、地图内容的选择与组织

为了绘制出符合制图目的和要求的地图，必须对地图内容进行选择与组织，这可以通过数据库的性质检索、窗口检索、拓扑检索和综合检索来实现。数据库的性质检索是指按要素的质量、数量、时间或符号的若干特性，在一定的数据范围内找出符合某种性质要求的地理目标；窗口检索是指按空间某一区域（矩形或多边形）范围找出该区域范围内的目标，它们可能是一个目标的全部，或者仅是目标的一部分；拓扑检索是指按指定的拓扑条件找出符合该条件的目标。例如：若欲整理出出入北京的所有铁路线，则可按“以北京为结点的全部铁路线”这一拓扑关系来进行检索；综合检索是指上述三种检索中任何两个以上之组合。例如：若欲整理出河南省内长度 50km 以上的黄河支流，这就是一个性质检索、窗口检索和拓扑检索之组合。

应该指出，数据库的检索应按照五性一体的要求进行，而且具有动态成库的特性。只有这样才能应付实践提出来的各种复杂检索。

二、符号类型和符号库的重建或调整

新编地图上的一套符号与原图上的符号是不相同的。即使相同，其类型及表示范围也不会完全相同，因而须通过调整或重建而形成新编地图的符号库、符号码和相应的要素分类分级码，同时还需要调整相应的一些绘图程序。

三、新编地图的输出

新编地图是利用按新图整理和组织的数据库和符号库，借助于绘图软件，使用绘图机进行绘制的，矢量绘图机绘制一幅地图需要工作数小时甚至数 10 小时，并且是一个串行过程。

一着不慎将会前功尽弃。因而要严格操作规程，并做好仪器的准备和检查工作。绘图之前，将全部线段在屏幕上试绘一遍是行之有效的检查方法。当然，在长达数10小时的绘图过程中，出现一些小问题也是难免的。这可以通过对成图进行少量的修补来纠正。

应该指出，当前计算机地图绘图仍存在着两个方面的问题。其一是尽管单个符号的绘制已达到很高的质量，但符号的交叉、接合、协调等仍需进一步完善；其二是地图的编绘仍存在着很多困难，有些甚至还存在着理论上的障碍。

§10.5 栅格式计算机地图制图原理

栅格式计算机地图制图是随着硬件设备发展而迅速崭露头角的。它综合运用了计算机图像处理技术、数值形态学和地图代数学，无论在理论上和实践上均表现出了不少的优良特性。

栅格式计算机地图制图的基本理论和过程，在很多方面均与矢量式相类同。但是，栅格式计算机地图制图在原理上仍有很多自身的特点。在本节中拟就扫描数字化原理、扫描数据处理技术、地图绘制运算原理等基本问题加以叙述。

10.5.1 扫描数字化原理

扫描数字化的工作与跟踪数字化基本一样，其主要区别是：其一，跟踪数字化的数据源主要是线划地图，而扫描数字化的数据源不仅可以是线划地图，还可以直接利用卫片、像片等影像资料；其二，跟踪数字化所获得的是矢量数据，而扫描数字化所获得的是栅格数据。

扫描数字化的方式视原图的形式、质量和设备条件以及扫描要求而分别选用单色扫描、灰度扫描或真彩色扫描等方式。

在扫描之前，要进行若干试验以确定诸如亮度参数、对比参数、色差参数等参数的最佳值。要正确确定扫描的分辨率。若主要用来制作地图时，考虑到成图的输出设备的分辨率绝大多数是300dpi，故扫描的分辨率通常也取300dpi，即每点的大小为0.08mm，精度为0.04mm；若主要用于为地理系统提供数据时，则通常取150—250dpi。

扫描数据大多以TIFF或BMP文件格式进行储存。这两种文件均是以位（bit）来存储每个栅格特性值的。TIFF文件格式为所有扫描仪所采用，而且历史悠久；BMP文件格式为新一代操作系统WINDOWS所支持，并为现代所有扫描仪及其软件所采用。这两种文件格式，尤其是后者，具有很多优良特性，即：①它们是栅格矩阵的点集，寻址规则且速度快；②它们具有很高的通用性、开放性和标准化；③它们既可节省存储空间，又可采用标准化软件进行高倍比压缩。

10.5.2 扫描数据处理技术

扫描数据会产生各种各样的变形，为纠正和消除这些变形要采用一系列的图像处理技术、几何变换、智能模板修整技术、图形编辑等。

图像处理技术主要包括修脏点（剔除夹杂在栅格数据中的污点信息）、补隙（修补由于原图线划发虚而造成的扫描信息局部中断而形成的缝隙）、棱边光滑（消除因线划翳影而造成的扫描后线划的“锯齿形”凸出），以及通过反差增强、去模糊、去底色、图像增强、反走样等途径，以增强图像的清晰度和改善扫描质量。对于真彩色图像或256色图像，还可采用色彩先验预分样及聚类分析的方法来有效地提高彩色地图扫描后的图像质量，以使扫描图的质量接近原图的质量。

由于扫描的原图和设备不同，使得扫描数据的规格各不相同，有的为黑/白，有的为256级灰度，有的为真彩色。为便于下一步的标准化处理，必须把它们变为16色BMP位图格式。标准化后的位图实际上已是地图而非扫描图像。

由于图纸的变形和扫描误差的存在，必须对扫描数据进行纠正处理。当对大区域多图幅进行扫描和因扫描仪幅面限制而对图幅进行分块扫描时，必须对扫描数据进行拼图处理。对扫描数据进行纠正处理的实质就是三点或四点的几何变换，它是以仿射变换为基础的。对数据进行拼图处理是在经过变换统一各扫描区域坐标系的基础上，采用对数据文件进行重新组织的方法进行数据合并。

经过上述处理后，位图仍会存在一些不够圆润、不够光滑的缺陷，必须进行修补（图10-14）。应该看到，这些缺陷的形式多样，很难有一个固定的模式。因而，应使用智能模板进行修补。智能模板的功能是补上或消去中心点。位图的缺陷经几次智能模板的处理即可将其修整得相当规范。

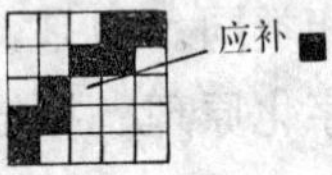

图 10-14　位图的缺陷

栅格式计算机地图制图较矢量式的优势主要表现在图形编辑方面。由于目前栅格式计算机地图制图采用的BMP数据文件是通用的格式化文件，对之进行处理的软件丰富，且功能很强，具有拷贝、复制、擦、移、绘等多种功能。因此，在栅格式制图方式下，全部的点状符号及汉字的绘制质量已能全面满足制图的要求。尽管在连续的特定线状符号及特定图案颜色的指定填充等方面还存在有弱点，但是这些问题的解决也已指日可待。

10.5.3　地图编绘运算的原理

地图清绘是符号绘制与显示空间之间无本质矛盾的绘图过程，而地图编绘却是符号绘制与显示空间之间具有本质矛盾的绘图过程。因而，从理论上看，无论是矢量式的线段作图还是采用点作图，对于完成清绘作业都不存在什么困难，实践也已证明了这一点。但是，对于编绘而言，若要处理某一绘图符号及其与之相关联的一切绘图线段，则需面对的是若干点数据以及它们之间的一种关系。应该明白，对客观对象的处理与对关系的处理是完全不一样的。前者仅需改变客观对象，而后者将会重新产生多种复杂关系。显然，对关系进行运算及再运算是相当复杂的，对于信息的带宽要求是相当高的。这对于矢量式数据理论而言，要解决这个问题是十分困难的。但是，栅格数据在理论上完全避开了上述的困难。由此可见，栅格式计算机地图制图对于实现编绘一体化具有较高的可能性。在实践上也已产生了一些行之有效的编绘算法。

1. 点-线符号相互关系处理运算

在地图编绘中，点、线符号绘制时相互关系的处理可视其点、线间距离分别采用不同方法进行处理。当点、线相距较远，点符和线符的绘制互不影响时，可将其分别绘制在各自的中心或中心线附近；当点、线相距较近，无法按各自中心位置绘制时，应将点符移至与线符相切。上述的判断和处理过程均可通过集合运算来实现，并且，实践证明，其完成的效果是很快和很好的，如图10-15所示。

2. 线-线符号关系处理运算

在处理线状符号与线状符号之间的关系时，可以按手工编绘地图中处理线-线关系的原则来进行图形符号的关系处理，其逻辑思路为：若两图形符号的积为空集，则表示两线符相离，

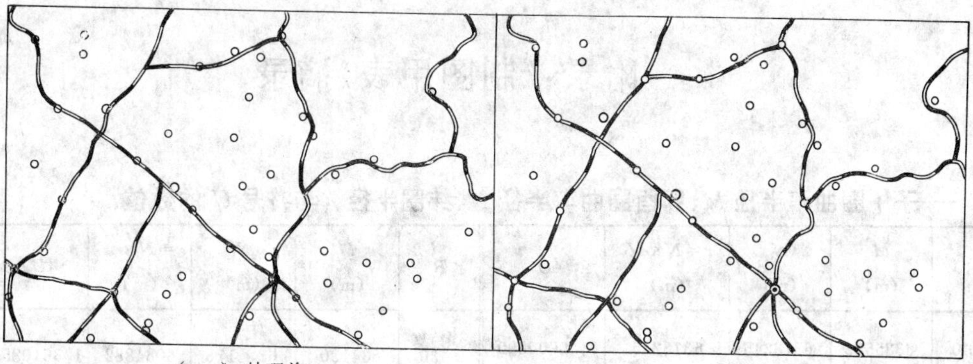

（a）处理前　　（b）处理后

图 10-15　点-线符号关系处理运算

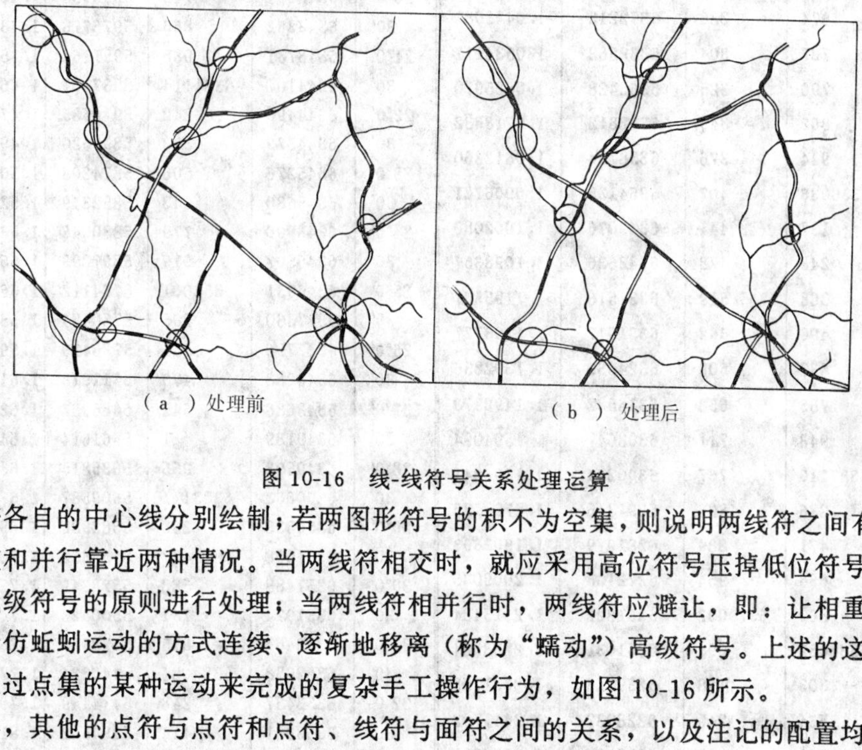

（a）处理前　　（b）处理后

图 10-16　线-线符号关系处理运算

那么应按各自的中心线分别绘制；若两图形符号的积不为空集，则说明两线符之间有矛盾，这又有相交和并行靠近两种情况。当两线符相交时，就应采用高位符号压掉低位符号或高级符号压掉低级符号的原则进行处理；当两线符相并行时，两线符应避让，即：让相重合部分的低级符号仿蚯蚓运动的方式连续、逐渐地移离（称为“蠕动”）高级符号。上述的这些处理都是能够通过点集的某种运动来完成的复杂手工操作行为，如图 10-16 所示。

当然，其他的点符与点符和点符、线符与面符之间的关系，以及注记的配置均可仿照上述的原则按相应的原理，通过操作点集来有效地加以实现。

应该着重指出，当前的栅格制图方法已是一种在理论上和实践上都较为成熟的先进制图方法。栅格制图方法在速度上、质量上、制作成本上均显示出相当的优越性，它能够大大地减少制图环节和减轻劳动强度，是目前较为公认的最有希望的制图方法。

附录:《制图用表》摘录

一、子午圈曲率半径 M、卯酉圈曲率半径 N、纬圈半径 r 与符号 U 的数值

B	M (m)	N (m)	$r=N\cos B$ (m)	U	B	M (m)	N (m)	$r=N\cos B$ (m)	U
0°0′	6335553	6378245	6378245	1.0000000	30′	634130	63 176	6084882	1.3610852
30′	558	247	6378004	1.0087060	18°0′	632	284	6068011	1.3735374
1°0′	572	252	6377280	1.0174885	30′	962	395	6050680	1.3861400
30′	596	260	6376074	1.0263488	19°0′	6342301	509	6032890	1.3988959
2°0′	630	271	6374385	1.0352885	30′	647	625	6014642	1.4118085
30′	674	286	6372215	1.0443087	20°0′	6343001	743	5995938	1.4248813
3°0′	727	304	6369562	1.0534111	30′	6343362	865	5976778	1.4381183
30′	790	325	6366428	1.0625970	21°0′	6343731	988	5957166	1.4515219
4°0′	862	349	6362812	1.0718682	30′	6344107	6381114	5937101	1.4650971
30′	944	376	6358714	1.0812260	22°0′	6344490	242	5916585	1.4788472
5°0′	6336036	407	6354135	1.0906721	30′	6344879	373	5895620	1.4927758
30′	137	441	6349076	1.1002080	23°0′	6345276	506	5874208	1.5068877
6°0′	248	478	6343536	1.1098357	30′	6345680	642	5852349	1.5211866
30′	368	519	6337516	1.1195567	24°0′	6346090	779	5830046	1.5356771
7°0′	496	562	6331017	1.1293727	30′	6346507	919	5807299	1.5503630
30′	637	609	6324039	1.1392856	25°0′	6346931	6382061	5784112	1.5652500
8°0′	785	658	6316582	1.1492973	30′	6347360	205	5760484	1.5803417
30′	943	711	6308647	1.1594094	26°0′	6347796	351	5736419	1.5956436
9°0′	6337110	767	6300234	1.1696241	30′	6348238	499	5711918	1.6111608
30′	286	826	6291345	1.179 35	27°0′	6348686	649	5686982	1.6268983
10°0′	471	889	6281979	1.1903693	30′	6349139	1	5661614	1.6428613
30′	666	954	6272138	1.2009035	28°0′	6349598	955	5635815	1.6590554
11°0′	869	6379022	6261822	1.2115484	30′	6350063	6383111	5609587	1.6754864
30′	6338082	094	6251031	1.2223064	29°0′	6350533	268	5582932	1.6921603
12°0′	303	168	6239768	1.2331798	30′	6351008	427	5555852	1.7090828
30′	534	245	6228032	1.2441702	30°0′	6351488	588	5528349	1.7262608
13°0′	773	325	6215824	1.2552806	30′	6351974	751	5500426	1.7437001
30′	6339021	409	6203145	1.2665131	31°0′	6352464	915	5472083	1.7614077
14°0′	277	495	6189996	1.2778704	30′	6352958	6384081	5443324	1.7793906
30′	542	584	6176379	1.2893550	32°0′	6353457	248	5414149	1.7976560
15°0′	816	675	6162293	1.3009692	30′	6353961	416	5384562	1.8162114
30′	6340098	770	6147740	1.3127161	33°0′	6354468	586	5354565	1.8350644
16°0′	388	867	6132722	1.3245983	30′	6354980	758	6324159	1.8542232
30′	687	968	6117239	1.3366186	34°0′	6355495	930	5293347	1.8736954
17°0′	994	6380070	6101292	1.3487799	30′	6356014	6385104	5262132	1.8934899
					35°0′	6356537	279	5230514	1.9136160
					30′	6357064	455	5198498	1.9340821
					36°0′	6357593	633	5166085	1.9548984
					30′	6358126	811	5133278	1. 760740
					37°0′	6358661	990	5100079	1.9976201
					30′	6359199	6386170	5066490	2.0195467

续表一

B	M (m)	N (m)	$r=N\cos B$ (m)	U	B	M (m)	N (m)	$r=N\cos B$ (m)	U
38°0′	6359740	351	5032514	2.0418649	30′	6372512	624	4150378	2.6968395
30′	6360283	533	4998153	2.0645866	50°0′	6373065	808	4107933	2.73345076
39°0′	6360829	6368716	4963410	2.0877231	30′	6373616	993	4065171	2.7708633
30′	6361376	899	4928288	2.1112871	51°0′	6374165	6391176	4022098	2.8092417
40°0′	6361926	6387083	4892790	2.1352916	30′	6374713	359	3978715	2.8485785
30′	6362477	267	4856916	2.1597501	52°0′	6375258	542	3935026	2.8889119
41°0′	6363030	452	4820671	2.1846758	30′	6375801	723	3891034	2.9302812
30′	6363584	638	4784058	2.2100841	53°0′	6376342	904	3846744	2.9727289
42°0′	6364140	824	4747078	2.2359897	30′	6376880	6392083	3802157	3.0162991
30′	6364697	6388010	4709735	2.2624084	54°0′	6377415	262	3757278	3.0610386
43°0′	6365254	197	4672031	2.2893569	30′	6377947	440	3712109	3.1069968
30′	6365813	384	4633970	2.3168520	55°0′	6378476	617	3666654	3.1542267
44°0′	6366372	571	4595553	2.3449123	30′	6379002	793	3620918	3.2027829
30′	6366931	758	4556784	2.3735555	56°0′	6379525	967	3574902	3.2527246
45°0′	6367491	945	4517666	2.4028015	30′	6380044	6393140	3528611	3.3041138
30′	6368051	6389132	4478202	2.4326706	57°0′	6380559	312	3482047	3.3570159
46°0′	6368611	319	4438394	2.4631848	30′	6381070	483	3435216	3.4115010
30′	6369170	506	4398246	2.4943656	58°0′	6381577	652	3388120	3.4676432
47°0′	6369729	693	4357760	2.5262359	30′	6382080	820	3340762	3.5255218
30′	6370287	880	4316940	2.5588216	59°0′	6382578	987	3293147	3.5852207
48°0′	6370845	6390066	4275789	2.5921468	30′	6383072	6394152	3245277	3.6468298
30′	6371402	252	4234309	2.6262399	60°0′	6383561	315	3197158	3.7104412
49°0′	6371957	438	4192505	2.6611276					

二、由赤道至纬度为 B 的纬线间的子午线弧长 S_M、纬差 30′的子午线弧长 ΔS_M、经差 30′的纬线弧长 S_P

单位:m

B	S_M	ΔS_M	S_P	B	S_M	ΔS_M	S_P	B	S_M	ΔS_M	S_P
0°0′	0	55288	55661	8°0′	884668	55299	55125	16°0′	1769675	55331	53518
30′	55288	55288	55659	30′	939967	55301	55053	30′	1825006	55335	53383
1°0′	110576	55289	55652	9°0′	995268	55303	54980	17°0′	1880341	55337	53244
30′	165865	55288	55642	30′	1050571		54902	30′	1935678	55339	53101
2°0′	221153	55289	55627	10°0′	1105875	55305	54821	18°0′	1991017	55343	52953
30′	276442	55290	55608	30′	1161180	55308	54735	30′	2046360	55346	52802
3°0′	331732	55290	55585	11°0′	1216488	55309	54645	19°0′	2101706	55348	52647
30′	387022	55290	55558	30′	1271797	55311	54551	30′	2157054	55352	52488
4°0′	442312	55291	55526	12°0′	1327108	55313	54452	20°0′	2212406	55354	52324
30′	497603	55292	55490	30′	1382421	55316	54350	30′	2267760		52157
5°0′	552895	55293	55450	13°0′	1437737	55317	54243	21°0′	2323118	55361	51986
30′	608188	55294	55406	30′	1493054	55319	54133	30′	2378479	55365	51811
6°0′	663482	55295	55358	14°0′	1548373	55322	54018	22°0′	2433844	55368	51632
30′	718777	55295	55305	30′	1603695	55324	53899	30′	2489212	55371	51449
7°0′	774072	55297	55249	15°0′	1659019	55327	53776	23°0′	2544583	55375	51262
30′	829369	55299	55188	30′	1714346	55329	53649	30′	2599958	55378	51071

续表二

B	S_M	ΔS_M	S_P	B	S_M	ΔS_M	S_P	B	S_M	ΔS_M	S_P
24°0′	2655336	55382	50877	36°0′	3985613	55483	45083	48°0′	5318521	55599	37313
30′	2710718	55385	50678	30′	4041096	55488	44796	30′	5374120	55603	36951
25°0′	2766103	55390	50476	37°0′	4096584	55492	44507	49°0′	5429723	55608	36587
30′	2821493	55393	50270	30′	4152076	55497	44213	30′	5485331	55613	36219
26°0′	2876886	55397	50060	38°0′	4207573	55501	43917	50°0′	5540944	55618	35848
30′	2932283	55400	49846	30′	4263074	55506	43617	30′	5596562		35475
27°0′	2987683	55405	49628	39°0′	4318580	55511	43314	51°0′	5652185	55628	3509
30′	3043088	55409	49407	30′	4374091	55516	43007	30′	5707813	55632	34721
28°0′	3098497	55413	49182	40°0′	4429607	55521	42698	52°0′	5763445	55637	34340
30′	3153910	55416	48953	30′	4485128	55526	42385	30′	5819082	55641	33956
29°0′	3209326	55421	48720	41°0′	4540654	55530	42068	53°0′	5874723	55647	33569
30′	3264747	55425	48484	30′	4596184	55535	41749	30′	5930370	55651	331
30°0′	3320172	55430	48244	42°0′	4651719	55540	41426	54°0′	5986021	55656	32788
30′	3375602	55433	48000	30′	4707259	55545	41100	30′	6041677	55560	32394
31°0′	3431035	55438	47753	43°0′	4762804	55550	40771	55°0′	6097337	55665	31998
30′	3486473	55442	47502	30′	4818354	55554	40439	30′	6153002	55670	31598
32°0′	3541915	55447	47247	44°0′	4873908	55560	40104	56°0′	6208672	55674	31197
30′	3597362	55451	46986	30′	4929468	55564	39765	30′	264346	55679	30793
33°0′	3652813	55455	46727	45°0′	4985032	55570	39424	57°0′	6320025	55683	30387
30′	3708268	55460	46462	30′	5040602	55574	39080	30′	6375708	55687	29978
34°0′	3763728	55465	46193	46°0′	5096176	55579	38732	58°0′	431395	55692	295 7
30′	3819193	55469	45921	30′	5151755	55584	38382	30′	6487087	55696	29154
35°0′	3874662	55473	45645	47°0′	5207339	55589	38029	59°0′	6542783	55701	28738
30′	3930135	55478	45365	30′	5262928	55593	37672	30′	6598484	55705	28320
								60°0′	6654189		27900

三、$F=\int_0^B Mr\mathrm{d}B$ 值——一弧度经差和自赤道至纬度为 B 的纬线间的球面梯形面积

单位:km^2

B	F	B	F	B	F	B	F
0°0′	0.0	15°0′	10461930	30°0′	20227430	45°0′	28637920
30′	352636.9	30′	10802468	30′	20533090	30′	28887870
1°0′	705247.	16°0′	11142203	31°0′	20837210	46°0′	29135640
30′	1057806.1	30′	11481110	30′	21139780	30′	29381210
2°0′	1410286.1	17°0′	11819164	32°0′	21440760	47°0′	29624560
30′	1762661.7	30′	12156339	30′	21740140	30′	29865670
3°0′	2114906.5	18°0′	12492610	33°0′	22037890	48°0′	30 4520
30′	2466994.7	30′	12827953	30′	22333990	30′	3034 0
4°0′	2818900.0	19°0′	13162340	34°0′	22628410	49°0′	30575370
30′	3170596.	30′	13495749	30′	229211 0	30′	30807340
5°0′	3522057.5	20°0′	13828153	35°0′	23212150	50°0′	310369
30′	3873257.7	30′	14159529	30′	23501420	30′	31264270
6°0′	4224170.7	21°0′	14489849	36°0′	23788920	51°0′	31489180
30′	4574770.5	30′	1481909	30′	24074650	30′	31711720
7°0′	4925031.0	22°0′	15147230	37°0′	24358560	52°0′	31931850
30′	5274926.4	30′	15474240	30′	24640640	30′	32149560
8°0′	5624430.5	23°0′	15800097	38°0′	24920880	53°0′	32364830
30′	5973517.6	30′	16124777	30′	25199240	30′	32577650
9°0′	6322161.5	24°0′	16448254	39°0′	254757	54°0′	32788000
30′	6670336.5	30′	16770505	30′	25750250	30′	32995860
10°0′	701 16.5	25°0′	17091506	40°0′	26022870	55°0′	33201210
30′	7356175.9	30′	17411231	30′	26293530	30′	33404040
11°0′	7711788.6	26°0′	17729658	41°0′	26562200	56°0′	33604340
30′	805782 4	30′	18046761	30′	26828880	30′	33802080
12°0′	8403271.7	27°0′	18362517	42°0′	27093540	57°0′	33997250
30′	8748090.4	30′	18676902	30′	27356160	30′	34189840
13°0′	909225 6	28°0′	18989892	43°0′	27616710	58°0′	34379830
30′	9435753.7	30′	19301463	30′	27875190	30′	34567210
14°0′	9778547.3	29°0′	19611591	44°0′	28131560	59°0′	34751950
30′	10120614	30′	19920254	30′	28385810	30′	34934050
						60°0′	35113490

参 考 文 献

[1] 测绘词典编辑委员会，1981，测绘词典。上海：上海辞书出版社。

[2] 辞海编辑委员会，1979，辞海。上海：上海辞书出版社。

[3] 方炳炎译，[苏] H.A. 乌尔马耶夫著，1979，数学制图学原理。北京：测绘出版社。

[4] 冯纪武、潘菊婷，1991，遥感制图。北京：测绘出版社。

[5] 冯玉才，1986，数据库系统基础。武汉：华中工学院出版社。

[6] 黄杏元、汤勤，1990，地理信息系统概论。北京：高等教育出版社。

[7] 胡友元、黄杏元，1987，计算机地图制图。北京：测绘出版社。

[8] 胡毓钜、龚剑文，1992，地图投影。北京：测绘出版社。

[9] 金瑾乐、孙达、林增春，1987，地图学。北京：高等教育出版社。

[10] 李德仁，1994，论自动化和智能化空间对地理数据处理系统的建立。环境遥感，(1)。

[11] 廖克，1983，试论现代地图学体系。地理学报，38 (1)。

[12] 廖克、刘岳、傅肃性，1985，地图概论。北京：科学出版社。

[13] 卢良志，1984，中国地图学史。北京：测绘出版社。

[14] 田德森，1991，现代地图学理论。北京：测绘出版社。

[15] 王之卓，1994，遥感与地球的全球性观测。环境遥感，(3)。

[16] 吴忠性，1987，从现代地图的功能和特性谈到地图制图学的一些新分支。地图，(1)。

[17] 尹贡白、王家耀、田德森、黄采芝，1991，地图概论。北京：测绘出版社。

[18] 张克权、黄仁涛，1991，专题地图编制。北京：测绘出版社。

[19] 中国大百科全书编辑委员会，1985，中国大百科全书（固体地球物理学、测绘学、空间科学）。北京：中国大百科全书出版社。

[20] 祝国瑞、尹贡白，1982，普通地图编制（上册）。北京：测绘出版社。